진짜 외과 의사가 알려주는
깜짝 놀랄 수술실의 세계

주의 사항

* 이 책에는 수술 등에 관한 상세한 묘사가 많이 있습니다. 이러한 묘사가 불편한 사람은 불쾌감을 느끼거나 몸 상태가 안 좋아질 우려가 있으니 주의 부탁드립니다.

* 이 책에서 소개하는 의료 기술이나 지식은 저자가 임상 현장에서 경험한 사례를 바탕으로 쓴 것입니다. 게재 내용에 세심한 주의를 기울였지만 만에 하나 책 내용으로 인해 예측하지 못한 사고 등이 발생하더라도 저자, 출판사는 책임을 질 수 없으니 양해 부탁드립니다.

* 이 책의 내용은 우리나라의 실정과 다를 수 있습니다.

진짜 외과 의사가 알려주는 깜짝 놀랄 수술실의 세계

기타하라 히로토 지음
이효진 옮김

시그마북스

진짜 외과 의사가 알려주는
깜짝 놀랄 수술실의 세계

발행일 2025년 8월 8일 초판 1쇄 발행
지은이 기타하라 히로토
옮긴이 이효진
발행인 강학경
발행처 시그마북스
마케팅 정제용
에디터 최윤정, 최연정, 양수진
디자인 김문배, 강경희, 정민애

등록번호 제10-965호
주소 서울특별시 영등포구 양평로 22길 21 선유도코오롱디지털타워 A402호
전자우편 sigmabooks@spress.co.kr
홈페이지 http://www.sigmabooks.co.kr
전화 (02) 2062-5288~9
팩시밀리 (02) 323-4197
ISBN 979-11-6862-395-8 (03510)

ブックデザイン	山之口 正和＋斎藤友貴 (okikata)
DTP・図版	向阪伸一＋山田マリア (ニシエ芸)＋福本えみ
イラスト	山崎フミオ (sugar)
編集協力	平井薫子
校正	玄冬書林

HOMMONO NO IGAKU ENO SHOTAI
ODOROKUHODO OMOSHIROI SHUJUTSUSHITSU NO SEKAI
©Hiroto Kitahara 2024
First published in Japan in 2024 by KADOKAWA CORPORATION, Tokyo. Korean translation rights arranged with KADOKAWA CORPORATION, Tokyo through AMO AGENCY.

이 책의 한국어판 저작권은 AMO에이전시를 통해 저작권자와 독점 계약한 시그마북스에 있습니다.
저작권법에 의해 한국 내에서 보호를 받는 저작물이므로 무단 전재와 무단 복제를 금합니다.

파본은 구매하신 서점에서 교환해드립니다.

* **시그마북스**는 (주)시그마프레스의 단행본 브랜드입니다.

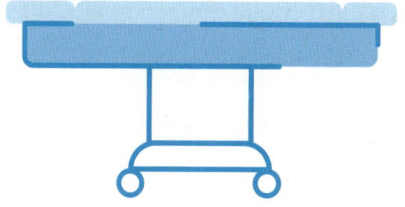

프롤로그

저는 진짜 외과 의사입니다.

여러분의 목숨을 구할 수도 있는 사람이지만 만나지 않는 것이 가장 좋은 사람이기도 합니다.

그런 제가 누가 시킨 것도 아닌데 자발적으로 외과 의사는 어떤 삶을 살고 있는지, 수술실에서는 대체 무슨 일이 벌어지고 있는지와 같이 평소에는 알 수도 없고 몰라도 되는, 가능하면 평생 모른 채로 지내고 싶은 외과 의사와 수술에 관한 의문에 답하겠습니다.

제 이름은 기타하라 히로토입니다. 미국 일리노이주에 있는 시카고 대학교에서 심장외과 의사로 일하고 있습니다. 도쿄도 나카노구에서 태어나 근처 초,중학교를 졸업한 후, 사이타마현에 있는 게이오기주쿠시키 고등학교에 입학했습니다. 고등학교 시절에는 학업에 전념했고 내부 추천 전형으로 게이오기주쿠 대학교 의과대학에 진학했습니다. 대학에서는 의학을 배우는 것뿐만 아니라 국제학회에서 연구 발표를 하고 남미나 아프리카 개발도상국의 의료 활동에 참여하면서 국가에 구애받지 않는 글로벌한 견해와 가치관을 가지게 되었습니다. 의과대학 졸업 후에는 게이오기주쿠 대학교의 심장 혈관 외과에서 수술 수련을 시작했고 그 후, 아사히카와 의과대학교, 도쿄 대학교 등 일본 굴지의 유명 시설에서 연구 활동에 집중했습니다. 일본에서는 아직 많지 않은 심장 이식 수술을 배우기 위해 2016년부터 미국 시카고 대학교로 이적해 지금은 그곳에서 최신 로봇 기술을 활용한 심장 수술을 하고 있습니다.

이 책은 제가 일본과 미국 양국에서 일했던 경험을 바탕으로 의사의 관점에서 본 병원과 의료의 실태, 외과 의사로서 수술실 안에서 경험한 일을 많은 사람에게 알리기 위해서 쓴 책입니다. 제가 바라보는 수술의 세계를 더 현실감 있게 전달하기 위해 퇴고에 퇴고를 거듭하는 사이에, 책 내용은 제가 처음에 목표했던 것과는 반대로 고도의 의학적 내용을 담게 되었습니다. 집필 과정에서 여러 번 내용을 간략하게 정리하거나 바꾸는 것도 검토했습니다. 하지만 의학의 실상을 설명하려면 어느 정도 전문 용어나 난해한 표현을 쓰지 않을 수 없었고, 그 부분을 바꾸면 더 이상 교양서로서 역할을 하지 못할 것 같아서 내용은 일체 변경하지 않았습니다. 순수한 의학 교양서를 집필하는 데 있어서 의학자로서 이것만큼은 양보할 수 없다는 자부심이 있었기 때문입니다. 이해하기 어려운 표현이 많이 나올지도 모르지만 너

그러이 양해 부탁드립니다.

　어려운 의학적인 내용을 조금이라도 쉽게 전달하기 위해 곳곳에 자필 노트(그림)를 넣어두었습니다. 제가 외과 의사가 된 지 얼마 되지 않았을 때 당시 상사이자 일본을 대표하는 심장외과 의사가 이런 말을 했습니다.

"진정한 외과 의사가 되고 싶다면 수술 그림을 그려. 실제로 수술하는 장면을 보지 않아도 그린 그림을 보면 그 외과 의사의 수술 실력을 알 수 있어. 왜냐하면 그림을 잘 그린다는 것은 피사체의 특징을 정확히 파악하는 높은 안목과 반사 신경, 눈을 통해 얻은 정보를 종이 위에 표현하는 공간 처리 능력, 그리고 그것을 정확하게 묘사하는 기술이 있다는 걸 증명하는 셈이니까."

　이 말을 듣고 나서는 제가 집도한 수술을 모두 노트에 그리기 시작했습니다. 외과 의사로서 실력을 보여주는 것 같아 조금 부끄러운 기분이 들기는 했지만, 제가 그린 노트가 어려운 책 내용을 이해하는 데 도움이 되길 바랍니다.

이 책은 순서가 없습니다. 각 항목마다 에피소드가 하나씩 담겨 있습니다. 마지막 문장에는 진짜 외과 의사의 생각을 적었는데 어려운 의학 용어와 마찬가지로 이것도 비전문가가 보기에는 이해하기 매우 어려운 말일 수도 있습니다. 어렵기는 하지만 가장 전달하고 싶은 내용이기도 하기 때문에 한 번 읽었을 때 이해가 안 되더라도 여러 번 읽어보고 이해하려고 노력해 주시면 감사하겠습니다.

그렇다면 이제 놀랄 정도로 재미있는 수술실의 세계로 초대하겠습니다.

차례

프롤로그 6

제1장 깜짝 놀랄 정도로 재미있는 수술실의 세계

001 수술 중에 가장 당황스러웠던 일은 무엇인가요? 22
002 몸속의 장기들을 다루는 곳인데 왜 외과라고 하나요? 24
003 빠르게 끝내야 하는 수술은 어떤 수술인가요? 26
004 수술 중에 화장실에 가고 싶어지면 어떻게 하나요? 28
005 수술 중에 졸리지 않나요? 29
006 수술실에서 목이 마르기도 하나요? 30
007 수술 중에 배가 고프면 무엇을 먹나요? 31
008 수술 중 몸속을 보고 비위가 상하지는 않나요? 32
009 수술 중에 흔히 있는 일이 있다면요? 33
010 수술 중에 의사를 교체하기도 하나요? 34
011 수술 중에 어떨 때 휴식을 취하나요? 35
012 수술 중에 스마트폰을 만질 수 있나요? 36
013 수술 중에 다른 사람이 땀을 닦아주나요? 37
014 수술 중에 지진이 나면 어떻게 되나요? 38
015 수술 중에 정전이 되면 어떻게 하나요? 39
016 수술하다가 얼굴에 피가 튀면 어떻게 하나요? 40
017 수술실에서 자주 듣는 말은 무엇인가요? 42
018 수술실에서 해서는 안 되는 말은 무엇인가요? 44

019 심장 수술 중에 전신 마취가 풀려서 환자가 깨어나기도 하나요? ········ **45**

020 수술 전에 이미지 트레이닝을 하기도 하나요? ···················· **46**

021 수술에는 몇 명 정도가 참여하나요? ························ **48**

022 왜 두 번째 수술은 힘든가요? ····························· **49**

023 자신의 가족을 수술하기도 하나요? ·························· **50**

024 성공률 1%인 수술도 있나요? ····························· **51**

025 수술 중 적출한 장기는 어떻게 하나요? ······················· **52**

026 한밤중에도 수술을 하나요? ······························· **53**

027 동시에 두 명의 환자를 수술하기도 하나요? ···················· **54**

028 술 마시고 있을 때도 긴급 수술 호출이 오나요? ················· **56**

029 수술 중에 의료진들끼리 대화를 하나요? ····················· **57**

030 수술 중에 어지러워서 쓰러지는 사람도 있나요? ················· **58**

031 수술을 유리창 너머로 견학할 수 있는 방이 있나요? ·············· **59**

032 인간의 신체를 자를 때 냄새가 나요? ························ **60**

033 자신이 수술을 받는다면 어디서 받을 건가요? ·················· **61**

034 의사도 수술을 받을 때 긴장하나요? ························ **62**

035 의사는 자기 몸도 수술할 수 있나요? ························ **63**

036 다음 날 수술을 앞둔 환자가 하지 말아야 할 일은 무엇인가요? ········ **64**

037 수술할 때 문제가 발생하기 쉬운 몸은 어떤 몸인가요? ············· **66**

038 수술에 레지던트가 들어오지 못하도록 요청해도 되나요? ··········· **67**

039 전신 마취 중에 코를 고는 사람도 있나요? ···················· **68**

040 수술 전에 환자가 질문을 많이 하면 싫어하나요? ················ **69**

041 수술 전에 어떻게 손을 씻나요? ··························· **70**

042 외과 의사가 양손을 드는 포즈를 하는 이유는 무엇인가요? ·········· **71**

043 수술복은 매번 세탁하나요? ······························· **72**

044 외과 의사는 손을 자주 씻어야 해서 손이 거칠어지지 않나요? ········ **74**

045 환자의 혈액형에 따라 수술의 난이도가 달라지나요? ······ 76
046 가슴 성형 수술을 한 환자는 심장 수술을 하기 힘든가요? ······ 77
047 가장 어려운 심장 수술은 무엇인가요? ······ 78
048 가장 짧은 심장 수술은 몇 분 정도 걸리나요? ······ 80
049 지금까지 가장 오래 걸렸던 심장 수술은 몇 시간인가요? ······ 82
050 가장 위험한 심장병은 무엇인가요? ······ 84
051 바티스타 수술은 실제로 있나요? ······ 86
052 심박 조율기란 무엇인가요? ······ 88
053 가슴안에 있는 심장을 어떻게 수술하나요? ······ 90
054 다음 달 지구가 멸망한다고 해도 심장 수술을 하나요? ······ 92
055 뼈를 자를 때 나온 찌꺼기는 어떻게 하나요? ······ 93
056 혈액이 가득 차 있는 심장을 잘라도 괜찮나요? ······ 94
057 인공 심폐기와 인간의 몸을 어떻게 연결하나요? ······ 96
058 인공 심폐기는 누가 조작하나요? ······ 98
059 수술 중에 심장의 움직임을 어떻게 멈추나요? ······ 99
060 잘 멈추는 심장과 그렇지 않은 심장이 있나요? ······ 100
061 심장 수술 중 일어나는 가장 무서운 상황은 무엇인가요? ······ 102
062 심장 수술 후 가슴을 닫을 때 사용하는 와이어는 금속 탐지기에 반응하나요? ··· 103
063 에크모와 인공 심폐기의 차이는 무엇인가요? ······ 104
064 임신부도 심장 수술을 하나요? ······ 106
065 아기의 심장도 심장외과 의사가 수술하나요? ······ 108
066 몸속에 있는 막은 어떤 역할을 하나요? ······ 110
067 가장 대단한 의료계의 발명은 무엇인가요? ······ 112
068 심장을 치료할 때 사타구니 부근의 혈관으로 관을 넣는 이유는 무엇인가요? ··· 114
069 최첨단 외과 수술은 어떤 수술인가요? ······ 116
070 로봇 수술의 장점은 무엇인가요? ······ 117

071	수술하지 않고 치료할 수 있으면 외과 의사의 일은 없어질까요?	118
072	심장 이식 수술은 어렵나요?	120
073	심장 이식 중에 심장은 멈추어 있는 상태인가요?	122
074	심장 이식 수술은 시간이 어느 정도 걸리나요?	124
075	심장 이식 수술을 할 때 사용하는 심장은 어떻게 확보하나요?	126
076	뇌사와 일반적인 죽음과의 차이는 무엇인가요?	127
077	이식용 심장은 어떻게 옮기나요?	128
078	이식한 심장은 언제 움직이기 시작하나요?	129
079	심장 이식을 할 때 몸의 크기도 영향을 주나요?	130
080	앞으로 돼지의 심장을 이식하는 일이 많아질까요?	131
081	원래 심장을 꺼내지 않고 새로운 심장을 이식하면 어떻게 되나요?	132
082	심장 이식을 하면 공여자의 기억도 옮겨지나요?	134
083	심장 이식을 하기 위해 미국으로 가는 이유는 무엇인가요?	135
084	일본에서 심장 이식 건수가 적은 이유는 무엇인가요?	136
085	미국에서 심장 이식을 받으려면 왜 5억 엔이나 드나요?	137
086	기계로 만든 심장이 있나요?	138
087	수술하다가 피가 나면 어떻게 지혈하나요?	140
088	지혈하는 동안 피가 계속 나오진 않나요?	142
089	봉합한 혈관에서 피가 새는 일은 없나요?	144
090	혈관을 봉합하는 동안 혈관 내부로 공기가 들어가면 어떻게 하나요?	146
091	상처를 풀로 붙이기도 하나요?	148
092	실로 혈관을 봉합할 때 무엇을 조심해야 하나요?	150
093	수술할 때 사용한 실은 평생 몸속에 남나요?	151
094	심장 수술을 할 때 가장 피가 잘 나는 곳은 어디인가요?	152
095	수술할 때 실을 묶는 방법이 따로 있나요?	154
096	수술 중 보조의가 하는 중요한 역할은 무엇인가요?	155

097	수술할 때 보조의는 몇 명이 필요한가요?	156
098	혈관이 파열되기도 하나요?	157
099	거즈 육아종이란 무엇인가요?	158
100	수술 중에 어떤 도구를 가장 자주 사용하나요?	159
101	메스와 전기 메스에는 어떤 차이가 있나요?	160
102	전기 메스는 제조업체에 따라 차이가 있나요?	162
103	수술할 때 사용한 기구는 쓰고나서 어떻게 하나요?	163
104	의외의 수술 도구에는 무엇이 있나요?	164
105	수술할 때 덮는 파란 천은 무엇인가요?	166
106	의료 도구: 포셉이란?	167
107	의료 도구: 유구 포셉이란?	168
108	의료 도구: 니들 홀더란?	169
109	의료 도구: 봉합사란?	170
110	의료 도구: 메스란?	171
111	의료 도구: 메첸바움이란?	172
112	의료 도구: 쿠퍼란?	173
113	의료 도구: 페안 지혈 겸자란?	174
114	의료 도구: 켈리 겸자란?	175
115	의료 도구: 토니켓이란?	176
116	의료 도구: 거즈란?	178
117	의료 도구: 마스크란?	179
118	의료 도구: 드레인이란?	180
119	의료 도구: 흡인관이란?	181
120	의료 도구: 직각 겸자란?	182
121	의료 도구: 혈관 차단 겸자란?	184
122	의료 도구: 개흉기란?	186

123 의료 도구: 확대경이란? ⋯⋯⋯⋯⋯⋯⋯⋯⋯⋯⋯⋯⋯⋯⋯⋯⋯⋯⋯ **187**

124 의료 도구: 수액이란? ⋯⋯⋯⋯⋯⋯⋯⋯⋯⋯⋯⋯⋯⋯⋯⋯⋯⋯⋯⋯ **188**

125 의료 도구: 청진기란? ⋯⋯⋯⋯⋯⋯⋯⋯⋯⋯⋯⋯⋯⋯⋯⋯⋯⋯⋯⋯ **190**

제 2 장 절대 말할 수 없는 병원과 의사의 비밀

126 우수한 의사인지 아닌지 구분하는 방법이 있나요? ⋯⋯⋯⋯⋯ **192**

127 의사라도 받고 싶지 않은 검사는 무엇인가요? ⋯⋯⋯⋯⋯⋯⋯ **193**

128 사용하면 전문가처럼 보이는 의학 용어에는 무엇이 있나요? ⋯ **194**

129 의사와 환자가 사랑에 빠지기도 하나요? ⋯⋯⋯⋯⋯⋯⋯⋯⋯⋯ **196**

130 만나고 싶지 않은 환자는 어떤 사람인가요? ⋯⋯⋯⋯⋯⋯⋯⋯ **197**

131 자신이나 가족의 연명 치료를 할 생각인가요? ⋯⋯⋯⋯⋯⋯⋯ **198**

132 의사가 뇌물을 받기도 하나요? ⋯⋯⋯⋯⋯⋯⋯⋯⋯⋯⋯⋯⋯⋯⋯ **200**

133 의사도 이성의 나체를 보고 흥분하나요? ⋯⋯⋯⋯⋯⋯⋯⋯⋯⋯ **202**

134 의사가 된 후 가장 감동한 순간이 있다면요? ⋯⋯⋯⋯⋯⋯⋯⋯ **203**

135 의사의 직업병은 무엇인가요? ⋯⋯⋯⋯⋯⋯⋯⋯⋯⋯⋯⋯⋯⋯⋯ **204**

136 시한부 선고를 한 적이 있나요? ⋯⋯⋯⋯⋯⋯⋯⋯⋯⋯⋯⋯⋯⋯ **206**

137 병원에서 귀신을 본 적이 있나요? ⋯⋯⋯⋯⋯⋯⋯⋯⋯⋯⋯⋯⋯ **207**

138 진짜 외과 의사는 병원에 고용되어 일하고 있나요? ⋯⋯⋯⋯⋯ **208**

139 대학병원과 일반 병원의 업무에 차이가 있나요? ⋯⋯⋯⋯⋯⋯ **209**

140 병원 내에 이상한 습관이나 규칙이 있나요? ⋯⋯⋯⋯⋯⋯⋯⋯ **210**

141 의사에게 간호사는 어떤 존재인가요? ⋯⋯⋯⋯⋯⋯⋯⋯⋯⋯⋯ **211**

142 간호사에게 괴롭힘을 당한 적이 있나요? ⋯⋯⋯⋯⋯⋯⋯⋯⋯⋯ **212**

143 의사는 간호사에게 인기가 많나요? ⋯⋯⋯⋯⋯⋯⋯⋯⋯⋯⋯⋯ **213**

144 핑크 병원이 무엇인가요? ⋯⋯⋯⋯⋯⋯⋯⋯⋯⋯⋯⋯⋯⋯⋯⋯⋯ **214**

145 머리가 나빠도 의사가 될 수 있나요? ········· 215
146 의대에 입학하기 위해서는 무엇이 필요한가요? ········· 216
147 의대에서 어떤 시험이 가장 어려웠나요? ········· 217
148 의사 국가고시에 합격하기 위해 필요한 것은 무엇인가요? ········· 218
149 베테랑 간호사와 전공의의 사이가 불편해지기도 하나요? ········· 219
150 의사가 된 이유는 무엇인가요? ········· 220
151 가장 똑똑한 사람이 가는 과는 어디인가요? ········· 221
152 실제로 많은 사람이 교수 회진에 참여하나요? ········· 222
153 의국은 뭐 하는 곳인가요? ········· 223
154 의사가 학회에 가면 병원에 일손이 부족해지지 않나요? ········· 224
155 새로운 의학 정보나 기술은 어디서 배울 수 있나요? ········· 225
156 라인을 잡으라는 말은 무슨 뜻인가요? ········· 226
157 의학의 발전으로 없어진 병이 있나요? ········· 228
158 만화 『의룡』과 실제 심장외과는 어떻게 다른가요? ········· 230
159 대단하다고 느껴지는 최첨단 의료 기술에는 무엇이 있나요? ········· 231
160 존경하는 역사적 인물은 누구인가요? ········· 232
161 휴대전화가 의료 기기에 영향을 줄 수 있나요? ········· 233
162 인간 이외의 생물도 수술하나요? ········· 234
163 뇌 수술에도 관심이 있나요? ········· 235
164 전문 분야 이외의 진료과도 볼 수 있나요? ········· 236
165 내과 의사도 수술을 하나요? ········· 237
166 비행기에서 의사를 찾는 안내 방송이 나오면 꼭 가야 하나요? ········· 238
167 인공호흡을 첫 키스라고 할 수 있나요? ········· 240
168 의사가 열이 나면 어떻게 하나요? ········· 241
169 외과 의사의 수면 시간은 어느 정도인가요? ········· 242
170 평소에는 무엇을 하며 지내나요? ········· 243

171	수술 후에 고기를 먹으러 간다고 하던데 정말인가요?	244
172	드라마 〈닥터X〉에 나오는 것처럼 프리랜서 의사도 있나요?	245
173	블랙 잭 같은 외과 의사도 있나요?	246
174	피를 무서워해도 외과 의사가 될 수 있나요?	247
175	외과 의사는 모두 손재주가 좋나요?	248
176	외과 의사는 바느질을 잘하나요?	249
177	외과 의사는 체력이 좋아야 하나요?	250
178	외과 의사의 장단점은 무엇인가요?	251
179	외과 의사에게 중요한 것은 무엇인가요?	252
180	심장외과 의사는 순환기 내과 의사보다 더 뛰어난가요?	253
181	진짜 외과 의사가 맞나요?	254
182	외과 의사가 된 이유는 무엇인가요?	256

제 3 장 생명과 인체의 신비

183	몸 안은 무슨 색인가요?	258
184	늙지도 죽지도 않는 삶은 가능할까요?	259
185	심장병은 유전되나요?	260
186	심장에 털이 난 사람이 정말로 있나요?	261
187	심장이 터지기도 하나요?	262
188	심장에도 암이 생기나요?	263
189	심장에도 근육통이 생기나요?	264
190	심장을 만졌을 때 어떤 감촉이 드나요?	265
191	심장 주변에 주머니가 있다던데요?	266
192	롤러코스터를 타면 왜 심장이 붕 뜨는 느낌이 나요?	267

193	심장 박동은 왜 왼쪽에서 더 강하게 느껴지나요?	268
194	심장은 평생 동안 몇 번 정도 뛰나요?	270
195	긴장하면 왜 심장이 두근거릴까요?	271
196	맥박은 어떻게 확인할 수 있나요?	272
197	하품은 왜 날까요?	273
198	가장 필요 없는 장기는 무엇인가요?	274
199	사랑에 빠졌을 때 왜 심장이 쿵쾅거릴까요?	276
200	추울 때 이가 덜덜 떨리는 이유는 무엇인가요?	277
201	배꼽을 청소하면 배가 아픈 이유는 무엇인가요?	278
202	왜 배에서 소리가 나나요?	280
203	닭살은 왜 돋나요?	282
204	야한 생각을 하면 코피가 나요?	283
205	혈관의 굵기는 어느 정도인가요?	284
206	뼈에도 피가 흐르나요?	285
207	뛰면 왜 옆구리가 아플까요?	286
208	인간의 침은 더럽나요?	288
209	딸꾹질이 나는 이유는 무엇인가요?	289
210	배를 찔렸는데 입에서 피가 나오기도 하나요?	290
211	인조인간은 존재하나요?	291
212	뇌도 이식할 수 있나요?	292
213	알고 나서 가장 놀란 인체의 신비는 무엇이었나요?	293
214	사람이 쓰러져 있으면 어떻게 해야 하나요?	294
215	심폐소생술은 왜 해야 하나요?	295
216	흉부 압박을 할 때 갈비뼈가 부러지기도 하나요?	296
217	AED는 무엇인가요?	298
218	너무 놀라면 심장이 멈추기도 하나요?	300

219	심장을 직접 마사지하기도 하나요?	301
220	악성 댓글은 건강에 좋지 않나요?	302
221	죽을 때 아프고 힘든가요?	303
222	사망의 정의는 무엇인가요?	304
223	사망 여부를 확인할 때 눈에 빛을 비추어서 무엇을 보나요?	305
224	인생 회의란 무엇인가요?	306
225	인간의 생명은 무엇을 의미하나요?	307

제4장 미국의 진짜 외과 의사

226	미국에서 수술할 때는 영어로 하나요?	310
227	미국과 일본의 수술실은 무슨 차이가 있나요?	311
228	미국 의사들의 급여는 어느 정도인가요?	312
229	문신을 해도 병원에서 일할 수 있나요?	313
230	수술 중에 잘 전달되지 않는 영어는 무엇인가요?	314
231	미국에서 일하려면 무엇이 필요할까요?	316
232	미국 병원에서 총을 들고 위협하는 사람이 있다면 어떻게 해야 하나요?	317
233	일본과 미국의 차이점은 무엇인가요?	318

에필로그 ································ 320

제 1 장

깜짝 놀랄 정도로 재미있는 수술실의 세계

수술 중에 가장 당황스러웠던 일은 무엇인가요?

그 수술실에서 있었던 일은 지금도 잊을 수가 없다.

심장에서 몸속으로 혈액을 보내는 큰 혈관인 대동맥 수술을 할 때 일이다. 보통 대동맥은 굵기가 3cm 정도인데 그 환자는 8cm 정도까지 비대해져 있었고 파열 위험이 있어 긴급 수술을 하게 되었다. 대동맥 수술은 그냥 하면 출혈이 대량으로 발생해 수술이 불가능하기 때문에 온몸의 혈액을 일시적으로 멈추어야 한다(순환정지법이라고 한다). 그런데 혈액이 흐르지 않으면 몸의 장기는 조금씩 손상된다. 이를 막기 위해 환자의 체온을 극한의 상태까지 낮추어서 장기를 보호하는 '초저체온 완전 순환 정지법(Deep Hypothermic Circulatory Arrest, DHCA)'을 써야 하는 매우 어려운 수술이었다.

수술실에는 아침부터 긴장감이 감돌았다. 평소라면 가벼운 대화 정도는 하는데 그날은 모두 아무 말 없이 수술에 집중했다. 수술이 어느 정도 진행되고 나서 초저체온 완전 순환 정지법으로 혈류를 멈추기 위해 환자의 체온을 낮추는 단계에 들어갔다.

그때 수술 보조를 맡고 있던 나는 긴장된 분위기를 풀어보려고 주치의 선배에게 말을 걸었다. "얼마 전 술자리에서 들었는데 병동 간호사들 사이에서 선배의 인기가 엄청 많더라고요."

수술하는 주치의 선배의 기분을 좋게 만드는 완벽한 마법의 말이었다. "그래? 다음에 데이트하자고 해봐야겠네."라며 웃었다.

긴장감으로 팽팽했던 수술실 분위기가 누그러졌다. 이 수술은 아마 잘될 것이다. 그렇게 확신한 순간, 환자의 머리 쪽에 있던 마취과 의사가 말했다. "그 이야기, 조금 더 자세히 들려주세요."

알고 보니 점심 휴식 시간에 교대로 들어온 마취과 의사가 우연찮게 주치의 선배의 아내였던 것이다. 수술실은 순식간에 다시 얼어붙었다.
 덕분에 긴장감을 유지한 채 순환 정지법을 시행했고 수술은 무사히 끝났다.

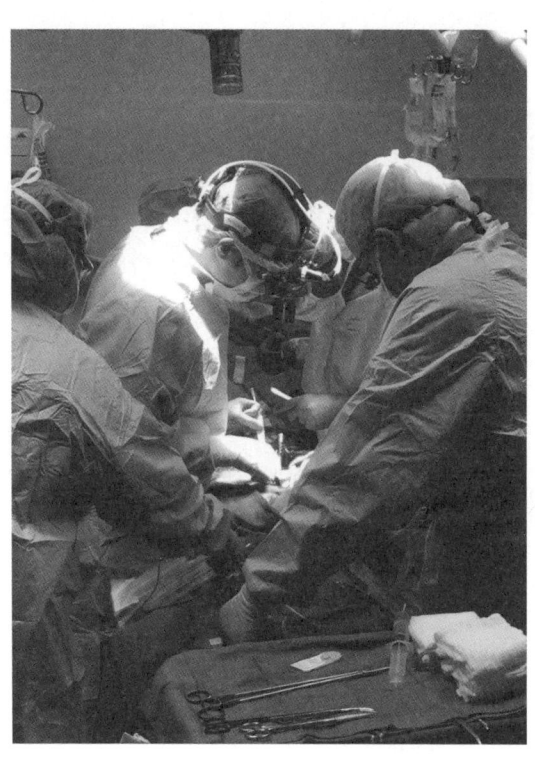

몸속의 장기들을 다루는 곳인데 왜 외과라고 하나요?

사실은 밖이기 때문이다.

외과의 어원은 '몸의 외부를 치료하는 일', '외상을 치료하는 일' 등 다양하다. 또 옛날에 병은 약으로 치료하는 것이 의학 상식이었던 시절, 몸에 칼을 대서 치료하는 '수술'은 완전히 새로운 개념이기 때문에 '의학의 영역 밖'이라는 비판적인 의미를 담고 있다는 설도 있다.

외과 의사는 몸속을 치료하는 것 같지만 사실은 몸의 외부를 치료한다는 것도 이유 중 하나다. 의학에서 몸의 외부는 세균이 잔뜩 묻어 있기 때문에 청결하지 않다고 본다. 몸속은 세균이 적어 청결하지만 사실 예외가 있다. 위나 장과 같은 소화기 안쪽이나 기관지, 폐 등의 호흡기 안쪽이 그렇다. 이러한 장기는 관 형태로 되어 있고 모두 입을 통해 외부로 이어진다(노트 참고). 그래서 몸속에 있지만 그 관의 내부는 몸의 외부와 마찬가지로 청결하지 않다. 예를 들면, 장의 바깥쪽은 외부와 닿지 않아 청결하지만 장의 안쪽은 몸의 외부와 이어져 있어 청결하지 않다.

수술로 장을 자르는 순간 뱃속은 몸의 외부와 닿기 때문에 더 이상 청결을 유지할 수 없다. 장이 파열되면 뱃속이 순식간에 오염될 수 있어 매우 위험하다. 한편 혈액이나 소변은 몸속에서 만들어지는 것이기 때문에 기본적으로는 청결하다.

심장은 안쪽도 바깥쪽도 깨끗하다.

진짜 외과 의사의 노트

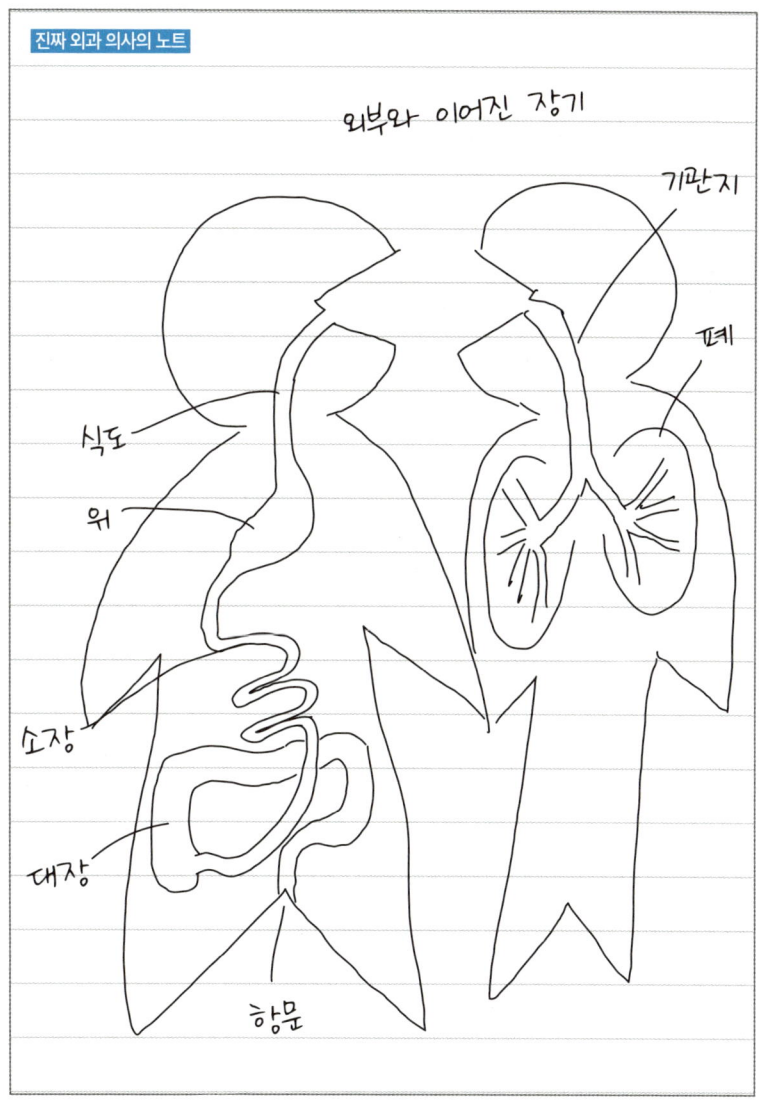

003 QUESTION 233
빠르게 끝내야 하는 수술은 어떤 수술인가요?

전신의 혈류를 멈추는 수술이다.

혈액은 온몸을 돌며 장기에 산소를 공급한다. 모든 장기는 산소가 있어야만 움직일 수 있기 때문이다. 혈액이 흐르지 않아 산소를 운반하지 못하면 그 장기는 에너지를 얻지 못해 원활하게 움직이지 못한다. 결국 장기가 손상되어 죽음에 이른다. 산소가 없는 상태로 견딜 수 있는 시간은 몸의 부위에 따라 다른데, 팔이나 다리 등은 몇 시간 정도 버틸 수 있지만 뇌세포는 기껏해야 5분 남짓이다.

머리와 가까운 곳에 있는 혈관을 수술할 때(그림 ❶) 혈액이 흐르는 채로 두면 혈액이 시야를 방해해 수술할 수 없으므로 몸속의 모든 혈류를 멈추어야 한다. 그만큼 빠르게 진행해야 하는 수술이다. 서두르지 않으면 혈액의 흐름을 멈춘 사이에 뇌가 죽어버리기 때문이다. 하지만 아무리 빨리한다고 해도 뇌가 버틸 수 있는 시간인 5분 이내에 수술을 끝내는 것은 불가능하다. 그래서 이 제한 시간을 늘리기 위해 외과 의사는 두 가지 방법을 사용한다.

첫 번째는 몸을 엄청나게 차갑게 만드는 것이다. 체온을 낮추면 뇌에 필요한 에너지가 줄어들어 혈액이 흐르지 않을 때 생기는 장기 손상을 막을 수 있다. 체온을 20℃ 정도까지 낮추면 5분이라는 제한 시간을 20분까지 늘릴 수 있다. 곰이 겨울잠을 자는 것과 비슷하다. 운동을 많이 하면 배가 고프지만 계속 잠만 자면 배가 그다지 고프지 않은 것과 같은 원리다. SF영화에서 냉동된 인간이 100년 후 미래에 눈을 뜨는 이야기(Cold Sleep)가 나오기도 하는데, 흉부외과 의사는 수술실에서 실제로 그런 일을 하고 있다.

두 번째는 기계를 사용해 머리에서만 혈액이 순환되게 하는 방법이다. 전신의 혈류는 멈추고 머리로 향하는 혈관에 특수한 관을 직접 연결해 머리에만 혈액이 가도록 한다(그림 ❷).

  수술할 때는 평정심을 유지해야 하지만 외과 의사는 항상 이러한 고민을 하면서 제한 시간과 사투를 벌이고 있다. 속도가 관건인 승부다. 환자가 천국을 맛보지 않게 하려고 온 힘을 다해 치료하고 있다.

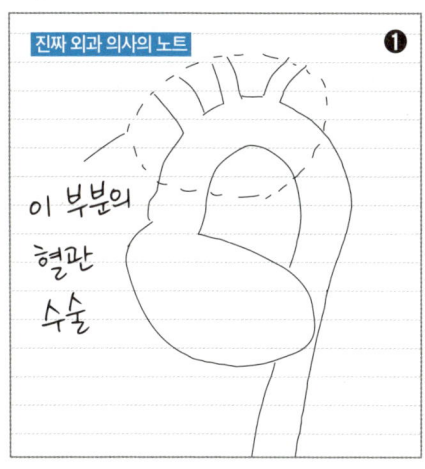

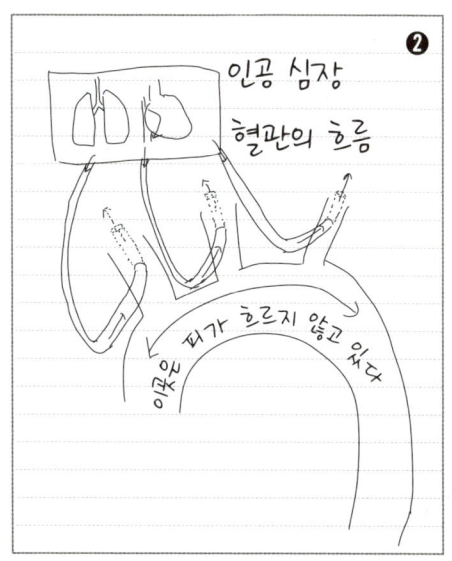

수술 중에 화장실에 가고 싶어지면 어떻게 하나요?

가고 싶지 않다.

심장 수술은 보통 3시간에서 6시간 걸리는데 화장실에 가고 싶다고 느끼는 일은 거의 없다. 수술은 인간의 신체를 자르는 행위, 그러니까 인간의 몸에 상처 입히는 행위인데, 이를 집도하는 의사는 일반적인 상태가 아니다. 긴장하고 흥분한 상태다.

이때 교감 신경이라고 하는 신경이 활발해진다. 교감 신경은 심장의 움직임이나 전신의 근육을 활성화하는데, 반대로 복부의 움직임이나 화장실에 가고 싶어지는 마음은 억제하는 역할을 한다. 싸우기 위해 필요한 능력에 에너지를 집중시키고 그 외의 기능은 억제하는 것이다. 매머드와 싸우는 원시인이나, 수학여행 가서 여학생들 방에 놀러 갔다가 학생 지도 담당 선생님에게 들킬까봐 서둘러 도망치는 남학생의 흥분 상태와 비슷할 정도로 교감 신경이 활성화되어 있다.

반대로 편안한 상태에서는 교감 신경이 작용하지 않기 때문에 배가 고프고 화장실에 가고 싶어진다. 그래서 교감 신경이 열심히 움직이고 있는 수술 중에 의사는 화장실에 가고 싶어지지 않는다. 물론 수술 중에 도저히 소변을 못 참을 것 같을 때는 그냥 화장실에 간다.

나는 외과 의사로 일한 지 15년 정도 되었는데 수술할 때는 여전히 긴장해서 교감 신경이 활성화되기 때문에 화장실에 가고 싶다고 느낀 적이 거의 없다. 만약 전혀 긴장하지 않고 편안하게 수술할 수 있는 초인적인 능력을 갖춘 외과 의사가 있다면, 수술 중에 화장실에 가고 싶을 수도 있다. 그런 외과 의사가 있다면 그 신경을 나랑 바꿔 달라고 하고 싶을 정도다.

수술 중에 졸리지 않나요?

졸린다.

수술은 보통 둘 이상의 의사가 함께하는 경우가 많다. 주로 수술을 하는 사람을 집도의, 그 앞에 서서 도와주는 사람을 제1보조의라고 한다. 그 외에 제2보조의, 제3보조의가 있는 수술도 있다.

집도의와 제1보조의는 직접 손을 움직여서 수술을 한다. 하지만 손이 들어갈 수 있는 공간은 제한적이기 때문에 제2보조의 이하는 손을 쓸 일 없이 그냥 보고만 있어야 할 때도 있다.

좁은 부위를 수술할 때는 제2보조의는 무슨 일이 일어나고 있는지조차 알 수 없을 때도 있다. 수술은 길면 6시간 이상 걸리는데, 제2보조의는 아무것도 하지도 보지도 못하는 상태로 그냥 서서 긴 시간을 버텨야 하니 졸음이 몰려올 수밖에 없다. 수술 중이라는 극한의 상태인데도 불구하고 잠이 오는 것이다. 하지만 제2보조의가 잠든다고 해도 집도의가 조는 일을 절대 없으니 수술에 문제가 생기지는 않는다. 안심하길 바란다.

그런데 수술 중에 갑자기 덜그럭거리며 큰 소리를 내면 실제로는 졸지 않았는데도 주변에서는 졸았다고 오해해 "잘 잤어?"라고 인사를 건네는 일도 자주 있으니 조심하는 편이 좋다.

수술실에서 목이 마르기도 하나요?

마른다.

수술 중에는 적당한 긴장 상태가 유지되기 때문에 식욕이나 요의, 목마름 등이 느껴지지 않는 경우가 많다. 물론 수술이 길어지면 배가 고프거나 목이 마르기도 한다. 그럴 때는 휴식을 취하며 가볍게 식사를 하거나 수분을 섭취한다. 예전에 무식하게 동아리 활동을 할 때 물도 마시지 않고 운동하다가 열사병에 걸리고 나서야 주전자로 머리에 물을 뿌려 깨우는 것처럼, 의사가 탈진하고 나서 대처한다면 치료받는 환자에게도 좋을 리가 없다. 적절한 휴식은 수술의 질을 높인다.

환자의 장기도 마른다

수술하는 사람의 목도 마르지만 환자 몸속의 장기도 마른다. 수술 중에는 거대한 조명이 계속 환자의 몸을 비추기 때문이다. 장기가 마르면 생리 식염수라고 해서 인체 성분과 비슷한 염분이 들어간 물을 부어서 수분을 공급한다.

봉합할 때 실이 매끄럽게 잘 움직이게 하기 위해서 집도의의 손에 생리 식염수를 뿌리기도 한다. 실을 묶는 순간에 맞추어서 보조의가 적절한 타이밍에 식염수를 뿌려야 한다. 물을 왜 그렇게 뿌리느냐며 화내는 집도의도 있다. 그래서 젊은 시절 보조의를 할 때는 수술 공부뿐만 아니라 식염수를 뿌리는 타이밍이나 방법에 대해서도 함께 연구했다.

의사는 예전에 성직자라고 불리기도 했다고 하는데, 젊은 시절 나는 성직자같이 경건한 마음으로 생리 식염수를 뿌렸다. 지금 생각하면 좋은 추억이다.

수술 중에 배가 고프면 무엇을 먹나요?

수술 중에는 먹지 않는다.

기본적으로 수술 중에 식사를 하는 일은 없다. 하지만 수술이 길어지면 극히 드물게 수술실을 잠깐 빠져나와서 가볍게 배를 채우기도 한다. 초콜릿 같은 간단한 간식으로 에너지를 충전하는 정도다. 집도의가 잠깐 자리를 비운 사이에도 보조의가 대신 수술을 하기 때문에 특별히 문제가 발생하지는 않는다. 보조의나 간호사는 수술 중간에 나오거나 비교적 자유롭게 교대가 가능해서 점심 시간을 비롯해 적당한 때에 식사를 하러 갈 수 있다.

식사 때문에 속상했던 젊은 의사 시절

너무 많이 먹으면 그 후 수술에 집중하기 힘들다는 보조의도 있지만 내가 보조의를 하던 시절에는 항상 음식을 갈구했다. 선배가 내가 밥을 먹는 모습을 보고 "나는 일하고 있는데 너 따위가 지금 밥을 먹다니 팔자 좋다."라며 말도 안 되는 이유로 혼을 냈고, 나는 영문도 모른 채 사과해야 하는 경우도 있었다. 그래서 많이 먹고 싶어도 먹을 수가 없었다. 배도 머리도 항상 텅 비어 있던 시절이었다.

008 수술 중 몸속을 보고 비위가 상하지는 않나요?

그렇지 않다.

인간의 몸속을 처음 들여다본 것은 의대생 시절 해부학 수업 때였다. 놀라움과 망설임이 있었지만 무엇보다 시험을 보기 위해 외워야 하는 체내 부위들이 너무 많아서 비위가 상할 여유조차 없었다. 레지던트가 되면 실제 수술에 참여해 살아 있는 몸속의 장기를 보게 된다. 이때도 놀라움과 망설임이 있었지만 복잡한 수술 과정을 기억해야 하고, 무서운 선배가 옆에 있다는 압박감 때문에 비위가 상할 틈이 없었다.

한마디로 항상 비위가 상한다는 감정보다 더 강력한 압박을 받고 있었기 때문에 나도 모르는 사이에 익숙해진 것이다.

인간의 몸은 징그러운 것이 아니다

보통 인간의 몸속 장기를 떠올리면 징그럽고 기괴하다고 생각할 수 있지만 실제로는 그렇지 않다. 수술실에서 깨끗한 시트에 쌓여서 모습을 드러내는 장기는 마치 은은한 미소를 머금고 있는 모나리자처럼 우아하다. 예술의 경지라고 생각할 때도 있다. 음, 내 생각이 기괴하다고 생각하지는 않았으면 좋겠다.

수술 중에 흔히 있는 일이 있다면요?

수술 중에는 음악이 크게 흘러나온다.

마취를 한 환자가 잠들면 수술실에서는 의사가 좋아하는 음악이나 유행하는 음악 등 다양한 음악이 흘러나온다. 예전에는 신곡 CD나 미니 디스크(MD)에 직접 선곡한 음악을 넣어서 가지고 오는 것도 후배 의사의 업무였다. 지금은 수술실에서 스마트폰을 블루투스 스피커로 연결해 음악을 틀 수 있어서, 스포티파이나 애플 뮤직 앱을 이용해 원하는 음악을 듣는다. 최근 내 수술실에서는 트와이스나 블랙핑크 노래가 자주 흘러나온다. 한국의 K-POP은 미국에서도 크게 성공했다.

물론 이것은 전적으로 수술하는 의사의 취향이기 때문에 음악을 틀지 않고 수술하는 의사도 많다.

그리고 또 한 가지는, 수술실에서 매우 아름답게 보였던 간호사를 수술실 밖에서 만나면 달라 보이는 것도 흔히 있는 일이다. 인간은 항상 마스크 안에 숨겨진 모습이 이상형의 얼굴일 것이라고 멋대로 상상하는 바보 같은 생물이다. 이건 사실 피차일반이기는 하지만.

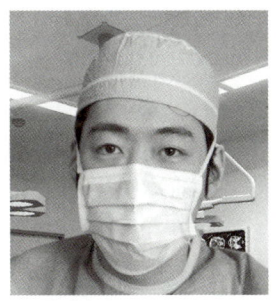

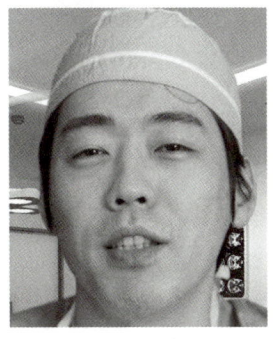

수술 중에 의사를 교체하기도 하나요?

일반적으로는 하지 않는다.

수술은 기본적으로 처음부터 끝까지 한 사람의 외과 의사가 책임진다. 다만 처음부터 끝까지라고 해서 모든 작업을 다 하는 것은 아니다. 중요한 부분만 집도한다.

내가 일하고 있는 미국에는 전문 간호사(PA, Physician Assistant)라는 의료 인력이 있다. 외과 의사의 지시를 받아 수술의 일부분을 단독으로 시행할 수 있다. 심장 수술을 할 때는 PA가 처음에 피부를 자르고 가슴을 열어 수술을 시작한다. 심장이 모습을 드러내면 외과 의사가 수술실로 가서 중요한 부위를 수술한다. 중요한 작업이 끝나면 외과 의사는 수술실을 나가고 열려 있는 가슴과 상처를 닫고 봉합하는 일을 PA가 한다.

5시간이 걸리는 심장 수술이라고 한다면 그 중 외과 의사가 수술실에 있는 시간은 1시간 남짓인 경우도 있다. 이렇게 수술의 처음과 끝을 PA가 담당하는 경우는 있지만, 집도의가 중요한 부분을 수술하다가 중간에 다른 의사로 바뀌는 일은 거의 없다.

> **수술은 연애와 비슷하다.
> 둘 다 중간에 물러서지 않는다.
> 전진만이 있을 뿐.**

수술 중에 어떨 때 휴식을 취하나요?

수술 중 중요하지 않은 상황일 때.

장시간에 걸친 수술이라면 중간에 집도의가 쉬기도 한다. 심장 수술은 보통 집도의와 보조의가 함께하는데, 무슨 일이 일어났을 때를 대비해 반드시 둘 중 한 명은 수술실에 있어야 하므로 교대로 휴식을 취한다.

보통 아무것도 하지 않고 경과를 지켜볼 때나 보조의 혼자서도 수술을 진행할 수 있을 때 쉬는 경우가 많다. 예를 들어, 수술 때문에 체온을 떨어뜨려 놓았던 환자의 체온이 올라갈 때까지 기다리거나, 작은 출혈을 지혈하고 있을 때다. 혼자서도 문제 없이 대응할 수 있기 때문에 다른 한 사람은 휴식을 취할 수 있는 것이다.

의사를 교대하는 경우도 드물지만 있다

건강상의 문제 등으로 도저히 수술을 계속할 수 없게 되었을 때 다른 외과 의사와 교대하는 경우도 있다. 예전에 일했던 병원에서 수술 중에 다른 의사로 교대하는 일이 몇 번 있었다. 수술 후의 환자를 만나서 첫인사를 하며 중간에 의사가 바뀌었다는 설명을 하지만 놀랍게도 불만을 말하는 사람은 없었다.

수술이 끝난 후에 첫인사를 하다니 결혼하고 나서 처음 손을 잡은 부부처럼 약간 민망하긴 하다.

수술 중에 스마트폰을 만질 수 있나요?

만지지 않는다.

"심장외과 의사 지인이 있는데 메신저에 답을 잘 해줍니다. 수술 중에도 메시지를 보낼 수 있나요?"라는 질문을 받은 적이 있다.

심장외과 의사는 항상 수술을 하는 것은 아니기 때문에 수술하지 않을 때는 메시지를 보낼 수 있다. 그리고 수술을 하는 횟수는 의사에 따라 다르다. 평일에 매일 수술하는 의사도 있지만 일주일에 한 번만 수술하는 의사도 있다. 예를 들어, 일주일에 이틀, 월요일과 수요일에 수술하는 외과 의사라면 화요일, 목요일, 금요일에는 수술이 없으니 언제든 메시지를 보낼 수 있다. 스마트폰은 병원에서도 항상 들고 다니기 때문에 만약 수술을 하는 날이라고 해도 수술하지 않을 때는 평소와 마찬가지로 메시지를 보낸다.

의학적으로는 세균이 많이 붙어 있는 상태를 불결하다고 표현한다. 수술 중 무언가를 만질 때는 청결한지 불결한지를 항상 생각한다. 스마트폰은 세균이 많이 붙어 있는 불결한 물건이기 때문에 수술 중에는 만지지 않는다. 다만 청결한 봉투 안에 스마트폰을 넣어둔다면 수술 중이라고 하더라도 그 봉투 너머로 스마트폰을 조작해 메시지를 보내는 것이 불가능하지는 않다.

만약 외과 의사가 그렇게까지 해서 당신에게 메시지를 보낸다면 그 사람은 당신에게 엄청난 호의를 가지고 있을 가능성이 크다. 다만 제대로 판단해야 한다. 그 외과 의사의 행위가 청결한지 불결한지를.

수술 중에 다른 사람이 땀을 닦아주나요?

닦아주지 않는다.

드라마에서 자주 나오는 장면인데 나는 누가 땀을 닦아준 적이 한 번도 없다. 땀을 닦아주기 이전에 땀이 나지 않는다. 수술실은 적절한 온도가 유지되고 있어 땀이 날 정도로 덥지 않다.

또 심장 수술을 하는 방은 다른 수술방과 비교해 낮은 온도로 설정되어 있다. 심장 수술은 심장을 멈추고 실시하기 때문에 수술하는 동안은 심장에 혈액이 공급되지 않는다. 멈추어 있는 시간이 길면 길수록 심장은 점점 더 타격을 입는다. 이때 체온을 낮추면 심장의 대사가 둔화되어 심장에 미치는 영향을 줄일 수 있다.

겨울잠을 자는 동물이 체온을 낮게 유지해 대사 속도를 늦추어, 아무것도 먹지 않고도 겨울을 날 수 있는 것과 마찬가지다. 수술에 따라서는 환자의 체온을 20도 이하로 낮추기도 한다. 극한의 상황이다.

땀은 나지 않지만 뿜어져 나온 피가 얼굴에 묻었을 때는 간호사가 거즈로 닦아주기도 한다. 피를 닦아야 하는 이유는 세 가지가 있다.

첫 번째는 피 때문에 앞이 보이지 않을 수 있기 때문이다. 두 번째는 피가 눈에 닿으면 전염병에 감염될 위험이 높아지기 때문이다. 그리고 세 번째는 피가 수술하는 부위에 떨어지면 그곳이 오염되기 때문이다. 어차피 수술 부위에서 나온 피가 원래 장소로 돌아가는 것인데 무슨 문제냐고 생각할 수 있지만, 오염된 얼굴에 묻었다면 그 혈액도 오염되었다고 봐야 한다. 얼굴을 닦은 거즈 수건도 당연히 오염되었으므로 바로 버려야 한다.

수술 중에 지진이 나면 어떻게 되나요?

땅이 흔들린다.

지진의 규모에 따라 대처 방법은 달라지겠지만 규모가 크지 않다면 흔들림이 잦아들 때까지 기다렸다가 문제가 없다는 사실을 확인한 후 수술을 재개한다. 비교적 규모가 큰 지진이라고 해도 설비에 문제가 없으면 기본적으로는 수술을 그대로 진행할 수 있다. 정전이 발생해도 비상 전원으로 인공호흡기 등 중요한 기계에는 전기가 공급되기 때문에 문제없다.

하지만 대규모 지진일 때는 아무렇지 않게 수술을 진행하지 못할 수도 있다. 자신이나 주변 관계자들의 목숨도 위험해질 수 있기 때문에 그곳에 있는 환자의 중증도나 긴급도 등을 따져 치료의 우선순위를 정하고 더 효율적으로 많은 사람을 돕는 방법으로 전환한다. 이렇게 우선순위를 매기는 것을 의료 업계에서는 트리아지(triage)라고 한다. 트리아지를 할 때는 중증도나 우선도에 따라 색으로 분류한다.

위중한 순서대로 검정, 빨강, 노랑, 초록이며 검정은 거의 살아날 가망이 없는 상태고 초록은 경상이다. 치료는 빨강, 노랑, 초록 순으로 이루어진다. 검정은 중증도가 너무 높아서 안타깝지만 시간을 들인다고 해도 소생 가능성이 없으므로 치료의 대상이 되지 않는다. 정답은 없지만 상황에 따라 조금이라도 많은 생명을 구하기 위해, 자신이 판단했을 때 맞다고 생각하는 일을 열심히 할 뿐이다.

그리고 심장외과 의사는 평소부터 쿵쾅쿵쾅 움직이는 심장을 수술하기 때문에 땅이 다소 흔들리더라도 문제없이 수술을 할 수 있을지도 모른다.

수술 중에 정전이 되면 어떻게 하나요?

수술을 계속한다.

병원은 의무적으로 비상 전원을 준비해 두어야 한다. 그래서 정전이 발생해도 이 비상 전력을 통해 전기가 공급된다. 수술실의 콘센트는 흰색, 빨간색, 초록색의 세 종류로 분류되어 있고, 색에 따라 비상 전원에서 전기가 흘러나오는 방식이 다르다. 흰색은 일반적인 콘센트로 정전 시에는 전류가 흐르지 않는다. 빨간색은 정전이 되면 일시적으로 전류가 멈추지만 바로 비상 전원을 통해 전기 공급이 시작된다. 초록색은 정전이 되어도 한순간도 전기가 끊기는 일 없이 비상 전원에서 바로 전기가 계속 공급된다. 인공호흡기 등 목숨과 관련된 기기나 수술실의 조명은 이 초록색 콘센트에 연결되어 있기 때문에 정전이 되더라도 문제없이 수술을 이어갈 수 있다.

> **어떤 상황에서도 불가능은 없다**

그렇지만 만에 하나 이 비상 전원이 작동하지 않을 수도 있다. 그래도 인공호흡기 대신에 마취과 의사가 수동으로 환자의 폐에 공기를 넣을 수 있고, 심장외과 의사가 쓰고 있는 안경에서 불빛이 나오기 때문에 어둠 속에서도 심장 수술이 가능하다.

그런데 조명이 나오는 이 안경은 꽤 무겁기 때문에 오랫동안 끼고 있으면 코에 자국이 생긴다. 이 코의 자국이 선명할수록 좋은 심장외과 의사라는 말이 있을 정도다.

016 수술하다가 얼굴에 피가 튀면 어떻게 하나요?

바로 닦는다.

혈관 안에는 심장에서 나온 혈액이 거세게 흐르고 있기 때문에 혈관이 끊기면 그곳에서 피가 뿜어져 나온다. 지름 1cm 정도의 큰 혈관이 끊어졌을 때는 뿜어져 나온 피가 천창까지 튀기도 한다. 타인의 혈액이 눈이나 입 등의 점막에 닿으면 세균이나 바이러스에 감염될 위험이 있기 때문에, 수술하는 외과 의사는 혈액이 눈에 닿지 않도록 반드시 눈을 보호하는 아이 가드를 착용한다. 또한 심장외과 의사는 가느다란 혈관을 연결해야 하는 경우도 있기 때문에, 루페(2~6배 배율)가 달린 안경(확대경)을 달고 수술을 한다.

뿜어져 나오는 피, 멈추지 않는 피

감염도 무섭지만 피가 세차게 뿜어져 나오는 것 자체가 충분히 겁나는 일이다. 나도 어릴 때 뿜어져 나온 피가 얼굴에 닿아서 큰 소리를 내며 당황했던 적이 있다. 하지만 외과 의사를 10년 정도 하다 보면 익숙해져서 피가 뿜어져 나와도 충격받거나 놀라지 않고 아무 일도 없었다는 듯이 담담하게 대응할 수 있게 된다. 매너리즘에 빠진 부부 같다고나 할까.

피를 멈추는 방법은 다양하지만 대량으로 나왔을 때는 우선 피가 나오고 있는 곳을 손으로 눌러서 지혈한 후 잠시 쉬어야 한다. 필사적으로 지혈하려고 손가락으로 너무 세게 누르면 손가락이 혈관 안으로 들어가서 더 큰 출혈이 발생할 수 있기 때문에 조심해야 한다. 어느 정도 안정이 되면 구멍 주변을 실과 바늘로 기운 후에 지혈하면 된다.

심장 수술 후에 아무리 애써도 지혈이 안 될 때는 출혈 부위를 손가락으로 눌러서 피가 멈출 때까지 1시간 정도를 기다리는 외과 의사도 있다. "내 손가락을 여기에 남겨두고 갈 수 있다면 수술을 끝낼 수 있을 텐데."라고 말하는 의사도 여럿 봤다.

  얼굴에 묻은 피는 그 자리에서 바로 닦는다. 가끔 수술 후 마스크에 피가 묻어 있는 것도 모르고 환자 가족을 만나러 가서 환자 가족들이 놀라는 일도 자주 있다.

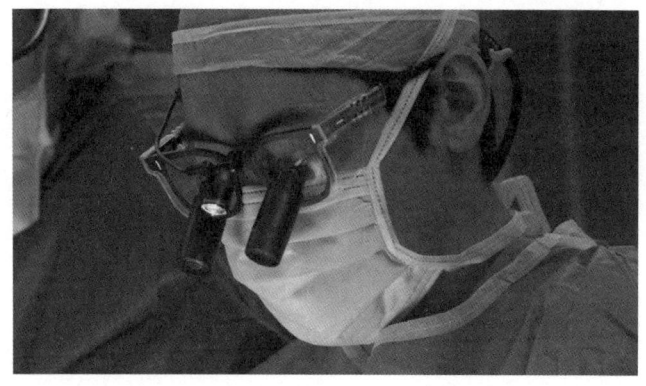

수술실에서 자주 듣는 말은 무엇인가요?

'파이어'

수술로 장과 장을 잇는 것을 문합이라고 한다. 예전에는 실과 바늘을 써서 하나하나 봉합해야 했지만, 지금은 버튼 하나로 자동으로 문합할 수 있는 자동 문합기를 사용한다. 자동 문합기에는 날카로운 커터와 이것을 감싸는 형태로 많은 스테이플러가 설치되어 있다. 버튼을 누르면 커터가 튀어나와 장에 구멍을 뚫고 동시에 주변의 스테이플러가 장과 장을 연결하는 구조다(노트 참고).

이 버튼을 누를 때 '파이어'라고 외친다. 구조상 버튼은 한 번밖에 누를 수 없기 때문에 확인하기 위한 것이기도 하고, 또 하나는 단순히 기분이 좋기 때문이다. 모두 함께 '파이어'라고 구호를 외치면 팀이 하나가 된 느낌이 든다.

시대 착오적인 수술 중 구호

수술 중에 "남자답게"라는 말도 자주 듣는다. 초보 의사 시절에는 수술할 때 몸속 어디에 어떤 혈관과 장기가 있는지 익숙하지 않아 조심조심 신중하게 진행하기 때문에 빠르게 수술할 수 없다. 신중함은 외과 의사의 중요한 자질이다. 하지만 숙련된 외과 의사는 빠르게 진행해도 위험하지 않다는 사실을 알고 있기 때문에 너무 신중을 기하는 초보 의사를 보며 빨리 좀 하라고 답답해하기도 한다. "남자답게 해."라는 말로 재촉해서 수술 속도를 높이는 경우도 있었다. 남자니까 대범하게 하라고 하는 말도 지금은 시대 착오적이기 때문에 그다지 많이 쓰지는 않는다. 지금이라면 "그냥 과감하게 해."라고 하면 된다.

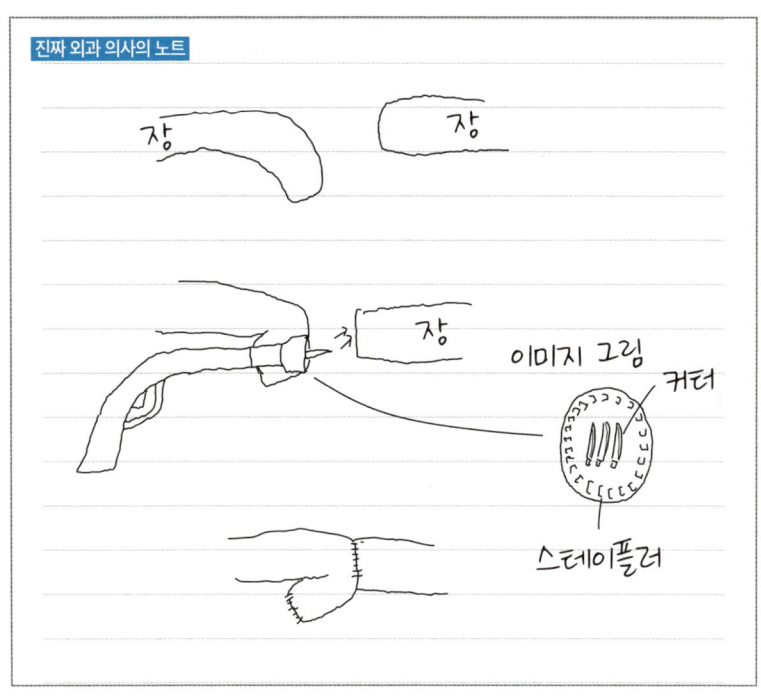

018 수술실에서 해서는 안 되는 말은 무엇인가요?

○○ 선생님은 이렇게 하시던데요.

이 말은 선배 의사가 "내가 가르쳐 준 대로 해."라고 주의를 받았을 때 절대 해서는 안 되는 말이다. 수술을 배우는 사람은 가르쳐주는 외과 의사와 완전히 동일한 방식으로 수술해야 한다. 그렇게 해야 하는 이유는 두 가지다.

첫 번째는 돌발 상황에 대처하기 위해서다. 수술 중에는 갑작스러운 위기 상황에 침착하게 대처하는 것이 중요하다. 예상치 못한 출혈이 발생해서 지혈해야 하는 상황이 이에 해당한다. 선배 의사와 같은 방식으로 수술하면 발생할 수 있는 문제도 어느 정도 예상할 수 있다. 돌발 상황이 발생했을 때 선배 의사가 침착하게 상황을 수습하는 것이 더 나은 방법이고 환자 입장에서도 더 안전하다.

두 번째는 존중이다. 바늘로 봉합할 때 바늘을 넣는 방식이나 바늘의 각도, 기계를 놓는 장소 등 하나하나의 동작에는 반드시 의미가 있고 그러한 것들이 모여서 적절한 수술이 이루어진다. 이러한 외과 의사가 쌓아온 지식과 경험을 무시하고 자신의 방식대로 하거나 다른 외과 의사의 방식대로 수술하는 것은 옆에 있는 집도의를 무시하는 행위다. 무엇보다 그렇게 하면 지금 수술하는 집도의의 수술 방식은 영원히 배울 수 없다.

물론 배운 방식을 영원히 고수할 필요는 없다. 외과 의사로 충분히 성장해 집도의를 맡게 되었을 때 자신이 하고 싶은 방식대로 하면 된다.

그리고 이 말은 무심결에 내뱉기 쉬운 말이니 조심해야 한다. 독자 여러분들도 남자 친구가 "전 여자 친구는 이랬는데……"라는 말을 들으면 불쾌하지 않은가.

심장 수술 중에 전신 마취가 풀려서 환자가 깨어나기도 하나요?

그런 일은 없다.

깨어난다는 말의 정의를 어떻게 내리느냐에 따라 대답이 달라지기 때문에 어려운 질문이지만, 심장 수술 중에 마취가 풀려서 환자가 깨어나는 경우는 본 적이 없다. 왜냐하면 수술하는 동안 마취제가 계속해서 투여되고 있기 때문이다.

전신 마취는 주로 세 가지 목적이 있다.

첫 번째는 우선 잠들게 하는 것이다. 이것이 사람들이 일반적으로 생각하는 마취의 목적이다. 약을 이용해 환자를 잠들게 한다. 때에 따라서는 역행성 건망증이라고 해서 약을 투여하기 전의 기억까지 지워버리는, 만화 『명탐정 코난』에 나오는 검은 조직이 가지고 있을 법한 약도 있다.

두 번째는 통증을 줄이는 것이다. 잠들어 있어도 수술 중 피부 등을 자를 때는 몸이 고통을 느끼기 때문에 잠들게 하는 약뿐만 아니라 통증을 줄이는 약도 필요하다.

세 번째는 몸을 움직이지 않도록 하는 것이다. 이때 사용하는 것은 근육 자체를 움직이지 않게 하는 약이다. 호흡도 근육의 힘으로 이루어지기 때문에, 이 약을 투여하면 자신의 힘으로 호흡할 수 없어지므로 인공호흡기가 필요하다. 수술 중에 이 약의 공급이 중단되면 의식은 없지만 몸이 마음대로 움직이기도 한다. 그때는 마취과 의사가 약을 추가한다. 반대로 몸은 약으로 인해 움직이지 못하지만 의식은 있는 경우도 있을 수 있다.

이렇게 깨어 있는지 아닌지의 정의는 명확하지 않다. 다만 수술 중에 "안녕하세요!"라고 인사를 할 정도로 완전히 각성한 환자는 본 적이 없다.

수술 전에 이미지 트레이닝을 하기도 하나요?

한다.

수술은 다양한 도구를 사용해 몸속에 있는 조직을 자르거나 봉합하는 행위를 반복하는 것이다. 각각의 움직임은 딱히 어렵지 않은 기본 동작이기 때문에 연습만 하면 누구나 할 수 있다. 예를 들면, 초등학교 3학년이 수술 기구를 들고 일주일 동안 필사적으로 연습한다면 기술적으로는 대략적인 수술을 할 수 있을 것이다.

미국에는 전문 간호사(PA, Physician Assistant)라는 의사 업무를 대신할 수 있는 직업이 존재한다. 그들이 외과 의사 대신 수술 대부분의 과정을 수행한다. 봉합과 절단은 PA가 주로 반복해서 담당하기 때문에 봉합하고 자르는 기술은 외과 의사보다 훨씬 뛰어난 경우도 있다.

외과 의사에게 필요한 진짜 능력

그렇다면 외과 의사는 무슨 일을 할까? 수술 계획 작성, 계획한 대로 잘 흘러가지 않았을 때 다음 계획을 준비하는 일, 그리고 예상하지 못한 일이 발생했을 때 그 자리에서 유연하게 대응하는 일을 한다. 만약 이런 일이 발생하면 이렇게 하자고 다양한 가능성을 생각하고 대처하는 방법을 머릿속에서 준비해둔다. 예를 들면, 심장이 멈추었을 때 심장 대신 혈액을 몸속으로 보내는 처치를 서둘러서 해야 하는데 다리 혈관을 통해 피를 보낼 것인지, 어깨의 혈관을 통해 보낼 것인지, 무엇을 사용해서 보낼 것인지, 누구에게 무슨 업무를 지시해야 할지 그 자리에서 생각하면 혼란스럽기 때문에 사전에 생각해 두는 것이다.

아무리 미리 계획하고 준비해도 수술실에서는 상상하지 못한 일들이 발생한다. 그럴 때 냉정하게 대응하는 능력이 외과 의사에게 필요하다.

그런데 드라마나 만화에서 상반신 누드 상태로 병원 옥상에 서서 수술에 대한 이미지 트레이닝을 하는 외과 의사가 나오기도 하던데 현실에는 없다.

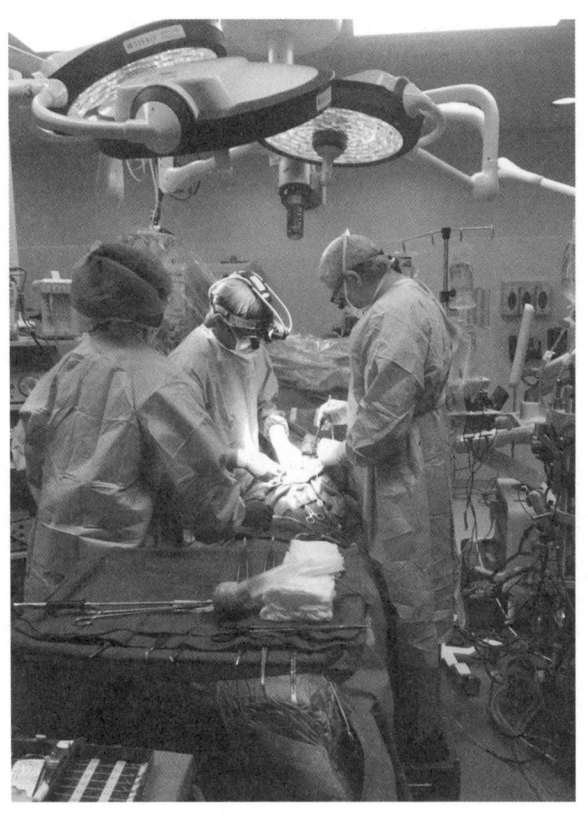

수술에는 몇 명 정도가 참여하나요?

여러 명.

수술에는 집도의인 외과 의사, 보조의, 간호사, 마취과 의사, 임상 공학 기사, 수술 도구를 씻는 사람, 의료 기기를 다루는 업자 등 정말 많은 사람이 참여한다. 다만 수술에서 무슨 일이 발생했을 때 최종적인 판단은 집도의가 한다. 왜냐하면 집도의가 환자 치료에 대한 책임을 져야 하기 때문이다.

외과 의사는 자기주장이 강하다

수술 하나에 외과 의사가 여러 명 참여하는 경우도 있다. 외과 의사 중에는 자기주장이 강하고 자신의 의견을 잘 굽히지 않는 사람이 많다. '사공이 많으면 배가 산으로 간다'라는 말처럼 실력이 비슷한 외과 의사가 함께 있을 때 오히려 판단하기 어려운 경우가 있다. 그렇기 때문에 나는 다른 외과 의사와 함께 수술을 하는 것을 그다지 좋아하지 않는다. 물론 그것이 좋은 방향으로 갈 때도 있지만.

여러 사람이 각자 다른 일을 하며 하나의 목적을 달성하는 수술은 오케스트라에 비유되기도 한다. 외과 의사는 수술 전체를 제어하는 지휘자다. 실제로 쥐고 있는 것은 지휘봉이 아니라 메스이고 다루는 것은 오르간이 아니라 오건(organ, 영어로 장기라는 의미다)이지만.

왜 두 번째 수술은 힘든가요?

장기끼리 붙어서 그 경계가 모호해지기 때문이다.

치료를 했는데 다시 몸속에 문제가 발견되거나 다른 질병이 발생해 같은 부위를 두 번 수술하는 경우가 있다. 기본적으로 심장이나 폐 등의 장기는 얇은 막과 같은 것으로 덮여 있어서 이 막을 조심스럽게 벗겨내서 각각의 장기를 손상시키지 않고 수술해야 한다. 그런데 한 번 수술하면 벗겨진 막이 회복되는 과정에서 평소와는 다른 형태로 유착되어 그 경계가 모호해진다. 그래서 두 번째 수술이 더 어렵다.

유착을 막기 위한 수술의 기술

예를 들어, 심장 수술은 가슴 중앙에 있는 뼈를 두 개로 자른 후 좌우로 벌려서 실시한다. 그런데 수술 후에 이 뼈의 뒤쪽이 심장에 달라붙는 경우가 있다. 그렇게 되면 두 번째 수술을 하려고 가슴을 열 때 잘못해서 뼈와 함께 심장을 자르게 되고 심장에 구멍이 생기는 경우도 있을 수 있다. 이런 일이 일어나지 않도록 첫 수술 때 심장과 뼈 사이에 특수한 시트를 넣어 달라붙지 않도록 하거나 두 번째 수술은 평소보다 신중하게 뼈를 여는 등 다양한 고민을 한다.

심장도 연애와 마찬가지로 너무 가까워지지 않도록 일정한 거리를 유지하는 것이 필요하다. 하지만 너무 가까워져서 구멍이 나도 괜찮다. 내가 구멍난 심장을 고쳐주면 되니까.

자신의 가족을 수술하기도 하나요?

하지 않는다.

친족이나 지인의 수술은 웬만하면 하지 않는다. 왜냐하면 감정적으로 평정심을 유지하기 힘들어서 수술에 영향을 줄 가능성이 있기 때문이다. 만약 자신의 가족이라도 평소와 다름없이 수술할 수 있는 엄청나게 뛰어난 외과 의사가 있다고 해도 역시 하지 않는 편이 좋다. 왜냐하면 수술은 외과 의사 혼자 하는 것이 아니기 때문이다. 수술에는 보조의, 간호사, 마취과 의사 등 다양한 사람들이 참여한다. 환자가 집도의의 가족이라는 사실이 집도의 이외의 사람에게도 영향을 주고 그 영향이 점점 더 커지면 되려 안 좋은 결과를 가져올 우려가 있기 때문이다.

예전에 자기 아내의 심장 이식 수술을 했다는 심장외과 의사를 본 적이 있는데, 엄청난 자신감과 신념이 있는 사람이라고 생각했다. 그 아내는 남편에게 완전히 마음을 빼앗겨 심장 이식 후에 다시 한번 반했다는 말도 있던데, 어쨌든 지금도 건강하게 잘 지내고 있다고 한다.

성공률 1%인 수술도 있나요?

없다.

드라마나 만화에서 집도의가 "1퍼센트의 성공 확률에 걸어보겠습니다." 라고 말하는 장면이 나온다. 그런데 이것은 현실에서는 있을 수 없다. 왜냐하면 그 정도 확률이라면 수술을 하지 않기 때문이다.

수술은 병을 고치고 환자의 건강을 지키기 위해 하는 것이지만 건강에 악영향을 줄 위험도 있다. 수술해서 병은 나았지만 수술 합병증 때문에 상태가 악화되는 경우도 안타깝지만 존재한다. 그래서 수술을 하기 전에 반드시 수술로 인해 좋아질 가능성과 나빠질 위험성을 둘 다 생각하고 무엇이 유리한지 고민한다. 환자에게도 그 정보를 전달한 후 최종적으로 수술을 할지 여부를 판단한다.

그래서 성공률이 1%밖에 되지 않는 수술이라면 하지 않는다. 수술을 하지 않으면 100% 죽지만 수술을 하면 아주 낮은 확률로 살릴 수 있는 상황은 거의 없다. 의사가 성공률이 99%인 수술을 하겠다고 하면 전혀 극적이지 않아서 드라마나 만화에서는 현실과는 다르게 다소 각색된 부분이 있는 것이다.

그리고 무엇을 성공이라고 할지 성공의 정의도 필요하다. 수술실에서 살아서 나가는 것이 성공인 수술도 있고, 20년 후까지 건강하게 잘 살아야만 성공이라고 할 수 있는 수술도 있다. 심장 수술은 완벽하게 잘 되었지만 합병증으로 뇌에 이상이 생긴다면 이 수술은 성공한 것일까? 성공에 대해서도 외과 의사와 환자 사이의 공통 인식, 공통 목표, 공통 정의를 공유하는 것이 매우 중요하다. 하지만 흉통은 공유하고 싶지 않군요.

수술 중 적출한 장기는 어떻게 하나요?

검사하고 나서 버린다.

심장, 위, 간의 일부 등 수술하며 절제한 장기는 질병에 대해 더 자세히 알아보기 위해 특수한 검사를 의뢰한다. 이 검사를 병리 검사라고 한다. 현미경으로 확대해 정밀하게 관찰하고 포함된 성분을 분석한다.

이 병리 검사의 목적은 세 가지다.

첫 번째는 그것이 질병인지 아닌지를 확인하기 위해서다. 병리 검사를 하지 않으면 질병인지조차 확실하지 않은 경우가 있다. 병변이 수술로 제거해야 할 대상인지 확실하지 않을 경우, 가느다란 바늘 등으로 병변의 일부분을 아주 조금 떼어내 병리 검사를 실시한 후 정확한 병명이 진단되면 다시 본격적인 절제 수술을 시행하기도 한다.

두 번째는 향후 치료 방침을 결정하기 위해서다. 병리 검사를 통해 병이 얼마나 진행되었는지 알 수 있다. 검사 결과는 어떤 치료가 필요한지를 판단하기 위한 중요한 단서가 된다. 예를 들어, 암이 얼마나 진행되었는지 확인하고 그에 따라 어떤 수술, 약물, 방사선 치료가 효과적인지를 판단할 수 있어 치료 계획을 세우는 데 큰 도움이 된다.

그리고 세 번째는 미래를 위한 데이터를 남기기 위해서다. 검사 결과 데이터를 모아두면 나중에 같은 질병을 겪는 환자에게 도움이 된다.

병리 검사가 끝난 장기는 특수한 처리를 거친 후 폐기한다. 예전에 수술로 떼어낸 심장의 일부를 가져가도 되냐고 묻는 환자가 있었다. 왜 그러냐고 물었더니 목걸이를 만든다는 답이 돌아왔다. 진짜 심장으로 목걸이를 만들려고 하다니 아이묭(독특한 세계관과 비주류적인 표현 방식으로 유명한 일본의 싱어송라이터-옮긴이)도 질색할 만한 일이다.

한밤중에도 수술을 하나요?

한다.

외과 의사가 한밤중에 수술하는 경우는 두 가지다.

아침이나 낮에 시작한 수술이 길어져서 한밤중에도 계속 이어지거나, 긴급 상황이라 한밤중이라도 수술을 시작해야만 하는 경우다. 수술하지 않고 시간이 지나면 환자의 상태가 나빠진다고 판단될 때 긴급 수술을 시행한다. 예를 들어, 큰 혈관이 파열되었을 때 그대로 놔두면 과다 출혈로 사망에 이르며, 혈관이 막혔을 때 수술하지 않으면 장기로 혈액이 전달되지 않아서 장기가 손상된다. 장이 파열되었을 때 그대로 두면 뱃속에 있는 음식물이 퍼져서 몸속이 오염된다. 이러한 상황일 때는 한밤중이라도 수술을 해야 한다.

그리고 이러한 상황이 아니더라도 한밤중에 긴급 수술을 하는 경우도 있다. 바로 심장 이식 수술이다. 심장 이식 수술을 하려면 심장을 기증하는 공여자가 필요한데, 이 공여자가 언제 나타날지 그 누구도 예측할 수 없다. 그렇다 보니 이식 수술은 미리 계획할 수 없고 모두 긴급 수술로 이루어진다. 또 심장 이식 수술은 심장을 이식하기 전에 공여자의 심장을 적출하는 수술도 필요하다. 낮에는 수술실이 다른 수술로 꽉 차 있기 때문에 공여자의 심장을 적출하는 수술은 주로 밤에 한다.

평소에는 게으른 생활을 하는 의사라고 하더라도 긴급 수술이나 심장 이식 수술이 있으면 한밤중이라도 벌떡 일어나서 병원으로 달려간다. 한밤중이라고 해도 정신 똑바로 차리고 수술을 해야 한다.

동시에 두 명의 환자를 수술하기도 하나요?

그런 일은 거의 없다.

우선, 환자의 안전을 고려해 그렇게 무리하게 수술 일정을 짜지 않는다. 만약 응급 수술이 필요한 환자가 두 명 동시에 발생해 같은 시간대에 수술을 해야 하다면 한 명은 자신이 맡고, 나머지 한 명은 다른 외과 의사가 수술을 맡는 것이 일반적이다. 만약 다른 외과 의사가 없다면 그 환자는 다른 병원으로 이송한다.

시차를 두고 하는 수술이란?

수술실을 오가며 동시에 여러 건의 수술을 집도하는 일은 없지만 약간의 시차를 두고 수술 스케줄을 짜기도 한다. 병원에는 수술실이 여러 개 있고 각각의 방에서 수술이 진행된다. 같은 시간대에 다른 수술실에서 동시에 수술이 진행(동시 수술)되기도 하고, 하나의 수술이 끝난 후 같은 수술실에서 바로 다음 수술(연속 수술)이 이어지기도 한다. 또 서로 다른 수술실에서 시간을 뒤로 미루어 약간의 시차를 두고 진행하는 수술도 있다.

집도의는 수술의 처음부터 끝까지 모든 과정에 참여하지 않고 핵심 부분만 집도한다. 총 5시간이 걸리는 수술에서 처음과 마지막 2시간은 보조의가 맡고 중간에 1시간 정도 핵심 과정만 집도의가 맡는다. A수술실에서 첫 번째 수술을 9시부터 시작하고 두 번째 수술은 B수술실에서 10시부터 시작하면 실제로 집도의가 필요한 것은 A수술실에서는 오전 11시부터 1시간, B수술실에서는 12시부터 1시간이기 때문에 둘 다 중요한 부분을 집도의가 할 수 있게 되고 문제없이 수술이 끝난다. 이렇게 시차를 두고 수술을 잡으면 거의 동시에 두 명의 환자를 치료할 수 있다.

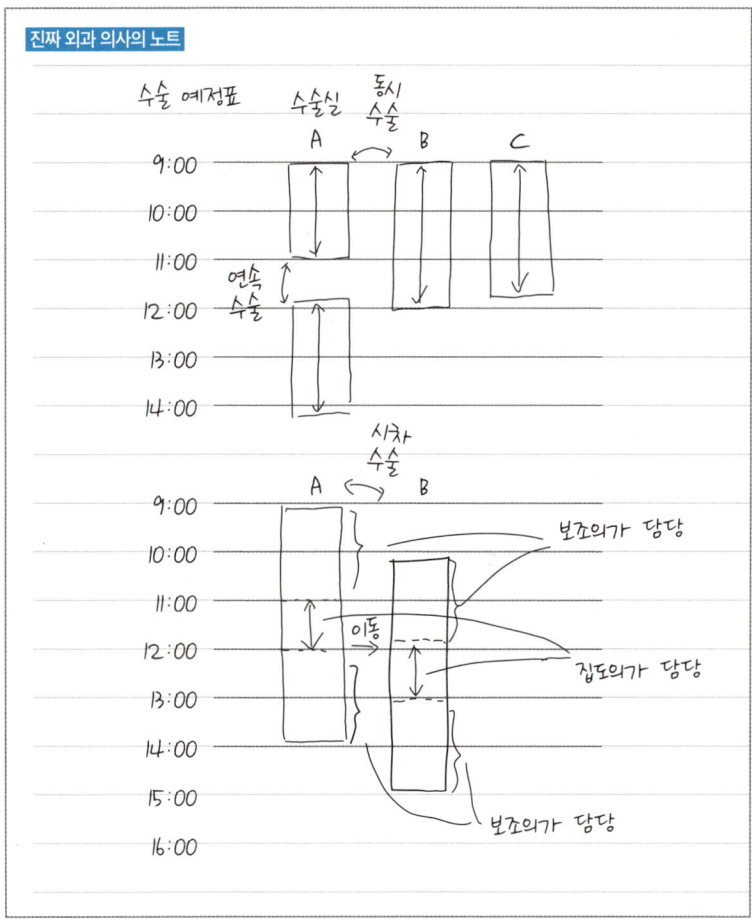

술 마시고 있을 때도 긴급 수술 호출이 오나요?

응급 수술 연락이 올 가능성이 있는 의사는 술을 마시지 않는다.

우선 응급 수술에 대응하는 시스템은 온콜(on-call) 제도와 주치의 제도가 있다.

온콜 제도는 야간이나 휴일에 응급 수술을 해야 하는 상황이 생기면 당직인 의사에게 연락을 하는 시스템이다. 이 시스템을 사용하는 병원이라면 만약 야간에 자신이 담당하는 환자가 응급 수술이 필요해져도 온콜 당직 의사가 대응해 주기 때문에 병원에 가지 않아도 된다.

이에 비해 주치의 제도는 야간이나 휴일 상관없이 주치의에게 연락이 가고 주치의는 담당 환자를 돌봐야 한다. 술에 취하면 정상적인 판단을 할 수 없기 때문에 야간이나 휴일에도 올지 모르는 연락에 대비해 365일 술을 마시지 않는 생활을 해야 한다. 아니면 술을 마신 상태로 치료를 하거나 둘 중 하나다.

어떤 시스템을 채택할지는 병원이나 소속 기관별로 다르고 의사가 스스로 선택할 수는 없다. 개중에는 당직은 아니지만 휴일에 병원에 와서 당직 제도가 있어도 내 환자니까 내가 끝까지 본다며, 술이 아니라 자신에게 취해있는 의사도 있다. 물론 훌륭한 태도다. 피곤하거나 술을 마신 상태라고 하더라도 같은 주치의에게 계속 치료를 받을 수 있는 주치의 제도, 아니면 컨디션이 좋은 다른 의사에게 치료를 받는 온콜 제도, 어느 쪽을 원하는가. 어느 쪽이든 술을 마신 의사에게 수술을 받는 일은 피해야 한다.

수술 중에 의료진들끼리 대화를 하나요?

한다.

수술 중에는 고도의 집중력이 필요할 때와 그렇지 않을 때가 있다. 후자일 때는 잡담을 하기도 한다. 이러한 완급 조절을 통해서 수술이 길어도 집중력을 잃지 않고 끝까지 수술을 해 낼 수 있다.

대화 주제는 다양하다. 주말에 한 일, 요즘 인기 있는 드라마나 영화 등에 관한 이야기가 대부분이다. 외과 의사끼리 친하면 병원 내에서 젊은 의사의 연애나 어느 의사가 바람을 피우는지 등등 가십거리를 이야기하기도 한다.

젊은 의사의 필수 스킬

젊은 시절 일본에서 일할 때는 선배 의사가 뜬금없이 재미있는 이야기를 해보라고 하는 바람에 당혹스러웠던 적이 많다. 재미있는 이야기를 해보라고 했을 때 바로 생각이 나서 할 수 있으면 고생할 일도 없다. 말을 재밌게 잘 하는 동료를 선배 의사들은 대놓고 예뻐했고, 그런 모습을 보며 부럽다고 느낀 적도 있었다. 수술 전에 수술 교과서와 함께 내가 만든 '개그 노트'를 펼쳐보던 때도 있었다. 그런데 미국에서 일하기 시작하고 나서는 그런 일이 없어졌다. 애초에 영어로 재미있는 이야기를 할만큼 영어 실력이 좋지 않으니까.

수술 중에 어지러워서 쓰러지는 사람도 있나요?

본 적 없다.

수술실에 처음 들어가는 사람은 일상과는 너무나도 다른 분위기이기 때문에 극도로 긴장한다. 그러다 보니 갑자기 몸 상태가 안 좋아지는 사람도 있다. 다만, 수술 중에 쓰러지는 사람을 본 적은 없다.

외과 의사의 마스크 안에서 벌어지고 있는 일

그런데 하지만 수술 중에 외과 의사가 실신해서 환자 위로 쓰러졌다거나, 중간에 배가 아파서 화장실에 갔는데 아무리 시간이 지나도 돌아오지 않아서 다른 사람이 대신 수술했다는 이야기를 전해 들은 적은 있다. 또 의사가 껌을 씹으면서 수술하다가 잘못해서 환자의 가슴속에 껌을 떨어뜨렸다고 하는 거짓말 같은 이야기도 전해진다. 마스크를 쓰고 있어서 안 떨어진다고 생각할 수 있지만 마스크를 헐겁게 쓰고 있으면 떨어질 수도 있다. 껌을 질겅질겅 씹으며 경기하는 메이저리거도 아니고 의사는 그런 일을 저지르면 바로 쫓겨난다. 그리고 수술 중에 너무 집중하다가 침이 나와서 수술이 끝날 때까지 마스크 속이 침범벅이 된 상태로 있어야 하는 지옥을 맛보는 사람도 의외로 존재한다.

031
QUESTION / 233
수술을 유리창 너머로 견학할 수 있는 방이 있나요?

있는 곳도 있다.

드라마 등에서 직위가 높은 의사가 수술실 위에 있는 방에서 수술을 내려다보는 장면이 자주 나오는데 그런 방이 실제로 존재한다. 그런데 사실 그곳에서는 수술 장면을 전혀 볼 수 없다. 수술받는 환자 주변에는 외과 의사, 간호사 등 많은 의료진이 있고, 가슴속과 같이 몸속 깊은 부분을 수술할 때는 그 자리에 있는 외과 의사도 잘 보이지 않는 경우가 있을 정도이기 때문에, 위층에 있는 방에서 유리창 너머로 수술 장면을 자세히 보는 것은 거의 불가능한 일이다. 외모가 어떤지 열심히 하는지 대충 하는지 정도는 알 수 있다.

다만 수술실 천장에 카메라가 설치되어 있어서 그것을 보면 어떤 수술을 하는지는 파악할 수 있다. 외과 의사에 따라서는 헤드 카메라를 달고 자신이 보고 있는 장면을 그대로 영상으로 찍는 사람도 있다. 헤드 카메라 영상은 매우 선명하기 때문에 수술 후 리뷰나 후배 교육에도 매우 유용하다. 다만 수술 후에 떼는 것을 깜빡하고 화장실에 간다면 큰일이 날 수도 있으니 조심하자.

QUESTION 032 / 233
인간의 신체를 자를 때 냄새가 나나요?

냄새가 크게 신경 쓰이지는 않는다.

수술 중에는 마스크를 쓰고 있기 때문에 냄새는 거의 맡을 수 없다. 전자 메스로 근육을 자를 때는 고기를 구울 때와 비슷한 냄새가 날지도 모른다. 그런데 고기를 구울 때처럼 모든 면을 균일하게 굽는 것이 아니라 일부분을 똑바로 자르는 것이라서 열이 닿는 면적은 작다.

사실 심장 수술은 근육을 자를 일이 거의 없다. 심장을 노출시킬 때는 한가운데에 있는 뼈를 자르는데 가슴 한가운데에는 근육이 거의 없어서 보통 근육을 피해 뼈만 자른다. 그래서 엄청나게 강렬하지 않은 이상 수술 중에 냄새가 신경 쓰이는 일을 그다지 없다.

하지만 의사가 냄새에 예민하게 반응하는 것은 중요한 요소다. 예전 한 외과 의사가 환자의 상처 부위에 붙은 거즈의 냄새를 맡고 "여기 ○○라고 하는 세균에 감염되었어."라고 진단하는 것을 본 적이 있다. 정말 그 진단이 맞았는지는 알 길이 없지만.

병원에서 사람이 쓰러지면 의료인을 그곳으로 모으기 위해서 하는 방송을 코드 블루라고 한다. 사람이 쓰러졌으니 빨리 와 달라고 방송하면 다른 환자가 불안해 할 수 있기 때문에 의료인들만 알 수 있도록 "코드 블루, 코드 블루"라고 방송하는 것이다. 내가 있던 병원에서는 수술 중에 이상한 냄새가 났을 때 간호사가 "코드 브라운, 코드 브라운"라고 소리치며 엉덩이를 씻었던 적이 있다.

033 자신이 수술을 받는다면 어디서 받을 건가요?

우선 어디서 받을지 열심히 알아본다.

수술을 받고 싶은 병원을 찾는 것은 의사인 나에게도 힘든 일이다. 왜냐하면 외과 수술 실력은 실제로 함께 일해본 사람만이 알 수 있기 때문이다. 그래서 의료진이 아닌 사람이 의사를 찾으려면 더 어려울 수 있다. 그렇다고 해서 아무것도 찾아보지 않고 소개받은 곳에서 수술을 받는 것은 그다지 좋은 방법은 아니다.

예전에는 몸 상태가 안 좋으면 동네 병원에 가서 그곳의 의사가 알려주는 전문 내과 병원을 소개받아 진료를 받고, 만약 수술이 필요하다면 그 의사가 소개하는 전문 외과 의사에게 가서 수술을 받는 것이 당연한 수순이었다. 하지만 지금은 인터넷이나 SNS가 발달되어 다양한 정보를 직접 찾아볼 수 있게 되었다. 그래서 자신이 선택한 곳에서 치료를 받겠다는 사람이 많아졌다.

목숨과 관련된 중요한 수술을 할 곳을 스스로 알아보고 선택하는 것은 당연한 행동이다. 하지만 인터넷에 공개되어 있는 수술 실적이나 소문은 주의 깊게 살펴봐야 한다. 왜냐하면 수술 실적은 환자의 수술 전 상태에 따라서 크게 달라지기 때문이다. 만약 리스크가 그리 크지 않은 건강한 환자를 많이 수술해서 성공률 100%인 의사와, 이미 상태가 좋지 않아 수술이 어려운 환자를 수술해서 성공률이 90%인 의사 중, 어느 쪽이 진짜 실력이 좋은 외과 의사인지 판단하기 쉽지 않기 때문이다.

수술 전 의사와 환자가 함께 병에 대해 깊이 이해할 수 있도록 노력하고 제대로 된 관계를 구축하는 것이 병원 선택보다 더 중요하다. 다방면으로 알아봤는데도 어디서 수술을 받을지 확신이 서지 않는다면 나에게 오면 된다.

034 QUESTION 233
의사도 수술을 받을 때 긴장하나요?

한다.

학창 시절에 풋볼을 하다가 다쳐서 무릎 수술을 받은 적이 있다. 엄청나게 긴장했다. 의학을 공부하긴 했지만 의사가 설명한 내용이 하나도 머릿속에 들어오지 않았다는 것만 기억이 난다.

의사는 환자가 질병에 대해 이해할 수 있도록 설명하지만 근본적으로 가지고 있는 의학 지식에 큰 차이가 있기 때문에, 아무리 알기 쉽게 설명하려고 해도 모든 내용을 다 이해시키는 것은 어렵다. 또 소통 능력이 떨어지는 의사는 중간에 본론에서 벗어난 이야기로 빠지기도 하기 때문에, 환자 입장에서는 어디까지가 중요한 이야기고 어디서부터 벗어난 이야기인지조차 알 수 없어서 더더욱 미궁으로 빠진다. 정말 문제다.

나는 어깨 수술을 받은 적도 있다. 대학생 때 첫 데이트를 하려고 오토바이를 타고 집을 나섰는데 너무 들떴는지 앞에 서 있던 차를 보지 못하고 그대로 추돌해 옆으로 넘어졌고 그후 맞은 편에서 오던 트럭에 치였다. 그대로 구급차에 실려 병원으로 옮겨졌지만 골절도 없었고 검사 결과 특별히 문제가 없어서 그날 바로 귀가했다. 그 후 1주일 정도 지나도 아무런 문제가 없어서 『무적 전설의 기타하라 히로토』라는 책을 집필하려고 마음먹었을 때쯤 어깨가 불편했다. 오른쪽 어깨가 잘 올라가지 않았다. 이상하다고 생각해서 거울을 자세히 봤더니 오른쪽 어깨 근육이 눈에 띄게 줄어 있었다. 서둘러 병원에 갔더니 오른쪽 근육 신경이 마비되었다는 진단을 받았다. 교통사고 충격으로 오른쪽 어깨 신경이 끊어진 것이다. 나는 책을 쓰는 것은 단념하고 어깨 수술을 받기로 했다. 나 지금 무슨 이야기하려고 했더라?

의사는 자기 몸도 수술할 수 있나요?

할 수 있지만 하지 않는다.

유명한 의학 만화에서 의사가 거울을 보며 자기 배를 수술하는 장면이 나온다. 배를 마취하고 자신이 수술하는 것은 불가능하지는 않지만 상당히 어렵고 그렇게 할 이유가 없기 때문에 하지 않는다. 간단한 수술, 예를 들면 피부의 상처를 꿰매는 수술은 비교적 쉽게 할 수 있겠지만 그래도 자기가 하지는 않는다.

심장 수술은 전신 마취로 환자를 완전히 잠들게 한 후에 해야 하므로, 스스로 자신의 심장 수술을 하는 것은 불가능하다. 하지만 지금은 피부를 자르지 않고 심장을 치료하는 기술이 개발되었기 때문에, 이 기술이 더 발전한다면 스스로 컴퓨터를 이용해 치료법을 입력하고 로봇이 자동으로 수술해 주는 날이 올지도 모른다. 이 방식도 엄밀히 따지면 로봇이 해주는 것이긴 하지만.

다음 날 수술을 앞둔 환자가 하지 말아야 할 일은 무엇인가요?

마라톤.

수술은 몸에 적지 않은 부담을 주기 때문에 수술 전날에 엄청난 체력이 필요한 운동은 절대 해서는 안 된다. 그렇다고 해서 전혀 움직이지 않는 것도 좋지 않다. 수술 전에 침대에 누워만 있으면 근육이 줄어 수술 후 회복이 늦어진다.

심장 수술 전에 심장의 움직임이 좋지 않은 사람은 사타구니 부분에 있는 혈관을 통해 풍선 모양을 한 기계를 넣어 바람을 넣거나 빼서 심장의 움직임을 돕는다(IABP라는 이름의 기계다/그림 ❶).

하지만 이 기계가 다리와 연결되어 있으면 일어날 수가 없기 때문에 수술할 때까지 가만히 누워만 있어야 한다. 이 문제를 해결하기 위해 지금은 이 기계를 다리가 아니라 어깨의 혈관에 연결하는 방법을 찾았고 환자는 기계를 단 채로 걸어다닐 수 있게 되었다(그림 ❷).

또 더 강하게 심장의 기능을 보조하는 기계를 어깨나 가슴에 달고 있으면 심장이 전혀 움직이지 않는 사람이라고 하더라도 평소처럼 걸어다닐 수 있다. 심장 이식을 할 때는 옛날 심장을 꺼내고 새로운 심장을 이식하는데, 만일 잘못해서 새로운 심장을 떨어뜨리면 그 심장은 이식할 수 없으므로 새로운 심장이 올 때까지 심장이 없는 상태로 기다려야 한다. 그럴 때도 이러한 기계를 달면 평소처럼 병원 안에서 생활하며 기다릴 수 있다. 이 기술이 더 발전한다면 심장 없이 마라톤을 할 수 있게 될지도 모른다. 그렇다면 심장이 터질 것처럼 힘든 언덕도 쉽게 오를 수 있을 것이다. 터질 심장이 없으니까.

결론을 말하자면 수술 전에는 평소대로 생활하는 것이 가장 좋다. 다만, 평소에 매일 마라톤을 하던 사람은 수술 전에는 자제하길 바란다.

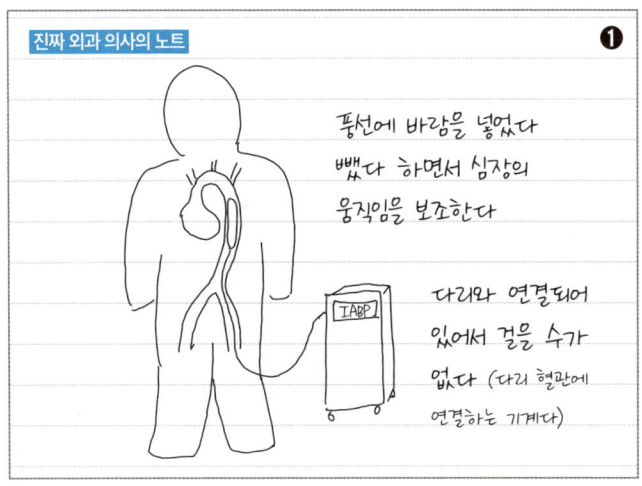

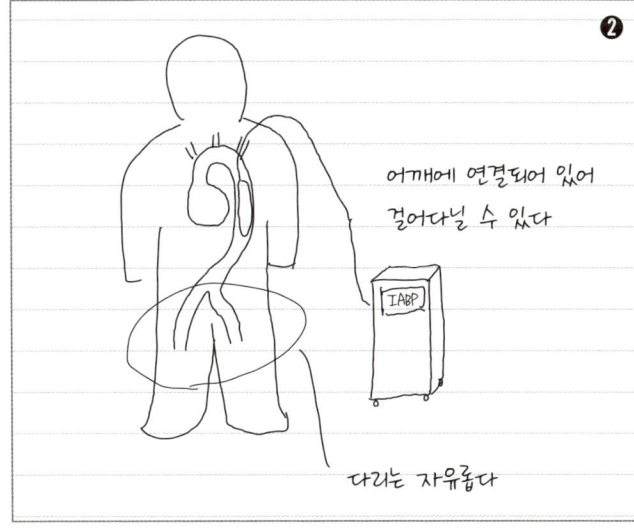

수술할 때 문제가 발생하기 쉬운 몸은 어떤 몸인가요?

지나치게 뚱뚱하거나 마른 몸.

비만인 사람은 수술하기가 다소 어렵다. 왜냐하면 피부 아래 지방이 두꺼워서 수술하는 장기가 보통 사람들보다 더 깊은 곳에 있기 때문이다. 그리고 비만인 사람은 전반적으로 체내에 지방이 많다. 심장 주변에도 지방이 많아 심장이 잘 안 보일 수도 있다. 게다가 비만인 사람은 혈관이나 장기에 다른 질병이 있는 경우가 많아 수술 후 합병증이 발생하기 쉽다.

그렇다면 지나치게 마른 사람은 어떨까? 수술 자체는 비만인 사람에 비해서 수월하지만 수술 후 예후가 좋지 않은 경우가 많다. 지나치게 저체중인 사람은 영양 상태가 좋지 않고, 근육이 거의 없어서 수술 후 회복에 시간이 걸린다.

이렇게 수술 전 몸 상태가 수술 결과에 큰 영향을 준다. 예를 들면, 악력이 약하거나 걷는 속도가 느린 환자는 수술 후 예후가 좋지 않을 가능성이 높다. 나는 이렇게 수술 전 몸 상태를 가볍게 확인하기 위해 환자와 악수를 한다. 주관적이기는 하지만 제대로 힘을 주어서 악수를 하는 사람은 수술 후 경과도 좋았던 경험이 많기 때문이다.

비만도 지나친 저체중도 좋지 않다. 적당한 것이 가장 좋다.

수술에 레지던트가 들어오지 못하도록 요청해도 되나요?

요청할 수 있다.

수술 전에 미리 레지던트나 의대생이 수술에 참여하지 않도록 요청할 수는 있다. 다만 받아들여질지는 집도의의 생각이나 치료 방침에 따라 다르다. 경우에 따라서는 받아들여지지 않을 수도 있다.

수술은 집도의 혼자 하는 것이 아니라 보조의, 간호사, 마취과 의사 등 여러 의료진이 함께 협력한다. 병원의 규모나 상황에 따라서는 인력이 부족해 레지던트가 수술에 참여할 수밖에 없는 곳도 있다. 당연한 말이지만 대부분의 외과 의사는 레지던트가 있든 없든 문제없이 수술을 마칠 수 있는 기술과 계획이 있으니 걱정할 필요가 없다.

자녀와 다음 세대를 위한 후계자 교육

외과 의사의 업무에는 환자를 치료하는 일 외에도 후배 의사를 양성하는 일도 포함된다. 왜냐하면 지금 환자를 치료하고 있는 의사가 100년 후에도 이 일을 계속할 수는 없기 때문이다. 기술과 지식을 전수해 그 의사를 대신할 만한 의사를 키워내야 한다.

내가 만약 환자라면 당연히 처음부터 끝까지 숙련된 외과 의사에게 수술을 받고 싶을 것이다. 그러나 그렇게 해서 훌륭한 외과 의사를 키워내지 못한다면 내 자녀나 다음 세대의 사람들은 미숙한 외과 의사에게 치료를 받아야만 하는 상황이 될 수 있다. 이런 관점에서 보면 생각이 조금은 바뀔 것이다.

다음 세대를 치료할 외과 의사를 육성하기 위해, 수술 중에 후계자 교육이 이루어져야 한다는 사실을 받아들일 필요가 있다.

전신 마취 중에 코를 고는 사람도 있나요?

없다.

코골이는 자고 있는 동안 좁아진 목의 통로(기관이라고 한다)를 공기가 지나갈 때 나는 소리다. 전신 마취를 할 때 수면을 유도하기 위해 의료용 마약을 쓰기도 하는데, 그 마약에는 호흡을 멈추게 하는 작용이 있다. 이 때문에 전신 마취를 하는 동안은 환자의 목에 관을 꽂고 인공호흡기로 공기를 넣어 호흡할 수 있도록 도와주어야 한다. 전신 마취 중에는 목이 아니라 이 관을 공기가 지나가기 때문에 코를 골지 않는다.

코를 골지는 않지만 이 관 주변에서 소리가 나는 경우는 있다. 원래 공기가 지나가는 길인 기관과 인공호흡기의 관 사이에 공간이 생겨 그 사이를 공기가 지나면서 나는 소리다. 이때는 관에 달려 있는 풍선을 부풀려서 틈을 없애 공기가 새어나가지 않도록 하면 소리 더 이상 나지 않는다.

자택에서 마약을 하다가 사망했다는 뉴스를 가끔 보게 되는데 마약이 호흡을 멈추게 하는 작용을 했기 때문인 경우가 많다. 수술 시에 사용하는 의료용 마약도 적절하게 사용하지 않으면 매우 위험하기 때문에 병원에서는 얼마나 사용했는지를 확인하는 시스템이 마련되어 있고, 누군가가 몰래 집으로 가져갈 수 없도록 관리하고 있다. 마취약을 집으로 가져갔다가는 내 인생도 경력도 통째로 마취되어 버릴 수 있다.

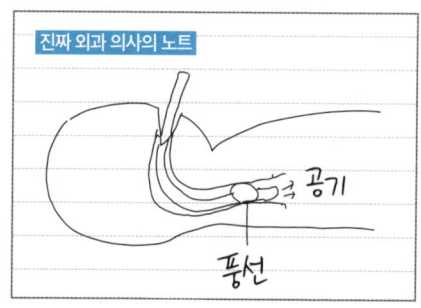

040 수술 전에 환자가 질문을 많이 하면 싫어하나요?

오히려 좋아한다.

어려운 용어를 써서 병과 수술에 관해 설명하는 의사에게는 질문하기 힘들 수도 있지만 잘 모르는 것이 있으면 질문하는 편이 좋다. 우리 의사는 환자에게 질병과 수술 방법을 이해시키기 위해서 설명하는 것이라서 이해하려고 노력하는 환자를 보면 오히려 감사한 마음이 든다. 반대로 "자세한 설명은 안 해주셔도 돼요. 선생님을 믿으니까 알아서 해주세요."라며 아무 말도 들으려 하지 않는 환자들이 더 곤란하다.

예전에 응급 수술을 하지 않으면 사망에 이를 수 있는 중증 환자가 수술도 하고 싶지 않고 설명도 듣고 싶지 않다며 수술을 거부한 적이 있었다. 결국 수술이 중단되었다. 나중에 정신건강의학과 의사와 병원 윤리 위원회가 이 환자는 제대로 된 판단을 할 능력이 없다고 보고, 환자를 잠들게 한 후 그대로 수술을 진행한 적이 있었다. 수술 후 환자는 건강하게 퇴원했다. 이렇게 믿을 수 없을 만큼 놀라운 일들이 있다.

그런데 희한하게도 이야기를 듣고 싶지 않다고 하는 환자나 처음에 수술을 거부하는 환자가 결국 일반 환자들보다 건강하게 퇴원하는 경우가 많다.

 수술 전에 어떻게 손을 씻나요?

잘 씻는다.

상처에 세균이 들어가면 절대 안 되기 때문에 수술 전에는 수술실 앞에서 반드시 손을 씻고 깨끗한 장갑을 낀다. 손을 씻는 방법은 다양한데 어쨌든 제대로 깨끗하게 씻는 것이 중요하다. 손을 씻으면 그 손이 어디에도 닿지 않도록 청결을 유지한 상태로 수술실에 들어간다. 이때 손으로 문을 열면 기껏 깨끗하게 씻었는데 다시 손이 오염된다. 그렇다고 해서 문이 자동문이면 수술 중에 마음대로 열리거나 닫힐 수 있어서 수술실 문은 발로 스위치를 눌러야만 열린다.

손만 깨끗한 상태로 수술실에 들어간 후 간호사가 청결한 장갑과 가운을 입혀주면 전신이 청결한 상태가 된다. 이때를 이용해 간호사에게 관심을 받고 싶어서 추파를 던지거나 데이트 신청을 하는 외과 의사도 있다고 하는데 나는 그러지 않는다. 그런 추잡스러운 일에서는 손뿐만이 아니라 발까지 깨끗하게 씻었다.

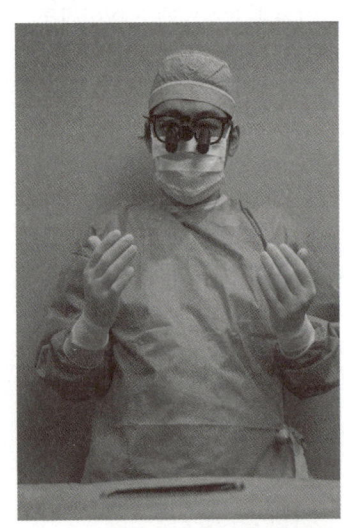

042 외과 의사가 양손을 드는 포즈를 하는 이유는 무엇인가요?

청결한 손이 불결한 몸에 닿지 않았다는 것을 보여주기 위함이다.

의료업계에서 말하는 청결이란 세균이 거의 없는 상태를 말한다. 반대로 말하면 균이 있는 상태를 불결하다고 한다. 눈에 보이지 않는 세균은 다양한 장소에 존재하기 때문에 거의 모든 장소가 의학적으로는 불결한 상태다. 또 청결한 부분이 불결한 부분에 한 번이라도 닿으면 그 부분은 오염되었다고 간주한다. 술래잡기하다가 술래에게 닿으면 그 사람이 술래가 되는 것이랑 비슷하다. 청결함을 유지하기 위해 불결한 것들을 피해 다녀야 하는 게 임인 셈이다.

정해진 포즈가 있는 것은 아니다

수술은 세균이 환자의 환부에 들어가지 않도록 청결한 환경에서 이루어진다. 당연히 수술을 하는 외과 의사도 청결해야 하므로 수술 전에는 반드시 손을 씻는다. 그러면 손은 청결하지만 몸은 여전히 불결하다. 그래서 청결한 손이 불결한 몸에 닿지 않도록 손을 몸에서 떨어뜨리고 높이 드는 포즈를 하는 것이다. 그 후 청결한 가운을 입으면 몸도 청결해진다(다만 얼굴 주변은 여전히 불결하므로 손으로 눈을 비비거나 코를 만지면 바로 퇴장이다). 가운과 장갑을 착용한 후에는 몸과 손이 모두 청결하기 때문에 양손을 드는 포즈를 할 필요가 없어진다. 나는 여신이 기도하는 포즈를 좋아해서 그 포즈를 하고 수술에 임하는 경우가 많다.

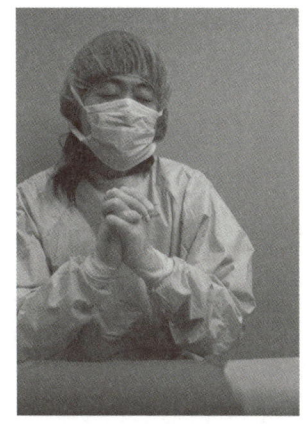

수술복은 매번 세탁하나요?

세탁하지 않는다.

수술은 상처 부위에 감염을 예방하기 위해 청결한 상태를 항상 유지해야 한다. 이 때문에 수술복은 한 번 쓰면 버리고 매번 새로운 옷을 사용한다. 내가 평소에 사용하는 수술복은 한 벌에 3000엔 정도로 꽤 가격이 나간다.

수술복은 특별한 방식으로 입는다

인간의 몸은 불결하기 때문에 새로운 수술복을 입을 때는 오염되는 일이 없도록 특별한 방법으로 입는다. 그럼 수술복을 청결하게 입는 방법을 소개하겠다.

우선 수술복은 이러한 형태로 안쪽이 밖으로 나오도록 접혀 있다(사진 ❶). 겉으로 나와 있는 옷의 안쪽 부분만을 잡아서 펼친다(사진 ❷). 이제부터는 옷의 겉부분=청결한 부분에 불결한 부분이 닿지 않도록 옷에 팔을 통과시킨다(사진 ❸). 이 단계에서 수술복 안쪽은 불결해지지만 바깥쪽은 여전히 청결한 상태다. 다음으로 간호사가 뒤에서 끈을 묶어준다(사진 ❹). 여기서 뒷쪽은 불결해지지만 그다지 큰 문제는 아니다. 수술복은 앞쪽, 그러니까 환자와 닿는 부분을 청결하게 유지하는 것이 중요하기 때문이다.

여담이지만 수술복은 대부분 파란색이다. 인간의 몸속은 많은 혈액이 흐르고 있기 때문에 전체적으로 붉은색을 띠고 있다. 수술할 때 빨간색을 계속 쳐다보면 그후 다른 색을 봤을 때 빨간색의 보색인 파란색이 잔상으로 남는다. 수술복이 파란색인 이유는 이 잔상을 없애기 위해서라는 설이 있다. 또 수술복에 피가 튀어도 파란색이면 크게 눈에 띄지 않아 피투성이가 된다고 해도 외과 의사가 심적으로 동요하지 않도록 하기 위한 것이라는 설도 있다.

수술복은 청결해야 하기 때문에 깜빡하고 수술복을 입고 서점에 가거나 바다에 놀러가서는 안 된다. 불결한 남자는 인기가 없으니 조심하자.

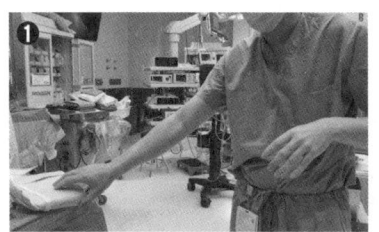

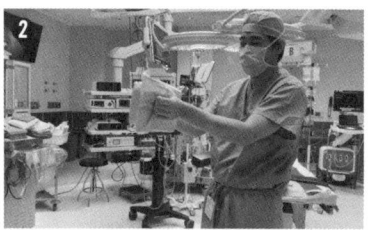

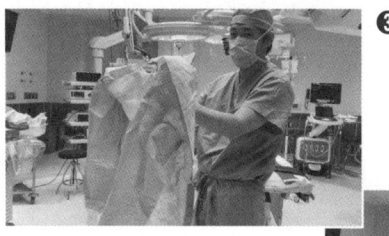

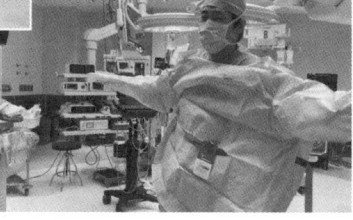

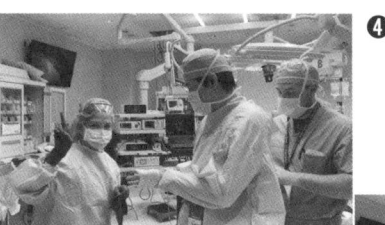

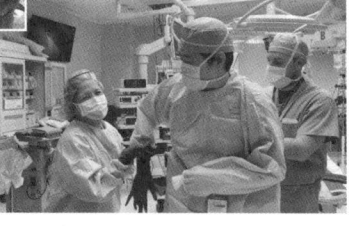

Thanks to "Agnes" and "Blaine"

외과 의사는 손을 자주 씻어야 해서 손이 거칠어지지 않나요?

거칠어진다.

수술 전에는 반드시 물이나 알코올로 손을 씻기 때문에 손이 거친 외과 의사가 많다. 또 고무로 된 장갑에 알레르기가 있는 의사들도 쓸 수 있는 다양한 소재의 장갑이 존재한다.

의료진이 메스에 베였을 경우

하지만 손이 트는 것보다 더 주의할 점은 바늘이나 메스로 자신이나 주변 사람의 손가락을 찌르지 않도록 하는 것이다. 드물게 일어나는 일이기는 하지만 메스는 매우 날카로워서 닿기만 해도 쉽게 상처가 날 수 있다. 항상 날이 서 있던 예전의 나랑 비슷하다. 이런 사고가 일어나지 않도록 메스를 다룰 때는 매우 조심해야 하고 간호사에게 돌려줄 때도 직접 건네지 않고 반드시 어딘가에 내려놓은 후 그 장소를 간호사에게 알려 주어서 간호사가 직접 집도록 해야 한다.

만약 수술 중인 의료진이 바늘이나 메스에 찔리는 사고가 발생하면 그 사람은 즉시 해당 부위를 물로 씻어내야 한다. 전염병에 감염될 가능성도 있기 때문에 혈액 검사를 받는다. 하지만 집도의는 바로 수술장을 떠날 수 없으니 그대로 수술을 계속해야 하는 경우도 있다.

외과 의사에게 주면 좋은 선물

그 외에도 손에 발생하는 문제가 있다. 봉합을 너무 많이 하다 보면 손가락의 첫 번째 관절 피부에 상처가 나서 실로 봉합할 때마다 통증이 느껴지는 마치 중세 시대에 고문을 받는 듯한 상황이 생기기도 한다. 젊을 때는 울면서 봉합한 적도 있었다.

여자에게 록시땅 핸드크림을 선물하면 무조건 좋아한다는 이야기가 마치 전설처럼 전해지는데, 외과 의사도 선물로 핸드 크림을 받으면 좋아한다.

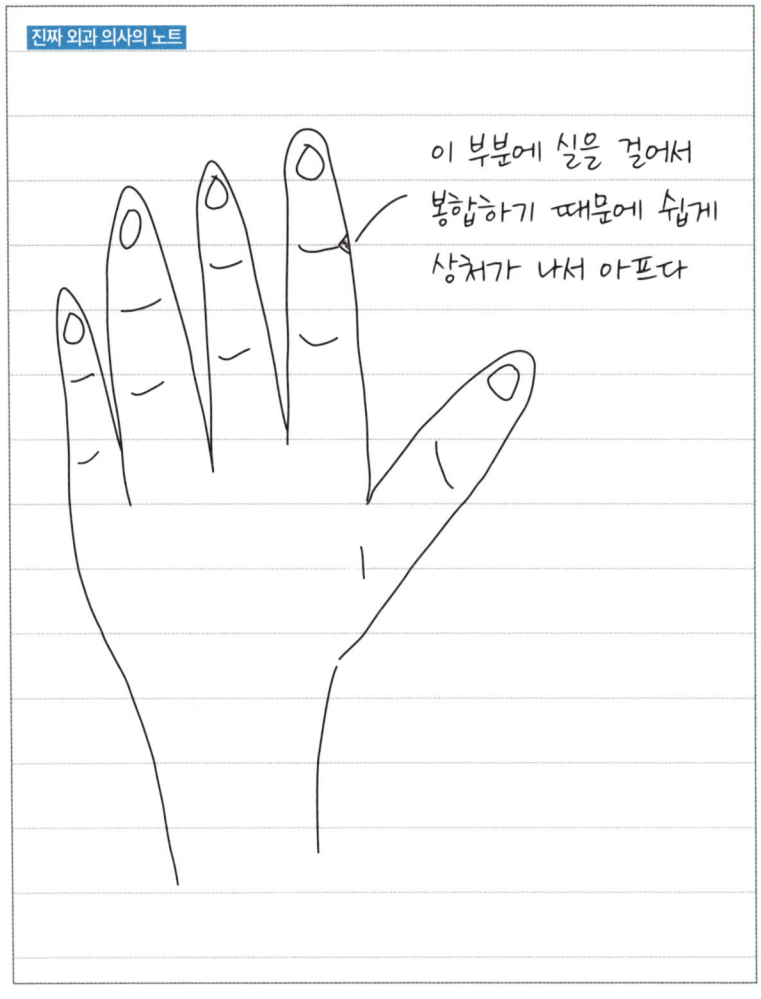

환자의 혈액형에 따라 수술의 난이도가 달라지나요?

달라지지 않는다.

혈액형이 수술 자체의 난이도에 영향을 주지는 않는다. 다만 수혈이 필요한 경우에 몇 가지 주의사항이 있다.

첫 번째는 미리 준비할 수 있는 혈액의 양에 차이가 있다. 수혈에는 보통 같은 혈액형의 피를 사용한다. 일본에는 AB형의 수가 적기 때문에 AB형의 혈액은 상대적으로 확보하기 힘들다. 하지만 나는 지금까지 혈액형 문제로 수혈하지 못했다거나 혈액이 부족해서 문제가 되었던 경험은 없으니 크게 걱정할 필요는 없다.

두 번째는 환자가 특수한 혈액 유형인 경우다. 그런 환자는 수혈하기 힘들기도 하다. 특히 심장 수술에는 수혈이 대량으로 필요할 수 있으므로 그러한 특수한 유형의 혈액형인 경우 사용할 수 있는 혈액이 충분히 준비될 때까지 수술을 연기하기도 한다.

또 종교적인 이유로 수혈을 거부하는 환자도 있다. 수혈 자체를 거부하는 사람도 있고, 피의 일부 성분만 제외하면 괜찮다는 사람도 있어서, 어떤 성분은 괜찮고 어떤 성분은 안 되는지 상세히 적어서 서약서에 사인을 받기도 한다. 수술 전에 확실하게 해두지 않으면 나중에 안 된다고 했던 피를 수혈했다고 소송까지 갔을 때 패소할 소지가 있다. 죽을 수도 있는 위급한 상황이어도 그렇다.

미국에서 수혈을 거부한 사람에게 심장 이식 수술을 한 적이 있다. 물론 피가 들어가서는 안 되기 때문에 심장에 있는 혈액을 전부 제거한 후에 이식했다.

046 가슴 성형 수술을 한 환자는 심장 수술을 하기 힘든가요?

힘들 때도 있다.

평소 심장 수술은 가슴 한가운데 있는 뼈를 잘라서 가슴을 열기 때문에 가슴 수술을 했다고 해서 딱히 수술이 힘들지는 않다. 다만 뼈를 자르지 않고 소절개술로 심장 수술을 할 때는 아래 그림처럼 둥근 점선 부분을 자르는데 가슴 수술할 때 넣은 실리콘이 방해되기도 한다.

물론 실리콘을 잘 피해서 자르려고 노력은 하지만 수술 중에 실리콘이 터질 우려가 있어 수술 전에 반드시 그 가능성에 대해 전달한다. 지금은 로봇을 사용한 수술이 가능해져서 아주 작은 부위만 절개하면 되기 때문에 실리콘이 손상될 가능성은 더 낮아졌다. 기술 발전으로 인해 더 상처를 작게, 또는 전혀 상처를 내지 않고 수술할 수 있는 시대가 올지도 모르겠다. 기대감으로 가슴이 부풀어 오르는 것만 같다.

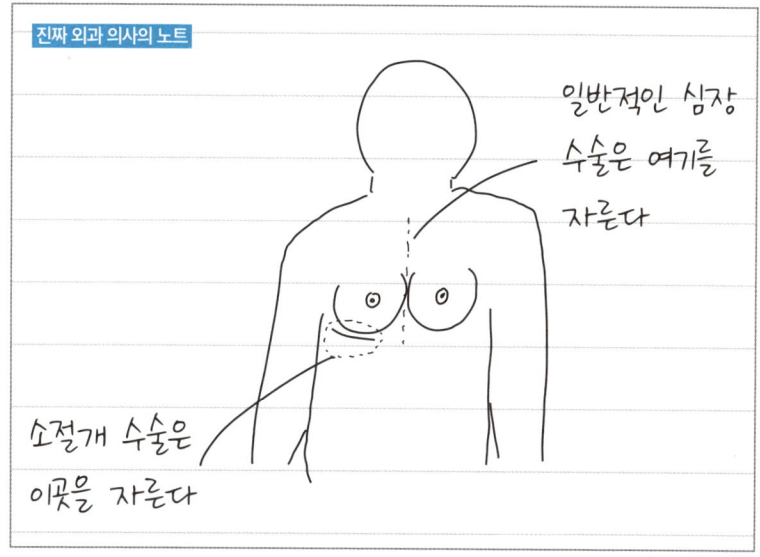

진짜 외과 의사의 노트

일반적인 심장 수술은 여기를 자른다

소절개 수술은 이곳을 자른다

가장 어려운 심장 수술은 무엇인가요?

관상동맥 우회술이다.

심장은 몸 전체에 혈액을 보내는 장기인데 심장 자체에도 혈액을 보낸다. 그 역할을 하는 혈관이 관상동맥이다. 왕이 쓰는 왕관 모양같이 생겼다고 해서 그렇게 부른다(그림 ❶). 심장이라는 왕이 쓰는 왕관인 셈이다.

왜 어려울까?

관상동맥의 일부가 좁아지면 심장 근육에 혈액을 보낼 수 없기 때문에 치료해야 한다. 이때 해야 하는 처치가 관상동맥 우회술(CABG)이다. 좁아진 부분의 끝에 새로운 혈관을 연결해서 혈액이 원활하게 흘러가도록 하는 수술이다. 도로가 혼잡할 때 우회로를 이용해 혼잡을 줄이는 것과 비슷한 원리라서 이러한 이름이 붙었다(그림 ❷). 관상동맥은 매우 가는 혈관으로 1mm의 혈관을 이어 붙여야 하는 경우도 있다. 당연히 1mm보다 가는 실을 쓴다. 게다가 심장은 항상 움직이고 있기 때문에 움직이는 심장 위에서 가는 혈관을 잇는 작업은 여간 힘든 일이 아니다.

관상동맥 우회술은 심장 수술 중에서는 흔한 기본적인 수술이다. 하지만 심장이 움직이고 있고 가는 혈관을 이어야 하는 등 다양한 어려움이 있기 때문에 가장 어려운 수술이라고 해도 과언이 아니다.

| 진짜 외과 의사의 노트 |

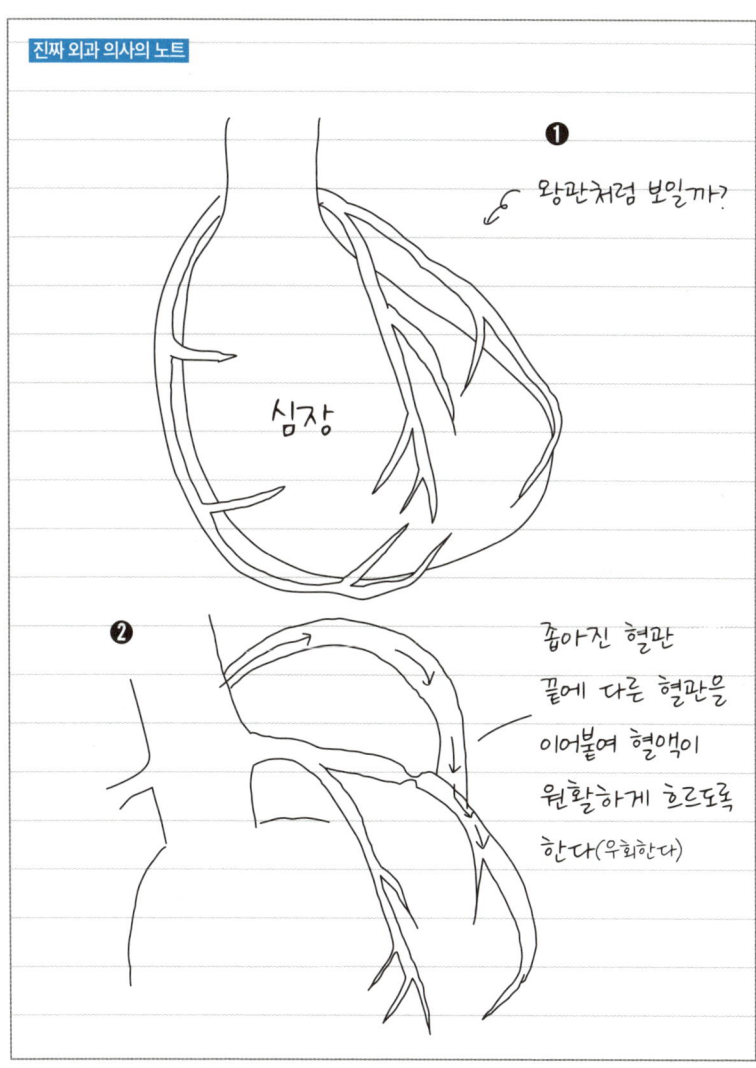

가장 짧은 심장 수술은 몇 분 정도 걸리나요?

5분도 채 걸리지 않는다.

수술의 정의에 따라 다르겠지만 여기서는 수술실에서 치료하는 행위로 정의하겠다. 심장 수술 후에 가슴뼈를 닫는 데 사용하는 와이어가 시간이 지나면서 피부 밖으로 튀어나오는 일이 드물게 존재한다. 그럴 때 철사를 제거하는 수술이 필요하다. 이 수술은 피부를 살짝 열어서 철사를 제거한 후 다시 피부를 닫기만 하면 되기 때문에 5분 정도면 끝난다.

심장 세척하기

더 짧은 수술은 상처 부위를 세척하는 수술이다. 심장 수술 후에 가슴 상처가 세균에 감염되기도 한다. 세균 감염 치료법은 항생제 투여, 세균 자체를 제거하기 위한 세척이다. 상처의 감염이 심할 경우 다시 가슴을 열어 심장까지 제대로 씻어야 한다. 세균이 아직 남아 있는 상태로 가슴을 닫을 수는 없기 때문에 그런 상처는 한동안 심장이 노출된 상태로 두어야 한다. 물론 특수한 커버로 밖에서는 심장이 보이지 않게 덮기 때문에 걱정할 필요는 없다. 심장 세척은 정기적으로 해야 해서 청결한 상태가 유지되는 수술실에서 이루어진다. 두 번째 이후는 이미 열려 있는 가슴을 세척하기만 하면 되기 때문에 실질적으로는 5분도 걸리지 않는다.

심장을 세척하는 기계는 장난감 물총과 같은 모양을 하고 있다. 거기서 물이 세차게 뿜어져 나와 세균을 씻어내는 방식이다(노트 참고).

주말에 아버지가 세차하는 모습과 비슷하다. 물론 씻어내는 것은 차가 아니라 심장이지만.

진짜 외과 의사의 노트

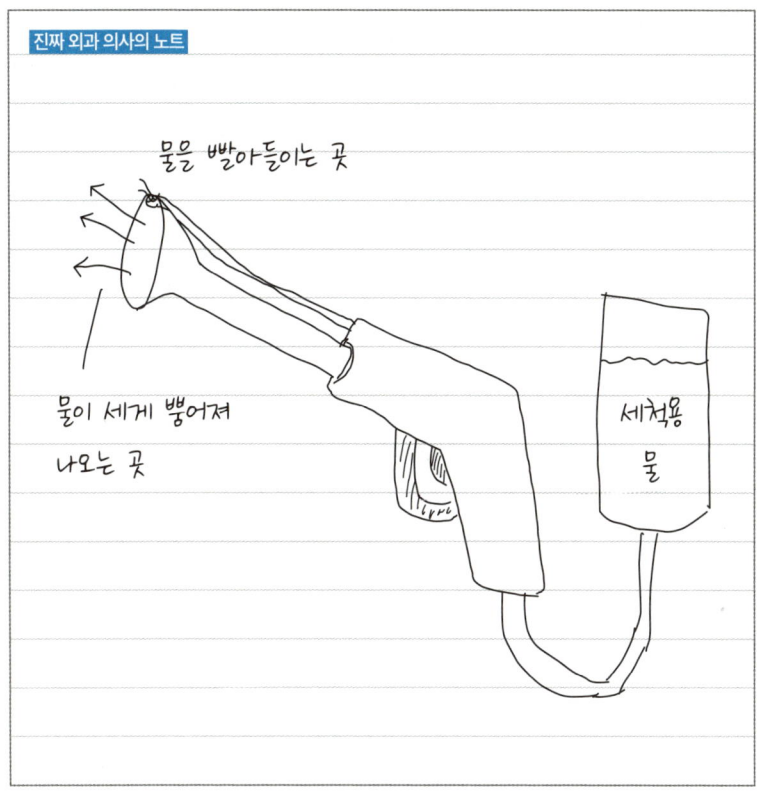

049 지금까지 가장 오래 걸렸던 심장 수술은 몇 시간인가요?

16시간.

감염된 심장의 대부분을 잘라내고 인공적으로 만든 판막과 조각들을 사용해 원래 심장 형태를 복원시키는 힘든 수술이었다.

수술이 길어지는 원인

수술이 길어지는 이유에는 크게 두 가지가 있다.

첫 번째는 수술 자체가 복잡하고 많은 절차를 거쳐야 하기 때문이다. 할 일이 많으면 그만큼 시간이 오래 걸린다. 장기에 따라서는 환부가 어디인지 찾는 데도 시간이 한참 걸리고, 한 번 수술한 부위를 다시 수술할 경우 환부에 도달하는 데 몇 시간이 걸리기도 한다.

두 번째는 출혈이다. 수술이 길어지는 가장 큰 원인이다. 수술 자체는 끝났지만 그 후 지혈에 시간이 오래 걸리기도 한다. 특히 심장 수술은 수술 중에 혈액이 굳지 않도록 하는 약을 쓰기 때문에(수술에 사용하는 인공 심폐기가 혈전으로 막히지 않게 하기 위해서다) 수술 후에도 그 약효가 지속되어 다양한 부위에서 출혈이 생기기도 한다. 수술은 이러한 출혈을 하나하나 다 지혈하고 완전히 건조된 상태로 끝내야만 한다. 시간을 들이지 않으면 지혈할 수 없는 출혈도 있어서 그럴 때 중간에 휴식을 취하기도 한다. 지혈하지 못하는 출혈은 없다는 명언이 있는 것처럼 결국에는 출혈이 멈추겠지만 그때까지 시간이 걸리기도 한다.

수술 시작 직후라고 해도 같은 판단을 할까?

수술이 길어지면 의사는 판단력이 흐려지고 빨리 수술을 끝내고 싶다는 마음이 앞서 정상적인 판단을 하지 못할 수 있다. 그래서 수술이 길어질 것

같으면 중간에 휴식을 하며 재충전하고 수술 중 중요한 판단을 해야 할 때 "수술을 시작한 직후라고 해도 같은 판단을 할 것인가."라고 자신에게 자문한다.

나는 수술 중 휴식을 취할 때는 X에서 작고 귀여운 생물체가 나오는 만화를 보며 마음을 안정시킨다. 피도 귀엽게 잘 말랐으면 좋겠다고 기도하면서.

진짜 외과 의사의 진짜 반려동물입니다.

가장 위험한 심장병은 무엇인가요?

심실중격 결손증.

심장은 중격이라고 불리는 벽으로 좌우가 나뉘어 있다. 심장 자체에 영양을 공급하는 혈관인 관상동맥이 질병으로 인해 막히면 그 혈관 끝에 있는 심장 근육에 혈액이 가지 못해 조금씩 손상을 입고 약해진다. 결국에는 찢어져 구멍이 나기도 한다. 중격에 구멍이 생기는 병을 심실중격 결손증이라고 한다.

원래는 심장에서 체내로 보내져야 하는 혈액이 찢긴 중격의 구멍을 통해 심장 좌우를 오가기 때문에 혈액이 제대로 온몸으로 퍼져 나가지 못한다. 이렇게 되면 큰일이기 때문에 응급 수술이 필요하다. 약해진 심장의 구멍을 막는 일은 심장외과 의사가 하는 수술 중에서 꽤 난도가 높은 수술이다.

> 심장외과 의사는 심장의 중격 결손이 두렵고, 불량한 중학생은 시험의 충격 결과가 두렵다.

진짜 외과 의사의 노트

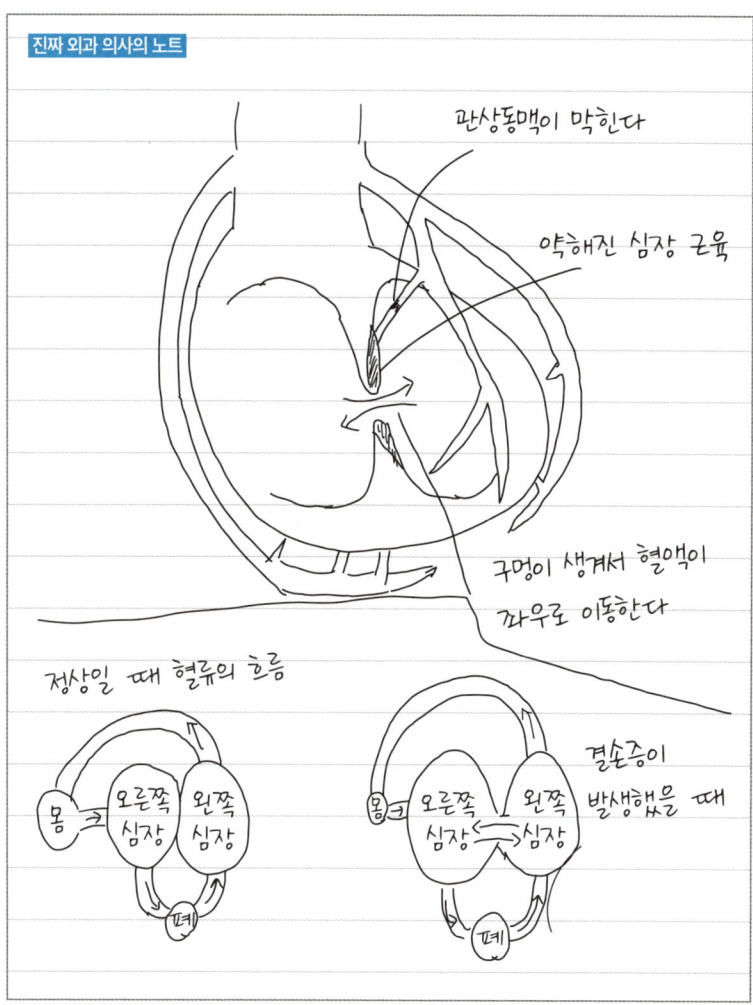

바티스타 수술은 실제로 있나요?

예전에는 있었다.

심장이 풍선처럼 커져서 심장의 움직임이 갈수록 안 좋아지는 병이 있다. 소설이나 영화를 통해 잘 알려진 바티스타 수술은 심장이 비대해져 제대로 움직이지 못하는 부분을 잘라내고 심장을 작게 만들어 기능을 회복시키는 수술로, 예전에 실제로 존재했던 수술법이다. 하지만 지금은 인공 심장이 개발되어 심장 기능이 나쁜 환자에게는 인공 심장을 이식하는 방법을 주로 사용하므로 바티스타 수술은 거의 이루어지지 않는다.

인공 심장이란?

인공 심장은 심장의 좌심실(그림 A부분)에서 혈액을 받아 대동맥(그림 B부분)으로 보내주는 장치다. 심장의 부담을 줄이고 움직임을 돕는 실로 든든한 존재다.

인공 심장 안에는 회전하는 프로펠러가 들어가 있다. 이것이 자석으로 인해 공중에 떠서 회전하는 힘으로 혈액을 몸 전체로 보낸다. 원리는 자기 부상 열차(자기력을 이용해 선로 위를 떠서 가는 열차-옮긴이)에 가깝다. 현재 사용하고 있는 가장 유명한 인공 심장의 이름은 하트 메이트다. 말 그대로 심장의 친구다.

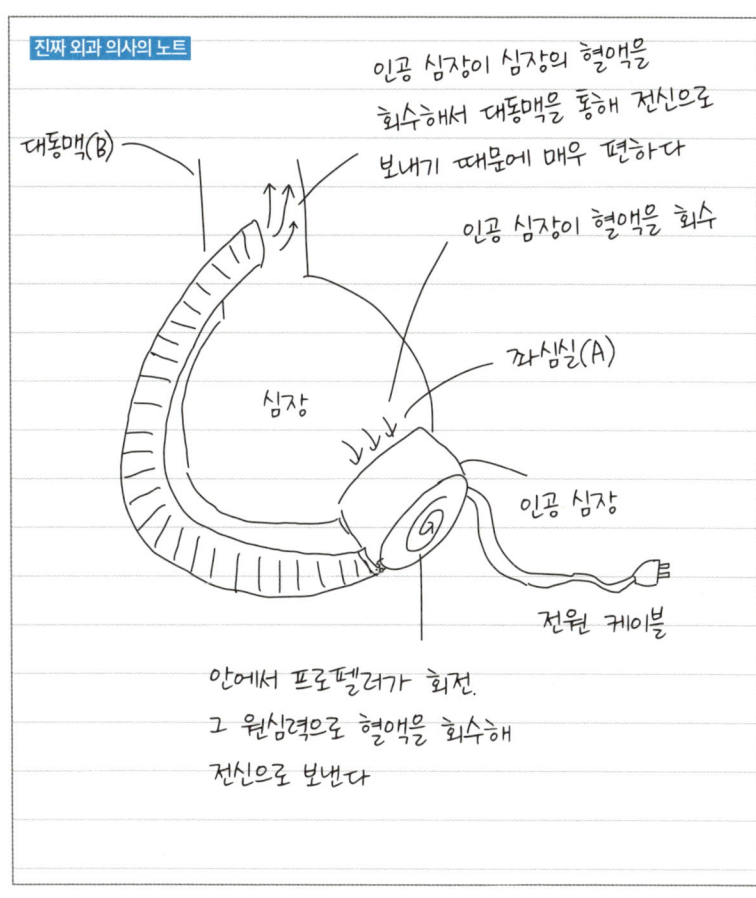

052 심박 조율기란 무엇인가요?

전기로 심장의 리듬을 만들어내는 기계.

심장은 1분 동안 약 60회, 일정한 리듬으로 움직인다. 이 리듬은 심장 안에 있는 세포가 만들어낸다. 원래 개인차가 있지만 질병으로 인해 이 리듬이 빨라지거나 늦어지고 불규칙해져서 심장 기능이 떨어지는 경우가 있다.

이러한 비정상적인 심장 리듬을 치료하기 위해 전기 신호를 보내 심장의 리듬을 만들어내는 기계인 심박 조율기(pacemaker)를 이식하기도 한다. 이식한다고 해서 가슴을 열고 심장에 직접 기계를 다는 것은 아니다. 심박 조율기를 이식하는 방법을 살펴보자.

심박 조율기를 이식하는 방법

우선 쇄골 아래에 있는 혈관을 노출한다. 그 혈관에 바늘을 찌르고 그 바늘 안에 더 가늘고 부드러운 와이어를 넣어 심장 쪽으로 통과시킨다. 모든 길은 로마로 연결되는 것처럼 모든 혈관을 심장으로 연결되어 있다. 와이어가 심장에 도달하면 이번에는 이 와이어를 따라 가늘고 긴 전극을 통과시켜 심장 안에 전극을 이식한다. 그 후 손바닥 반 정도 크기의 전지를 쇄골 아래에 이식해 아까 심장 안에 넣었던 전극과 연결하면 심장 근육을 전기로 자극해 규칙적인 리듬을 만들어낼 수 있게 된다. 만약 심박 조율기를 이식해야 될 상황이 생긴다면 이러한 과정으로 이루어진다는 점을 참고하기를 바란다.

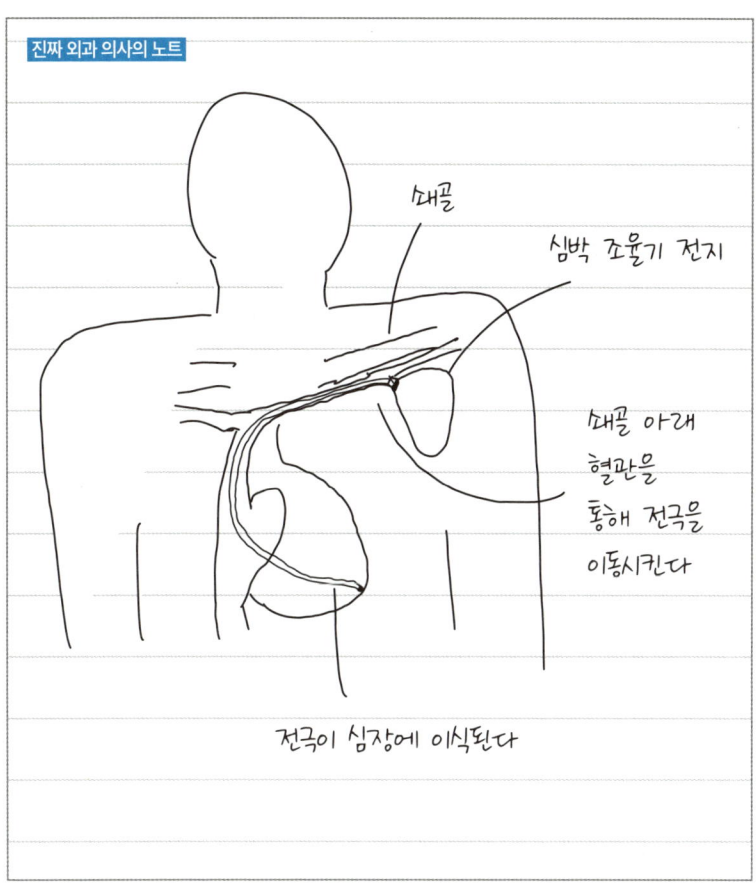

가슴안에 있는 심장을 어떻게 수술하나요?

가슴 가운데 있는 뼈를 두 개로 가른다.

일반적으로 심장은 왼쪽에 있다고 생각하는데 실제로는 오른쪽도 왼쪽도 아닌 한 가운데 있다. 그래서 일반적으로 심장 수술을 할 때는 우선 가슴 한가운데에 있는 뼈를 자른다. 이 뼈는 가슴뼈(흉골)라고 하는데 넥타이처럼 길고 얇은 형태다(그림 ❶). 1~2cm 정도로 꽤 두께가 있어서 두 개로 자르기 위해 전동 톱을 사용한다. 두 개로 자른 뼈를 특수한 기계(이것을 개흉기라고 한다)를 이용해 좌우로 벌리면 심장을 감싸는 주머니 같은 것이 나오고 그것을 열면 심장이 모습을 드러낸다(그림 ❷).

심장 수술이 끝나면 좌우로 자른 뼈를 스테인리스나 티타늄 와이어로 연결하고 수술을 마친다. 뼈는 수술 후 반년 정도가 지나면 붙는다. 와이어는 그곳에 평생 남아 있지만 공항 등에서 사용하는 금속 탐지기에 반응하지 않고, MRI 검사도 문제없이 받을 수 있기 때문에 안심해도 된다.

최근에는 가슴에 상처를 작게 만드는 수술이나 가슴에 작은 구멍을 내 로봇 팔을 넣어서 수술하는 로봇 수술 등 가슴뼈를 자르지 않고 심장 수술을 하는 방법도 있다. 그런데 로봇 수술이라고 해서 로봇이 자동으로 수술하는 것이 아니다. 조작은 외과 의사가 해야 한다.

현재 외과 의사가 수술 중에 어떻게 움직이는지를 상세하게 자료화하는 연구가 이루어지고 있다. 어쩌면 미래에 그러한 데이터를 바탕으로 완벽한 수술을 자동으로 하는 로봇 외과 의사가 탄생할지도 모른다.

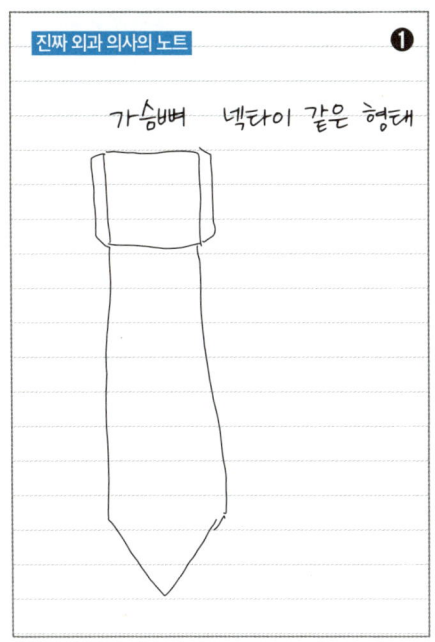

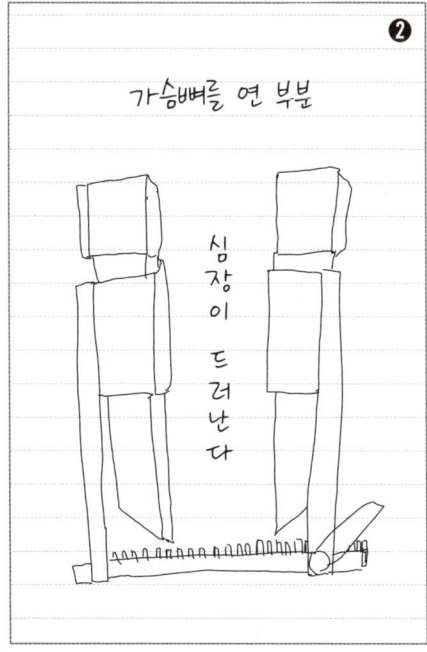

054

다음 달 지구가 멸망한다고 해도 심장 수술을 하나요?

안 한다.

심장 수술의 목적은 장기적으로 건강을 유지하기 위해 5년 후나 10년 후를 내다보고 하는 것이다. 그래서 한 달 후에 지구가 멸망해 모든 사람이 죽는다면 대부분의 심장 수술은 하는 의미가 없다. 다만 응급으로 수술하지 않으면 바로 죽는다거나 비참한 상태에 처할 사람이 있다면 수술할지도 모르겠다.

마지막 시간을 확보하기 위한 수술

조금 다른 이야기지만 한 달 후에 죽을 사람의 목숨을 연장하기 위해 수술을 하기도 하느냐는 질문을 가끔 받는다. 사실 정답은 없다. 상황에 따라 다르기 때문에 일반화할 수 없지만 소중한 사람과 함께 보내는 시간을 더 오래 확보하기 위해 수술을 하기도 한다.

많은 사람은 자신이 죽는다는 사실을 알고 나서 실제로 숨을 거둘 때까지 인생을 정리할 시간을 충분히 갖지 못한다. 그래서 남아 있는 짧은 시간 동안 자기 자신과 대화하거나 소중한 사람과 함께 보내고 싶어 한다. 그 시간을 가능한 한 길게 확보하기 위한 수술이라면 만약 한 달 후에 죽는다고 하더라도 가치가 있다고 생각한다. 인생의 마지막은 소중한 사람과 함께 보내고 싶다. 신조야, 너도 그렇지?

내 반려묘 신조와 함께

055 뼈를 자를 때 나온 찌꺼기는 어떻게 하나요?

몸속에 남는다.

심장 수술은 가슴 가운데에 있는 뼈를 이렇게 생긴 전동 톱을 이용해 두 개로 자른 후 시행한다. 나무를 톱으로 자르면 톱밥이 나오듯이 뼈를 톱으로 자를 때는 뼈의 찌꺼기가 나온다. 그러한 작은 뼈 찌꺼기나 전기 메스로 조직을 지질 때 나오는 찌

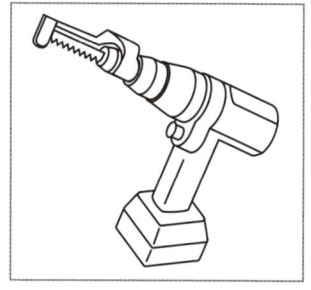

꺼기는 몸속으로 들어간다. 그런 찌꺼기가 많으면 제거하거나 몸을 세척하지만, 많지 않으면 크게 신경 쓰지 않는다. 다만 심장 안이라면 이야기가 달라진다.

심장 안을 수술할 때는 심장의 움직임을 멈추게 하고 가위로 심장을 자른다. 이때 심장 안에 찌꺼기가 들어가면 아무리 작다고 해도 바로 제거해서 깨끗한 상태로 만들어야 한다. 찌꺼기를 심장 내에 그냥 남겨두면 심장이 다시 움직이기 시작했을 때 그 찌꺼기가 혈관을 타고 흘러가다가 막혀 뇌경색을 일으킬지도 모르기 때문이다.

그 외에도 심장 안 종양 찌꺼기가 문제가 되기도 한다. 심장에 종양이 생기는 일은 드물기는 하지만, 만약 생겼다면 제거하는 수술을 해야 할지 검토한다. 종양의 일부가 찢어져서 몸속으로 흘러 들어갈 우려가 있기 때문이다. 심장도 마음도 안쪽은 깨끗한 게 좋다.

혈액이 가득 차 있는 심장을 잘라도 괜찮나요?

걱정할 필요 없다.

심장은 주머니 같은 형태를 하고 있으며 안에는 혈액으로 가득 차 있다. 이 때문에 심장 속을 수술할 때는 안에 있는 혈액을 모두 꺼내 비워야 한다. 그 방법을 자세히 살펴보자.

혈액을 비우는 방법

원래 혈액은 심장 → 동맥 → 전신의 장기 순으로 흘러가고, 전신의 장기 → 정맥 → 심장 순으로 되돌아온다. 우선 심장으로 돌아오기 바로 전에 있는 정맥에 관을 연결한다. 그 관을 통해 심장으로 되돌아가는 혈액을 모두 회수한다. 다음으로 심장 출구에 있는 동맥과 또 하나의 관을 연결해 아까 회수했던 혈액을 모두 이곳으로 흘려보낸다. 이렇게 하면 심장에는 혈액이 없는 상태가 된다.

이때 심장을 대신해서 인공 심폐기가 회수한 혈액을 온몸으로 보내준다. 말 그대로 혈액을 온몸으로 보내는 심장과 혈액에 산소를 넣어주는 폐의 역할을 하는 것이다. 이렇게 심장과 폐의 기능을 대신해 주는 인공 심폐기가 있으면 심장 수술은 실패하지 않는다.

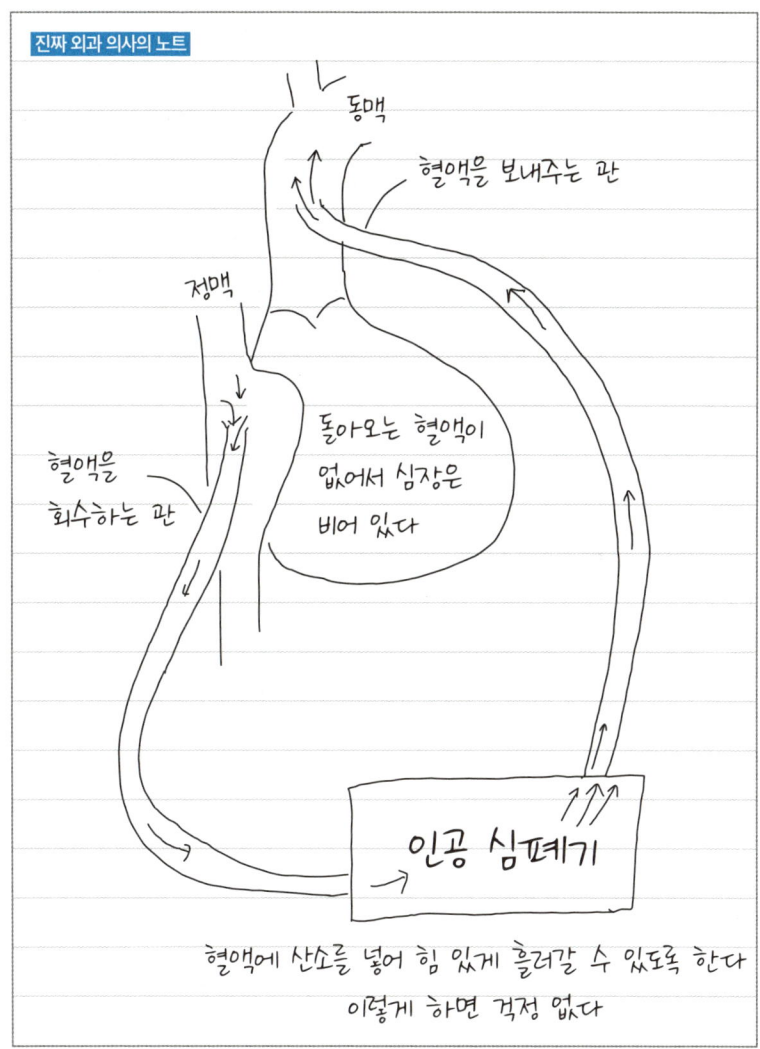

인공 심폐기와 인간의 몸을 어떻게 연결하나요?

관으로 연결한다.

심장 수술은 심장의 움직임을 멈추고 시행한다. 이때 멈춘 심장 대신에 혈액을 전신으로 보내주는 인공 심폐기라는 장치를 사용한다. 인공 심폐기는 온몸에 혈액을 보내는 펌프(심장) 부분과 혈액에 산소를 공급하는(폐) 부분으로 나뉘어 있고 각각 투명한 관으로 연결되어 있다.

인공 심폐기와 인간의 몸을 이어주려면 이 투명한 관을 혈관에 직접 연결해야 한다. 이 관은 굵기가 1cm 정도로, 이렇게 두꺼운 관을 넣을 때는 미리 넣을 부위 주변을 원형으로 시침질을 해놓는다. 그 가운데에 구멍을 뚫고 관을 넣어 미리 시침질해 둔 실을 잡아당긴다. 그렇게 하면 복주머니처럼 구멍에 관이 딱 들어맞는다.

이런 식으로 관을 삽입하는 이유는 세 가지다.

첫 번째는 관이 들어가 있는 곳에서 혈액이 새어 나오지 않도록 하기 위해서다. 혈관 안에는 혈액이 많이 흐르고 있어서 뚫은 구멍과 관의 크기가 다르면 많은 양의 혈액이 흘러나온다. 복주머니처럼 실을 당겨 입구를 조이면 실이 혈관 벽과 관을 밀착시켜 주기 때문에 피가 흘러나오는 것을 막을 수 있다.

두 번째는 관을 고정하기 위해서다. 인공 심폐기와 연결된 관이 수술 중에 혈관에서 빠지면 큰일이다. 복주머니처럼 조이면 관을 확실하게 고정할 수 있다.

세 번째는 관을 뺄 때도 편하기 때문이다. 수술이 끝나면 당연히 관을 빼야 하는데 앞서 말한 것처럼 빼면 바로 그 구멍에서 엄청난 양의 피가 뿜어져 나온다. 미리 구멍 주변을 시침질해 놓으면 관을 빼면서 동시에 실을 잡아당겨 구멍을 막을 수 있다. 그러면 피가 새어 나오지 않는다.

이렇게 유용한 봉합법을 모르는 심장외과 의사는 분명 가짜다. 구체적으로 어떻게 하냐고? 그것은 구글 같은 데서 찾아보기 바란다.

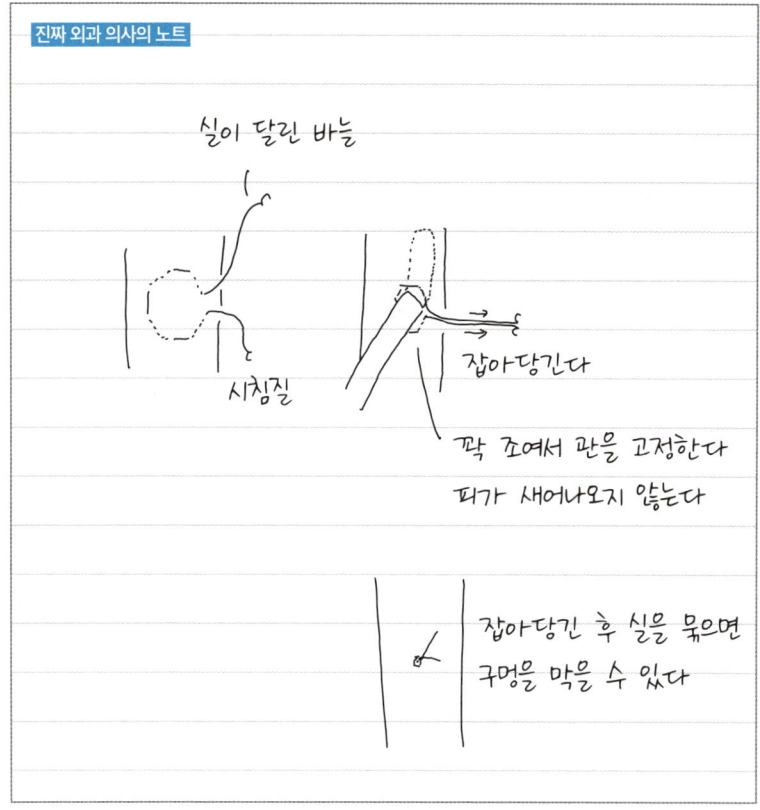

058 인공 심폐기는 누가 조작하나요?

ME가 한다.

심장 수술에서 사용하는 인공 심폐기는 몸에서 혈액을 모두 꺼내고 그 혈액에 산소를 넣어 몸으로 다시 보내는 매우 역동적인 작업을 한다.

이때 회수하는 혈액의 양보다 몸으로 보내는 혈액의 양이 많으면 너무 많은 혈액이 몸속으로 흘러 들어가 몸이 팽창한다. 반대로 혈액을 너무 많이 빼내서 몸이 텅 빌 수도 있다. 그래서 양을 잘 조절하면서 신중하게 조작해야 한다. 잘못하면 큰 문제가 생길 수 있기 때문에 인공 심폐기는 반드시 전문가가 직접 조작해야 한다.

이것을 조작하는 사람이 임상 공학 기사, 이른바 ME(Medical Engineer)라고 불리는 사람들이다. 내(ME)가 하는 것이 아니다. 인공 심폐기 앞에는 많은 모니터와 버튼이 있다. 기기를 조작하는 모습은 흡사 비행기 조종석에 앉아 있는 파일럿과 비슷하다. 실제로 인공 심폐기를 작동시키고 중단하는 작업은 신중하게 이루어지며 비행기 이착륙 시의 긴장감과 비슷하다고 할 수 있다.

일본의 ME는 투석 기기나 인공호흡기 등 병원에 있는 모든 의료기기를 다루지만, 미국에는 인공 심폐기만을 조작하는 ME가 있어서 그들을 퍼퓨저니스트(Perfusionist, 체외순환사)라고 부른다.

미팅에 나가서 자신을 퍼퓨저니스트로 소개하면 왠지 조금 있어 보일 것 같다.

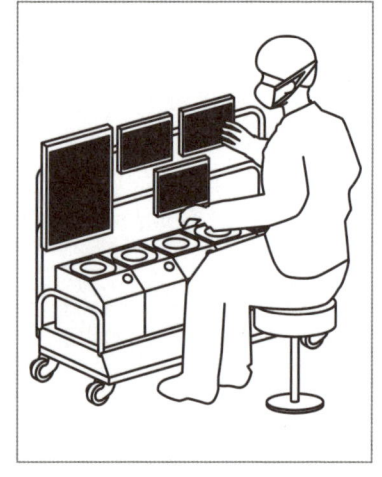

수술 중에 심장의 움직임을 어떻게 멈추나요?

심장에 칼륨을 주입한다.

고농도의 칼륨은 심장을 멈추게 하는 효과가 있다. 심장 수술을 할 때에는 그 성질을 이용해, 칼륨을 많이 포함한 특수한 약을 심장으로 흘려보내 심장이 움직이지 않게 만든다. 심장은 몸속으로 혈액을 보내는 장기지만 심장 자체도 혈액이 필요하기 때문에 심장으로 혈액을 보내는 혈관도 존재한다. 그 혈관을 관상동맥이라고 한다. 수술 중에 관상동맥에 칼륨을 주입하면 심장 근육으로 흘러가기 때문에 효율적으로 심장을 멈출 수 있다.

수술이 끝나고 나서 관상동맥에 혈액을 흘려보내면 칼륨이 쓸려 내려가기 때문에 심장이 다시 움직인다.

칼륨이 다량으로 포함된 수액은 노랗다

고농도의 칼륨은 의료 현장에서는 일상적으로 사용되는 약이다. 잘못 투여하는 일을 막기 위해 칼륨을 많이 포함한 수액은 알아보기 쉽게 노랗게 착색되어 있다. 병원에서 노란색 수액을 발견하면 칼륨이 많이 포함된 약이라고 생각하면 된다.

참고로 노란색 바나나는 칼륨이 풍부한 식재료이지만, 아무리 바나나를 많이 먹어도 심장이 멈추지는 않으니 걱정할 필요는 없다.

잘 멈추는 심장과 그렇지 않은 심장이 있나요?

있다. 심장 상태나 성질에 따라 다르다.

심장을 멈추게 하는 방법을 더 자세히 살펴보자. 심장으로 혈액을 보내는 혈관을 관상동맥이라고 한다. 여기에 칼륨을 포함한 특수한 약을 주입하면 심장을 멈출 수 있다. 그런데 관상동맥은 매우 가늘어서 직접 바늘로 약을 주입할 수가 없다. 그래서 다른 방법을 사용해야 한다.

우선 관상동맥이 아니라 심장 위에 있는 대동맥이라는 두꺼운 혈관에 바늘을 찔러 약을 흘려보낸다. 관상동맥은 이 대동맥과 연결되어 있기 때문에 대동맥으로 들어간 약은 그대로 관상동맥까지 도달한다(그림 ❶). 하지만 그냥 주입하기만 하면 약은 바로 혈관을 타고 전신으로 퍼진다. 이를 막기 위해 큰 클립으로 대동맥 윗쪽을 집어준다(그림 ❷). 이렇게 하면 유일한 출구가 관상동맥이라서 약은 관상동맥 쪽으로 흘러간다.

또 심장 출구에는 역류 방지를 위한 판막이 있는데 이것이 제대로 닫히지 않으면 약이 심장쪽으로 역류해 관상동맥 쪽으로 제대로 흘러가지 않는다. 그러면 심장이 멈추지 않는다(그림 ❸). 이럴 때는 대동맥을 잘라내고 그 안에서 관상동맥 입구를 찾아 직접 관을 끼워 약을 넣는다(그림 ❹). 또 관상동맥 자체에 좁아진 부분이 있으면 약이 잘 흘러들어가지 않기 때문에 마찬가지로 심장이 잘 멈추지 않는다. 그럴 때는 심장 정맥에서 혈관의 흐름과는 반대로 약을 넣는 방법도 있다(그림 ❺ / 일반적인 혈액은 동맥에서 정맥으로 흘러가는데 그것을 역류시켜서 약을 흘려보내는 것이다). 근육이 매우 두꺼운 심장은 약을 많이 보내야만 멈출 수 있다.

참고로 멈춘 심장을 다시 움직이게 하려면 그냥 일반적인 혈액을 흐르게 하면 된다. 언뜻 보기에는 이상해 보이지만 원래는 움직이고 있는 심장을 일시적으로 멈춘 것이므로 어떻게 보면 당연한 것이다.

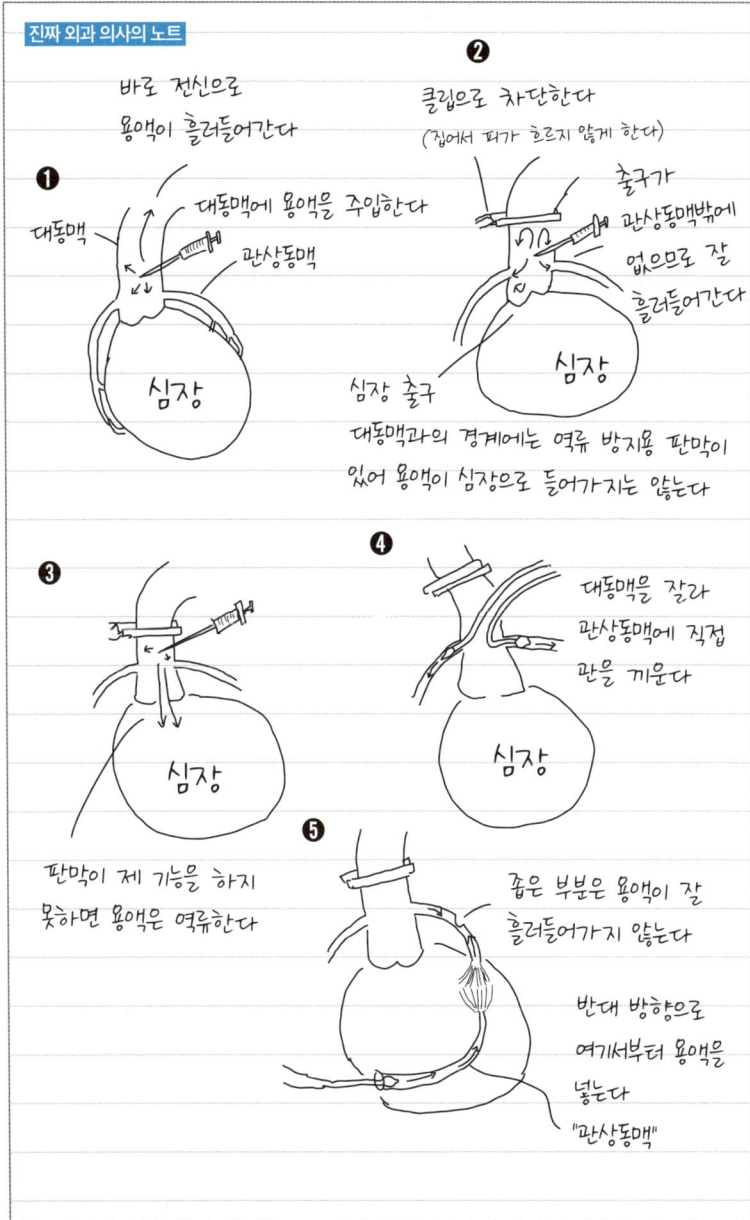

심장 수술 중 일어나는 가장 무서운 상황은 무엇인가요?

수술을 하기 위해 멈추어 놓았던 심장이 수술 후 다시 뛰지 않는 것.

이것은 심장외과 의사라면 누구나 한 번은 경험하는 공포가 아닐까. 심장 수술을 할 때는 일시적으로 심장의 움직임을 멈춘다. 특별한 문제가 없다면 수술 막판에 심장이 다시 뛰기 시작하지만 적절한 방법으로 심장을 멈추지 않았거나 심장이 원래 약했던 사람은 수술이 끝나가는데도 심장이 너무 천천히 움직이거나 전혀 뛰지 않기도 한다. 심장이 제대로 움직이지 않으면 몸속으로 혈액을 제대로 보낼 수 없기 때문에 이 상태로 수술을 끝낼 수 없다.

에크모의 등장

잠시 기다리면 다시 잘 뛰는 경우도 있지만 아무리 기다려도 심장이 제대로 뛰지 않을 때는 심장 대신에 혈액을 전신으로 보내주는 기계를 달아야 한다. 이 기계를 에크모라고 한다. 며칠 지나서 심장의 움직임이 제대로 돌아오면 에크모를 떼지만 여전히 심장이 작동하지 않으면 인공 심장이나 심장 이식 등 다른 방법을 고려해야 한다.

원래 건강했던 심장이 수술 후에 잘 뛰지 않는 것이 가장 무섭다. 반대로 심장이 움직이는 순간에는 작은 희열을 느낀다. 이것은 심장외과 의사만 느낄 수 있는 감동이 아닐까. 심장아, 항상 고마워.

062 심장 수술 후 가슴을 닫을 때 사용하는 와이어는 금속 탐지기에 반응하나요?

하지 않는다.

심장 수술을 하려면 가슴 가운데 있는 뼈를 두 개로 갈라서 심장을 노출시켜야 한다. 수술이 끝나면 자른 뼈는 스테인레스나 티타늄으로 된 와이어로 연결한다. 보통 와이어를 6개 정도 사용해 그림A처럼 연결하는 것이 기본적인 방법이지만 B나 C처럼 연결할 때도 있다.

와이어는 평생 몸속에 남아 있지만 공항 금속 탐지기 등을 통과할 때 반응하지 않으니 걱정하지 않아도 된다. 또 티타늄은 금속 알레르기가 있는 사람이 사용해도 문제없다. 심장 수술에서는 그 외에도 인조 혈관이나 판막을 몸에 이식하는 경우가 있는데 모두 금속 탐지기에 반응하지 않는다. 또 MRI검사 시에도 액세서리나 금속 등 자석에 달라붙는 것들은 빼라고 하지만 이 와이어는 제거하지 않아도 된다.

이 와이어에 대해서는 질문을 자주 받는다. 주변에 궁금해하는 사람이 있으면 꼭 알려주기 바란다. 이 와이어가 뼈의 상처뿐만 아니라 사람들과의 관계도 이어주고 있는 것은 아닐까.

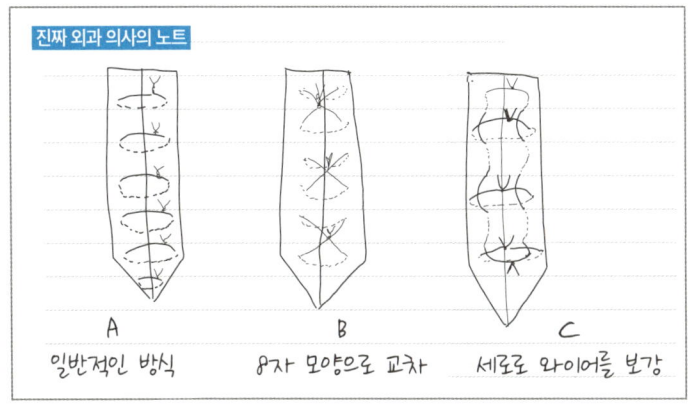

진짜 외과 의사의 노트

A 일반적인 방식 B 8자 모양으로 교차 C 세로 와이어를 보강

에크모와 인공 심폐기의 차이는 무엇인가요?

리저버의 유무다.

심장이나 폐 기능이 나빠졌을 때 심장과 폐를 보조하는 기기인 에크모나 인공 심폐기를 연결한다.

에크모도 인공 심폐기도 몸에서 혈액을 빼내어서 산소를 넣은 후 전신으로 보내는 역할을 한다. 에크모는 빼낸 혈액을 그대로 같은 양만큼 몸에 넣어주지만, 인공 심폐기에는 혈액을 일시적으로 저장해 두는 장소인 리저버가 존재한다. 리저버가 있는 인공 심폐기만 할 수 있는 기능이 있다.

첫 번째는 몸속의 혈액량을 자유롭게 조절하는 기능이다. 회수한 혈액을 리저버에 저장하기 때문에 일시적으로 심장 안을 완전히 비울 수 있다. 그래서 심장 수술이 더 수월해진다.

두 번째는 몸 밖으로 나온 혈액을 몸 속으로 보내주는 기능이다. 수술 중에 나온 혈액은 다른 관을 사용해 회수하고 이 리저버에 저장할 수 있기 때문에 아무리 피를 많이 흘려도 그 혈액을 다시 몸속으로 보낼 수 있다.

세 번째는 혈액 속에 공기가 들어가도 괜찮다는 점이다. 혈관 속 공기는 혈관을 막는 원인이 되기도 한다. 리저버가 없는 에크모는 공기가 들어가지 않도록 최대한 주의를 기울여야 하지만 인공 심폐기는 공기가 들어갔는지 리저버가 확인하기 때문에 몸속으로 들어가는 혈액에 공기가 섞일 일이 거의 없다.

인공 심폐기는 심장 수술을 할 때 사용하기 때문에 기본적으로는 수술실에서만 볼 수 있다. 독자가 평생 이 인공 심폐기를 보는 일이 없기를 간절히 바란다.

임신부도 심장 수술을 하나요?

최대한 피하지만 반드시 해야 한다면 한다.

임신 중에는 출산까지 버틸 수 있다면 출산 후 심장 수술을 시행한다. 하지만 심장 파열이나 감염 등으로 응급 수술이 필요하다면 임신 중에도 해야 한다.

다만 심장 수술을 할 때는 사용하는 인공 심폐기가 아기에게 좋지 않은 영향을 줄 수 있다. 그래서 임신 주 수가 30주 이상이라면 제왕절개로 아이를 출산하고 심장 수술을 한다. 만약 주 수가 짧아서 지금 출산하면 아이가 미성숙해 생존 가능성이 적다고 판단될 경우에는 출산하지 않고 임신을 유지한 채 수술하는 선택지도 있다.

또 심장 수술로 몸에 이식하는 것들도 임신부의 경우 조금 주의해서 사용해야 한다. 심장 속 판막을 교체하는 수술은 일반적으로 인공 판막을 넣는다. 이 인공 판막에는 기계 판막과 돼지나 소의 심장으로 만든 조직 판막, 이 두 종류가 있다. 각각 장단점이 있다. 기계 판막은 오래 가지만 혈전이 생기기 쉬워서 혈액을 잘 흐르게 하는 약을 평생 먹어야 한다. 조직 판막은 약을 복용하지 않아도 되지만 기계 판막과 비교하면 망가질 가능성이 높다. 조직 판막이 망가지면 재수술을 해야 한다. 그래서 젊은 사람은 일반적으로 오래 가는 기계 판막을 선택한다. 하지만 혈액을 잘 흐르게 하는 약이 아기에게 악영향을 줄 수 있어서 임신부는 쉽게 망가진다는 약점이 있지만 조직 판막을 선택하는 경우가 많다.

태어나기 전 태아의 심장을 수술하는 방법

임신 중 아이의 심장 상태도 초음파로 확인할 수 있다. 치료가 필요한 심장 질환을 발견한 경우 태어나자마자 아기의 심장을 수술하기도 한다. 최근에는 태어나기 전에 태아의 심장을 수술하는 방법이 개발되어 실제로 시행하고 있다. 엄마의 배를 바늘로 찔러 자궁을 지나 아기 심장 속의 좁아진 판막에 작은 풍선을 넣고 이를 이용해 넓힌다. 심장 크기는 약 3cm인데 그중 3mm 정도인 판막을 풍선으로 넓혀야 하는 매우 섬세한 수술이다. 판막을 어느 정도 넓힐지는 사전에 컴퓨터로 계산해서 시행하는데, 천재적인 외과 의사라면 그 계산을 모두 암산으로 해버릴 수도 있다. 그런 외과 의사에게 진료를 받는다면 순산할 수 있을 것이다.

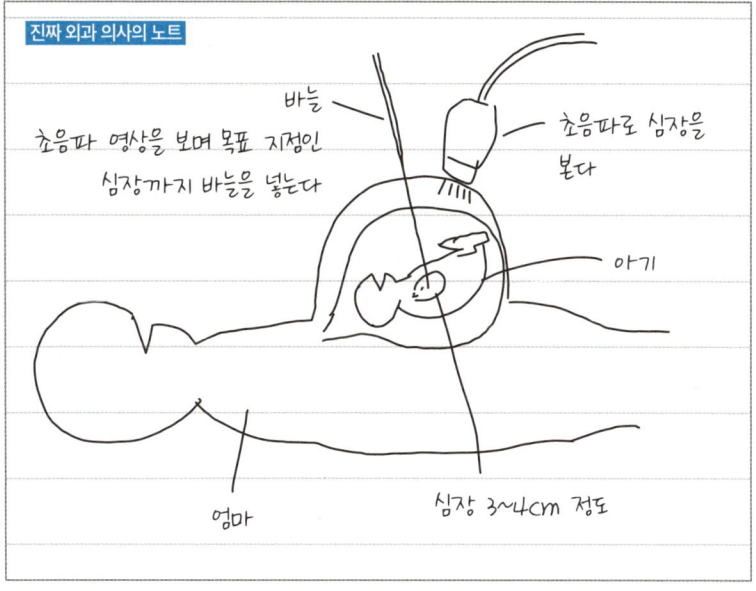

아기의 심장도 심장외과 의사가 수술하나요?

심장외과 의사가 한다.

심장외과 의사 중에도 아기 수술을 전문으로 하는 소아 심장외과 의사가 담당한다.

질병이 있는 아이의 심장은 심장 안 혈액의 흐름 자체가 비정상적인 경우가 있다. 보통 심장에서 나온 혈액은 폐로 갔다가 다시 심장으로 돌아오고 그 다음에 전신으로 흘러가는 것이 일반적인 순서다. 아이의 심장병 중에는 이러한 순서가 뒤섞이는 질병이 있다. 이럴 경우 순서를 바로 잡는 수술을 해야 할 때도 있다. 그래서 일반적인 심장 수술에 관한 지식뿐 아니라 더 깊이 있는 해부학과 발생학(Embryology), 생리학 지식이 필요하다. 학문의 경지에 도달해야 한다.

또 아이의 심장 수술에는 뛰어난 공간 파악 능력과 창의력이 필요하다. 예를 들어, 이런 형태의 혈관을 잘라서 다시 이어붙여서(그림 ❶), 이런 형태의 혈관을 만들어야 한다(그림 ❷).

이쯤되면 의학이라기보다는 예술에 가깝다. 외과 의사는 학문과 예술의 융합이라고 말하기도 하는데 소아 심장외과는 더 고차원적인 궁극의 학문과 예술의 융합을 추구한다고 할 수 있다.

게다가 환자도 매우 작다. 예전에 미숙아의 심장 수술을 도와준 적이 있는데 체중이 500g밖에 되지 않는 아기였다. 큰 햄버거 정도 되는 무게다. 환자의 체중은 매우 가볍지만 외과 의사의 어깨를 짓누르는 압박감은 이루 말할 수 없을 정도로 무거웠을 것이다. 자칫 잘못하면 환자가 목숨을 잃을 수도 있는 긴장감 속에서 아기를 구하기 위해 싸우는 소아 심장외과 의사들을 나는 진심으로 존경한다. 앞으로 더 많은 아기의 목숨을 구할 수 있기를 바란다.

나는 소아외과 의사는 아니지만 뭐든 잘 먹고 잘 소화시켜서 소화외과 의사라고 불리기도 한다.

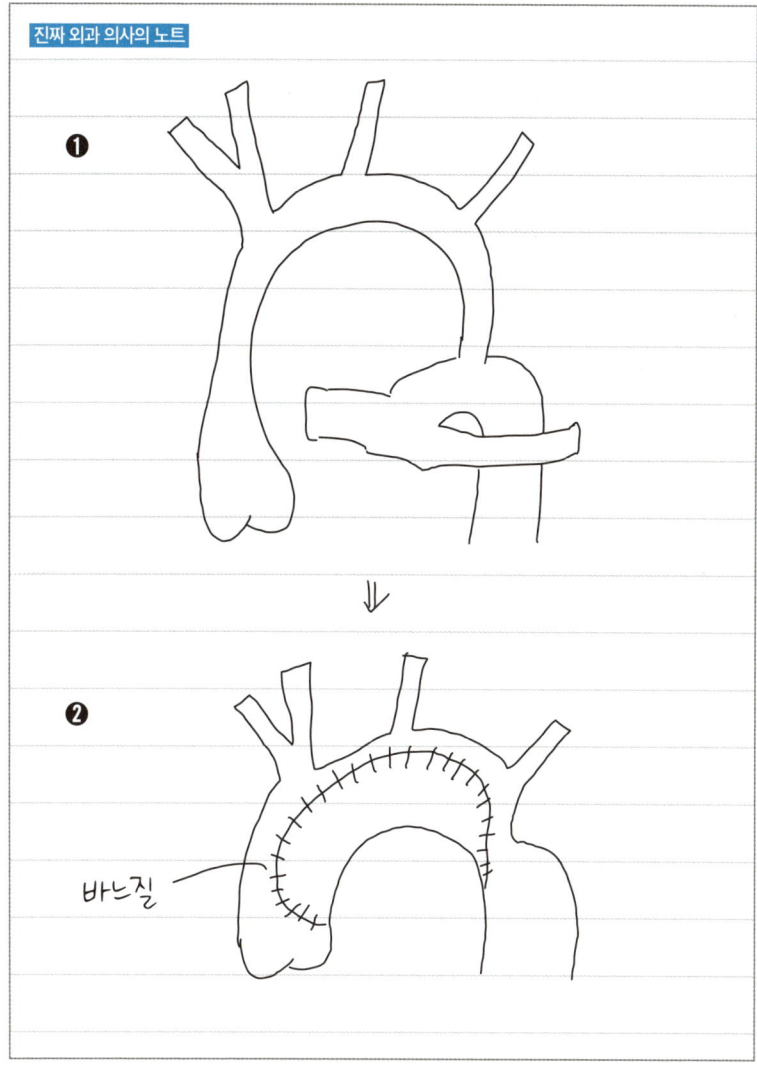

몸속에 있는 막은 어떤 역할을 하나요?

여러 가지 역할을 한다.

몸속에는 다양한 막이 존재하는데 외과 의사는 항상 이 막을 신경 쓰면서 수술한다. 심장의 주변은 주머니 같은 구조로 되어 있는데, 심막이라고 불리는 막이 감싸고 있다. 이 심막을 자르면 심장이 모습을 드러낸다.

심막은 심장을 충격에서 보호해 주는 역할과 심장이 잘 움직이도록 돕는 역할을 한다. 우리 심장외과 의사는 이 심막을 다른 용도로 사용하기도 한다.

심장 속은 우심방과 좌심방이라고 하는 방이 나란히 있는데 선천적으로 이 방을 구분하는 벽에 구멍이 나 있는 사람이 있다. 그럴 경우 구멍을 막는 수술을 해야 하는데 심막의 일부를 잘라 이 구멍을 막는 데 사용한다.

또 최근에는 이 심막을 사용해 심장 안에 있는 판막을 만드는 수술 방법도 개발되었다. 심막을 모형 틀을 이용해서 잘라내 판막 형태로 만드는 것이다. 일본의 심장혈관 외과 의사인 오자키 시게유키가 개발했기 때문에 Ozaki 기법이라고 불리며 세계적으로 유명한 수술법이다(노트 참고).

일본인의 이름이 붙은 유명한 심장 수술법으로는 Kawashima 수술, Konno 수술, Nikaidoh 수술 등 여러 가지가 있다. 그중에서도 '니카이도'라는 이름은 어감이 참 멋지다.

심장뿐만 아니라 환자의 마음을 여는 Kitahara 수술은 현재 특허 출원 준비 중이다.

진짜 외과 의사의 노트

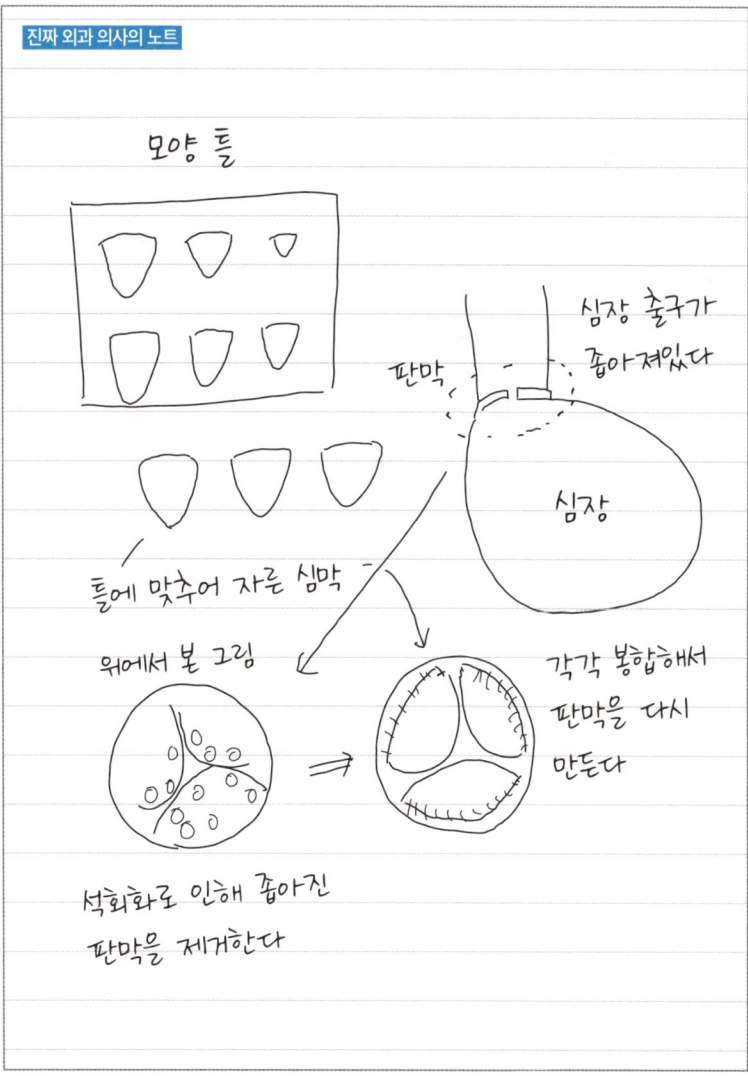

가장 대단한 의료계의 발명은 무엇인가요?

와이어.

길고 가늘며 부드러운 철사 같은 도구를 와이어라고 한다. 이 와이어는 다양한 질병을 치료하는 데 사용된다. 심장의 혈관이 좁아지는 질병을 치료할 때 어떻게 와이어를 활용하는지 살펴보자.

우선 사타구니 부분에 있는 혈관을 가는 바늘로 찌르고 그 바늘을 통해 와이어를 혈관 안으로 넣는다. 엑스레이를 보며 와이어를 잘 유도하면 몸속 어디라도 혈관이 있는 곳이라면 안전하게 와이어를 통과시킬 수 있다. 이 와이어는 엄청나게 부드러워서 혈관을 다치게 하는 일이 거의 없다.

와이어가 심장 혈관의 좁아진 부분에 도달하면 이번에는 그 와이어를 따라 안이 비어 있는 관을 통과시킨다. 이 관을 카테터라고 부른다.

이 관은 와이어보다 굵고 단단하기 때문에 그것만 혈관 안으로 넣으면 혈관을 손상시킬 수 있어서 와이어를 표지판 삼아서 안전하게 통과시킨다. 이 관이 심장까지 도달하면 이번에는 그 관을 통해 특수한 도구를 옮길 수 있게 된다. 좁은 혈관을 치료할 때는 특수한 풍선을 이용해 혈관 속을 팽창시켜 혈관을 넓힌다. 또 매직 핸드와 같은 도구를 운반해 심장 일부를 움켜쥘 수도 있다. 대단하지 않은가. 제일 먼저 가늘고 부드러운 와이어를 넣고 그 길을 따라 두꺼운 관이나 도구를 차례차례 넣는 이 수술 방식은 매우 안전하기 때문에 심장을 치료할 때뿐만 아니라 다양한 의료 현장에서 사용하고 있다.

그 사람과의 연결고리도 처음에는 와이어만큼이나 가늘었다. 그것을 조금씩 굵게 만들어갔다. 그리고 그 다음엔 마음을 사로잡았다. 그걸 누가 했냐고? 바로 나다.

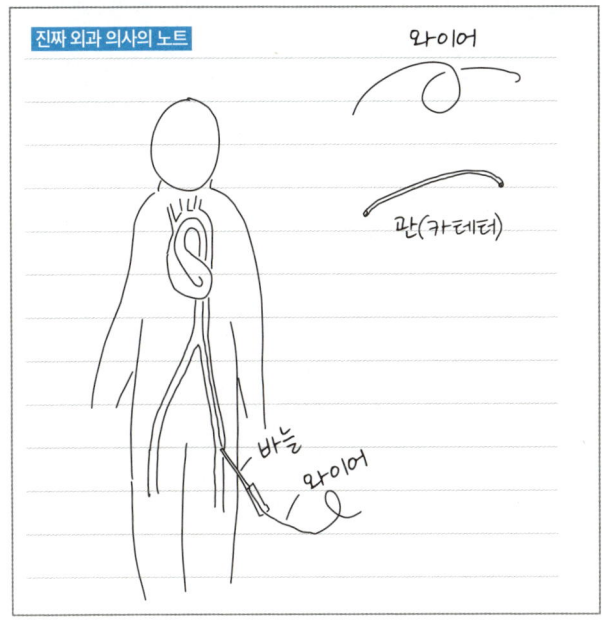
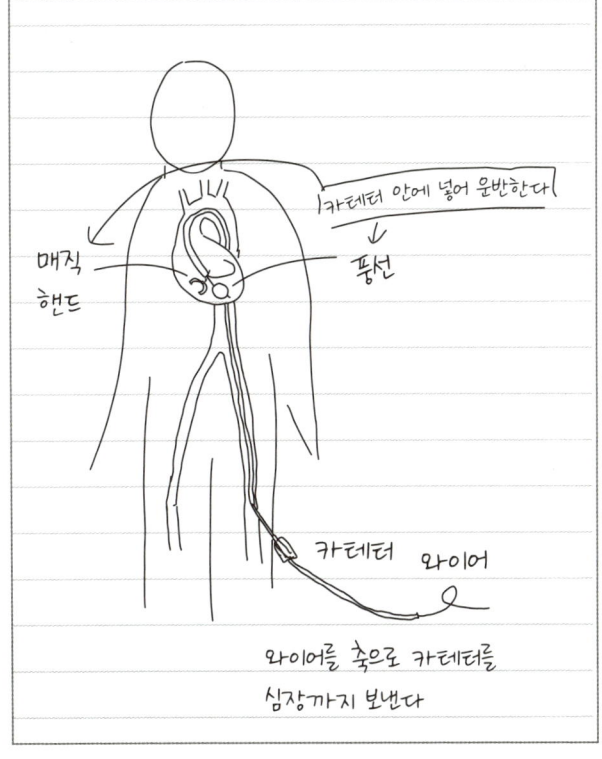

068 심장을 치료할 때 사타구니 부근의 혈관으로 관을 넣는 이유는 무엇인가요?

관을 넣기 쉽고 뺀 후에 지혈도 잘 된다.

심장 혈관에 질병이 발견되었을 때 사타구니 부근 혈관을 통해 카테터라고 하는 특수한 가는 관을 넣고 그 관을 통해 치료에 필요한 도구를 심장까지 운반해 치료하는 방법이 있다. 관 이름을 따서 카테터 치료라고 부른다.

사타구니 부근의 혈관을 사용하는 이유는 두 가지다.

첫 번째는 관을 넣기 쉽기 때문이다. 사타구니 부근을 만져보면 맥박이 뛰는 부분이 있다(노트 참고). 두꺼운 혈관은 매우 중요하고 예민한 장기이기 때문에 몸의 중심에 위치해 보통은 밖에서는 만질 수 없다. 하지만 이 혈관은 피부 가까운 곳에 있어서 비교적 쉽게 접근할 수 있다. 이 혈관의 정식 명칭은 대퇴 동맥이다.

두 번째는 쉽게 지혈이 가능하기 때문이다. 치료가 끝나고 관을 빼면 구멍이 남는다. 당연히 그곳에서 피가 난다. 사타구니에서 피가 나면 직접 피부를 누르기만 해도 지혈이 가능하다. 몸의 안쪽에 있는 혈관에서 피가 나면 외부에서 피부를 누르는 것만으로는 피를 멈출 수 없다.

심장외과 의사가 제일 좋아하는 혈관

이 대퇴 동맥은 피부 바로 아래에 있어서 수술할 때 다루기가 편해서 심장외과 의사가 제일 좋아하는 혈관이다. 하지만 매일 수술을 하다 보면 항상 같은 일을 반복하기 때문에 매너리즘에 빠지기도 한다.

> 물론 그렇다고 대충해서는 안 된다.

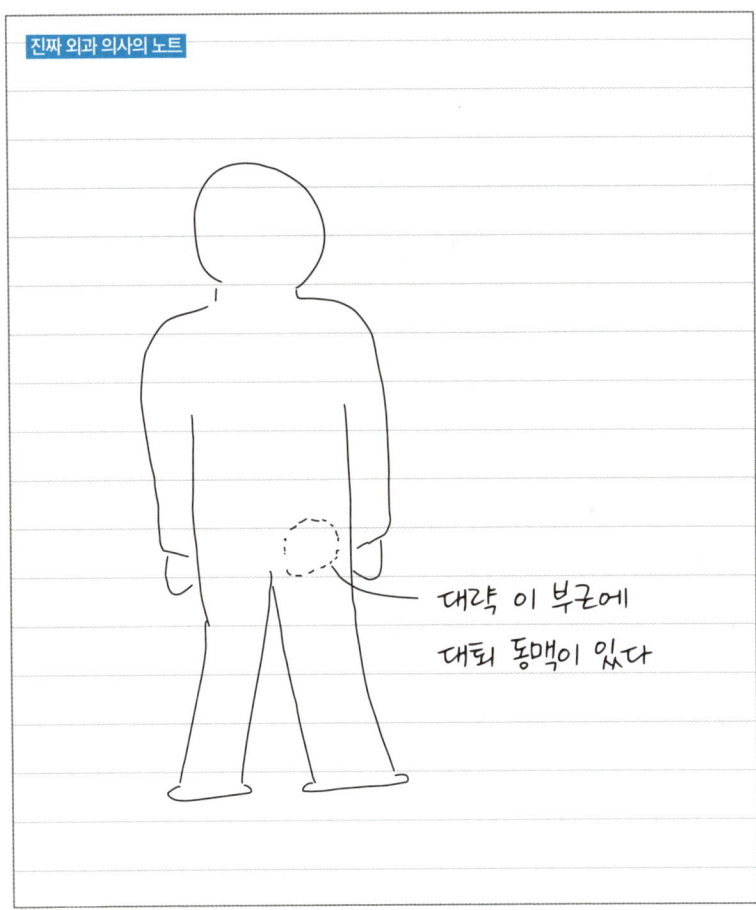

최첨단 외과 수술은 어떤 수술인가요?

메스를 사용하지 않는 심장 수술.

심장 수술을 할 때 우선 메스로 피부를 자르고 가슴을 열어 심장을 노출시킨다. 심장 안에 있는 판막을 교체하는 수술을 할 때 심장이 움직이고 있으면 피가 뿜어져 나오기 때문에 일단 심장의 움직임을 멈추고 안에 있는 피를 모두 제거해야 한다. 심장 수술을 할 때는 대부분 이 공정을 거치는데 상당히 위험한 작업이다. 100% 안전하다고는 할 수 없다.

환자는 수술 후 하루 만에 퇴원할 수 있다

하지만 현재 일부 질병은 가슴을 열지 않고 심장이 움직이는 상태에서도 수술이 가능해졌다. 사타구니에 있는 혈관을 통해 심장까지 가는 와이어와 관을 보내고 그 관으로 인공 판막을 운반한 후 심장에 두고 오는 방식이다. 피부를 잘라서 가슴을 열 필요가 없기 때문에 환자는 수술 후 하루 만에 퇴원할 수 있다.

또 다빈치라고 하는 수술 로봇을 사용해 가능한 한 상처를 조금 내고 수술하는 외과 의사도 있다. 평소대로라면 가슴을 크게 열어야 하는데 수술 로봇을 사용하면 작은 상처만 내고도 섬세하게 수술을 할 수 있다.

이러한 로봇 기술이 발전하면 우리 의사가 할 수 있는 것은 환자에게 다가가 이야기를 듣는 일, 그러니까 환자의 가슴을 여는 일이 아니라 환자의 마음을 여는 일이 될지도 모르겠다.

070 로봇 수술의 장점은 무엇인가요?

흉터가 작고 세세한 부분까지 볼 수 있으며 섬세한 작업을 할 수 있다.

현재 일본의 로봇 수술에는 다빈치라고 부르는 로봇을 주로 사용하고 있다. 레오나르도 다빈치의 다빈치다. 로봇이라고 해도 전자동으로 수술을 하는 것은 아니고, 조종석과 같은 곳에 의사가 앉아 있고 원격으로 로봇 팔을 조작해서 수술을 한다.

다빈치의 뛰어난 점은 세 가지다.

첫 번째는 절개 부위가 작다는 것이다. 몸에 1cm 정도 구멍을 내고 그곳에 로봇팔을 넣어서 수술하기 때문에 흉터도 크지 않고 눈에 띄지 않는다. 두 번째는 수술하는 부분이 잘 보인다. 고화질 카메라가 있어서 몸속 세세한 부분까지 확대해서 자세히 볼 수 있다. 세 번째는 섬세한 작업이 가능하다는 점이다. 인간의 손은 아무래도 미세하게 떨리는데 기계는 그러한 떨림을 자동으로 보정해 준다. 또 로봇팔은 끝부분이 빙글빙글 회전하며 움직이기 때문에 좁은 장소에서도 자유롭게 작업이 가능하다.

흉터를 최소화하고, 세세한 부분까지 제대로 볼 수 있는 눈, 섬세하게 움직이는 팔이 있다. 말 그대로 기계판 다빈치다. 조만간 다빈치가 외과 의사의 일을 모두 다 빼앗아 갈 수도 있겠다.

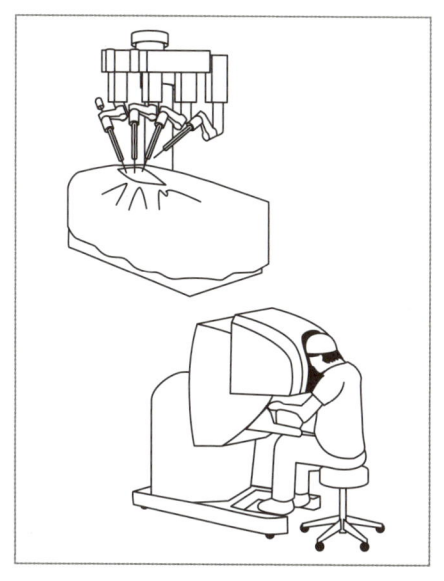

수술하지 않고 치료할 수 있으면 외과 의사의 일은 없어질까요?

없어지면 좋겠다.

의료 기술의 발전으로 지금까지는 메스를 사용해 절개하는 외과 수술로만 치료할 수 있었던 심장 질환도 이제는 수술하지 않고 치료할 수 있게 되었다.

대동맥 판막 협착증은 심장 출구에 있는 판막인 '대동맥 판막'이 좁아져 심장이 강하게 수축하는 질병이다(그림 ❶). 지금까지는 가슴을 열고 심장을 멈추게 한 후 좁아진 판막을 꺼낸 다음 새로운 판막을 넣는 것이 유일한 치료법이었다(그림 ❷). 그런데 지금은 새로운 판막을 작게 접어서 다리 혈관으로 심장까지 운반하고 좁아진 대동맥 판막 안에 그것을 펼쳐두고 오는 치료법을 쓴다(그림 ❸). 이것은 TAVI라고 불리는 치료법으로 외과 의사가 아니라 주로 순환기 내과 의사가 한다. TAVI를 사용하면 가슴을 열고 수술할 필요가 없다.

외과 의사는 항상 새로운 기술을 습득하기 위해 노력한다

이처럼 기술이 발전하면 외과 의사가 필요한 수술의 수는 줄어들지도 모른다. 그렇다면 외과 의사는 일이 없어지는 것을 그저 바라만 보고 있는 것일까? 그렇지 않다. 외과 의사는 항상 환자를 최선을 다해 치료할 수 있도록 새로운 기술을 습득해야 한다. TAVI는 대동맥 판막뿐만 아니라 환자를 치료할 수 있는 선택지를 넓혀준다. 사람을 살리기 위한 외과 의사의 여정은 앞으로도 계속된다.

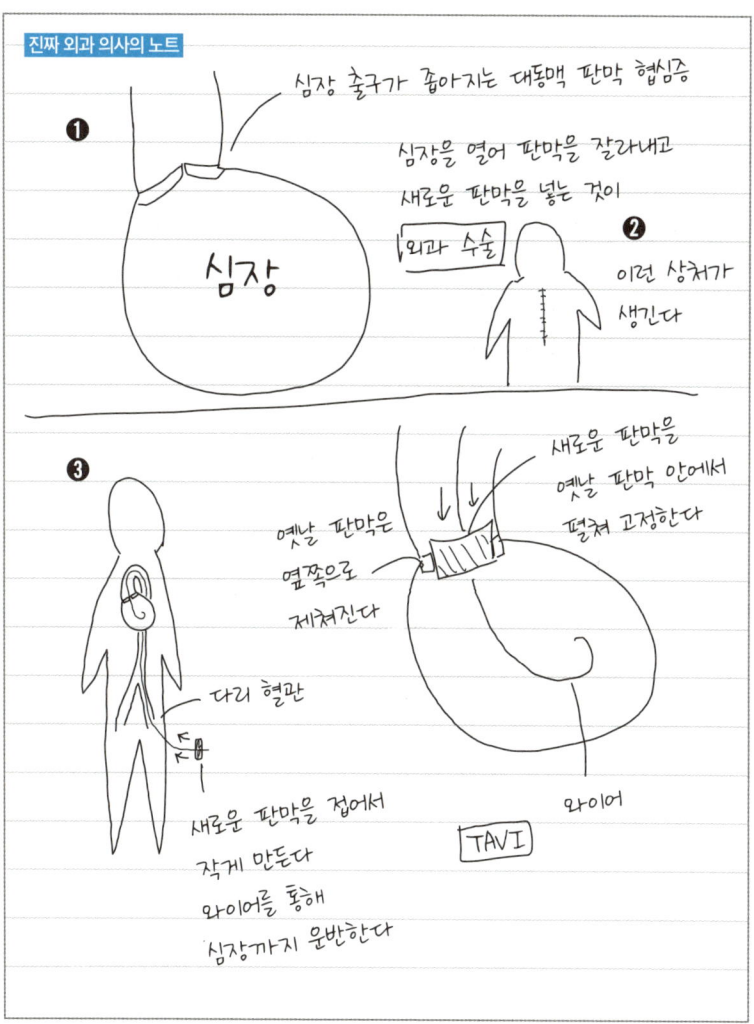

119

072 심장 이식 수술은 어렵나요?

그렇지 않다.

상황에 따라 다르지만 수술 자체는 비교적 간단하다. 심장 이식은 몸과 심장을 연결하는 5개의 혈관을 잘라 심장을 들어내고 새로운 심장과 몸을 다시 연결하는 수술이다.

옛날 심장을 잘라내면 단면이 생긴다. 요리를 예로 들어보면 피망을 자르면 단면이 생기는 것과 같다. 그 부분과 맞추어서 새로운 심장을 자르고 특수한 바늘이 달린 실로 봉합한다.

혈관을 연결하는 방법은 다양하지만 나는 좌심방, 폐동맥, 대동맥, 하대정맥, 상대정맥 순서로 연결한다(노트 참고).

혈관의 굵기는 1cm에서 3cm이기 때문에 평소에 1~2mm 굵기의 혈관을 이어 붙이는 수술을 많이 하는 심장외과 의사에게는 매우 간단한 작업이다. 그래서 레지던트가 수련의 일환으로 일부 집도하기도 한다. 외과 의사와 레지던트가 교대로 봉합하기도 하기 때문에 이식 수술을 하며 사이가 돈독해질 수도 있다. 레지던트가 하더라도 집도의의 지도하에 이루어지기 때문에 환자가 위험해지는 일은 없다.

심장 이식 수술 시에 어려운 점은 수술 자체가 아니라 심장을 기증하는 사람(공여자)을 선택하는 방법이나 심장 운반 방식, 시간 조정 문제(다음다음 질문에서 자세히 살펴보겠다), 수술 전후의 관리다.

심장 이식 후에는 면역 억제제라고 하는 약을 먹어야 한다. 인간의 몸은 이물질을 배제하는 기능이 있기 때문에(이것이 면역이다) 새로운 심장이 들어오면 그것이 이물질이라고 인식해 공격한다. 그래서 면역 억제제를 써서 공격하지 않도록 해야 한다. 그런데 면역 억제제를 쓰면 세균 등과 싸우는 원래의 면역 기능도 떨어지기 때문에 세균이나 바이러스 등의 감염병에 취

약해진다. 심장 이식이 끝나더라도 완전히 안심할 수 없고 면역 체계가 새로운 심장을 공격하거나 감염병에 걸리는 일이 없도록 조심하면서 면역 억제제의 양을 조정해야 한다. 이러한 수술 후의 관리가 수술 자체보다 어렵다.

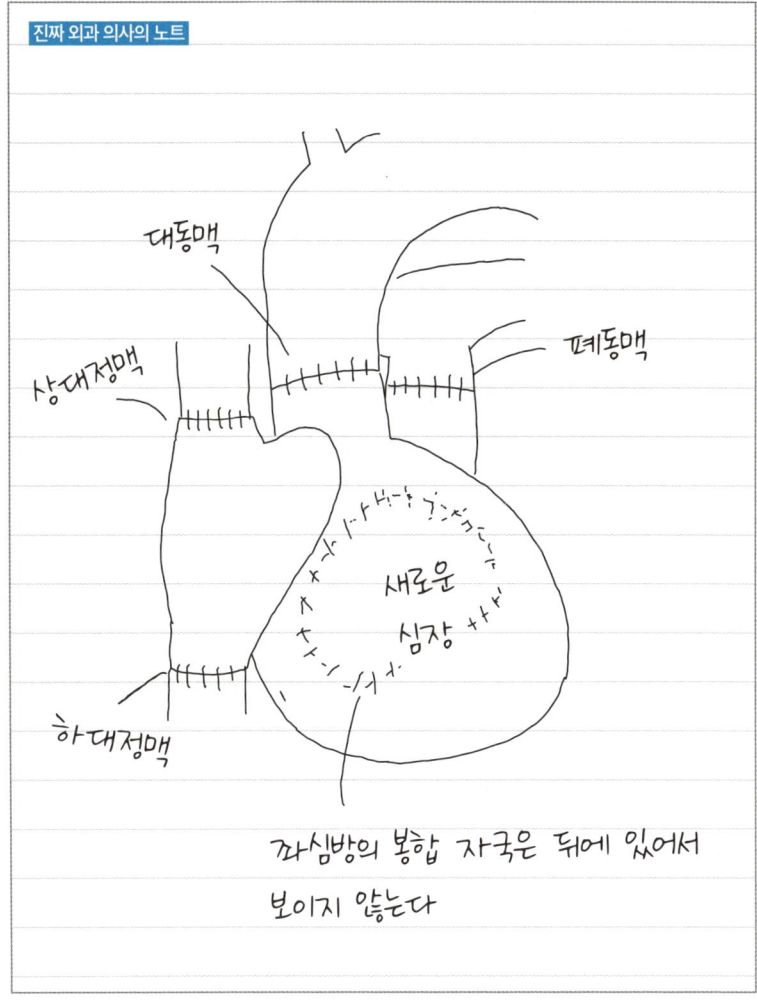

심장 이식 중에 심장은 멈추어 있는 상태인가요?

그냥 심장이 없는 상태다.

심장 이식 수술은 원래의 심장을 떼어내고 새로운 심장을 이식하는 수술이기 때문에 심장을 떼어내고 새로운 심장을 넣기까지는 심장이 없는 상태다.

5분 만에 뇌는 망가진다

심장이 없어서 문제가 되는 것은 심장 이외의 장기다. 평소에는 심장이 몸속에 혈액을 보내주는데, 심장이 없어지면 당연히 그 역할을 할 수 없다. 이 상태가 한동안 지속되면 각 장기는 손상을 입고 점점 망가진다. 그중에서도 뇌는 가장 혈액이 필요한 장기로, 5분 동안 혈액이 흘러가지 않으면 다시 회복할 수 없을 정도로 망가진다. 그래서 심장이 없거나 움직이지 않을 때는 특수한 기계를 연결해 몸 전체에 혈액을 보내준다. 그것이 인공 심폐기라고 불리는 것이다. 말 그대로 혈액에 산소를 넣어주는 폐의 기능과 혈액을 몸속으로 보내는 심장의 역할을 대신해 주는 기계다. 이것을 사용하면 심장이 없는 상태라고 하더라도 안전하게 수술을 할 수 있다.

심장이 멈추면 죽는다고 생각하는 사람이 많은데 심장이 멈추어도 뇌에 혈액이 공급되면 인간은 살 수 있다.

이식하는 심장은 차나 비행기를 사용해서 운반한다. 만약 중간에 교통사고나 비행기 사고로 심장이 제시간에 도착하지 못하거나 잘못해서 떨어뜨리면, 그 심장은 더 이상 쓸 수 없게 된다. 수혜자의 심장을 떼어낸 후 새로운 심장을 쓸 수 없다는 사실을 알게 되면 큰일이기 때문에, 이식할 때는 새로운 심장이 도착하기 직전까지 기다렸다가 옛날 심장을 떼어낸다. 만약 옛날 심장을 너무 빨리 떼어내더라도 앞서 말한 것처럼 인공 심폐기를 연결해 몸속으로 혈액을 보내줄 수만 있다면 다음 심장이 확보될 때까지 며칠 간은 기다릴 수 있다. 심장이 없어도 인공 심폐기가 있으면 평소대로 걸어 다니고 식사도 할 수 있다.

> 새로운 심장이 도착할 때까지
> 조금만 더 참고 기다리자

심장 이식 수술은 시간이 어느 정도 걸리나요?

준비 시간을 포함하면 20시간 이상 걸리기도 한다.

심장 이식 수술이 평소 수술과 크게 다른 점은 심장을 기증하는 사람(공여자)의 심장을 꺼내는 수술과, 심장을 받는 사람(수혜자)에게 심장을 이식하는 수술, 이 두 가지 수술을 동시에 해야 한다는 점이다.

보통 공여자와 수혜자는 다른 병원에 있기 때문에 두 팀이 함께 움직여야 한다. 공여자의 심장을 꺼내서 운반하는 공여자 팀과, 운반된 심장을 수혜자에게 이식하는 수혜자 팀이 필요하다. 각각 수술 계획을 세우고 실행한다.

이때 두 수술 타이밍을 맞추기 위한 조정이 중요하다(노트 참고). 심장은 공여자의 몸에서 꺼낸 순간부터 조금씩 상태가 나빠지기 때문에 가능한 한 빨리 수혜자의 몸에 이식해야 한다. 이 과정이 6시간 이상 걸리면 심장의 움직임이 둔해지는 등 문제가 발생할 수 있다. 이 시간을 단축하기 위해 수혜자 팀은 평소에 공여자 팀과 긴밀히 연락을 취한다. 수혜자의 심장을 적출해 새로운 심장을 이식할 준비가 완료되었을 때에 맞추어서 공여자의 심장이 도착하도록 수술 시간이나 공여자 팀의 이동 시간을 조정한다.

공여자의 심장이 너무 일찍 도착하면 수혜자의 심장을 꺼낼 때까지 공여자의 심장을 방치해야 하고, 심장이 너무 늦게 도착하면 이미 심장을 떼어낸 수혜자는 심장이 없는 상태로 기다려야 한다. 물론 인공 심폐기를 이용해 혈액을 온몸에 공급하고 있기 때문에 심장이 없어도 큰 문제는 없다.

공여자 팀은 심장을 받으러 갈 때 자동차나 전세기를 타고 출발한다. 심장을 이식받는 수혜자 팀의 수술 시간은 기껏해야 5시간 정도이지만, 공여자 팀의 이동이나 시간 조정 등으로 이식 수술 전체 소요 시간은 20시간 혹은 그 이상이 될 수도 있다.

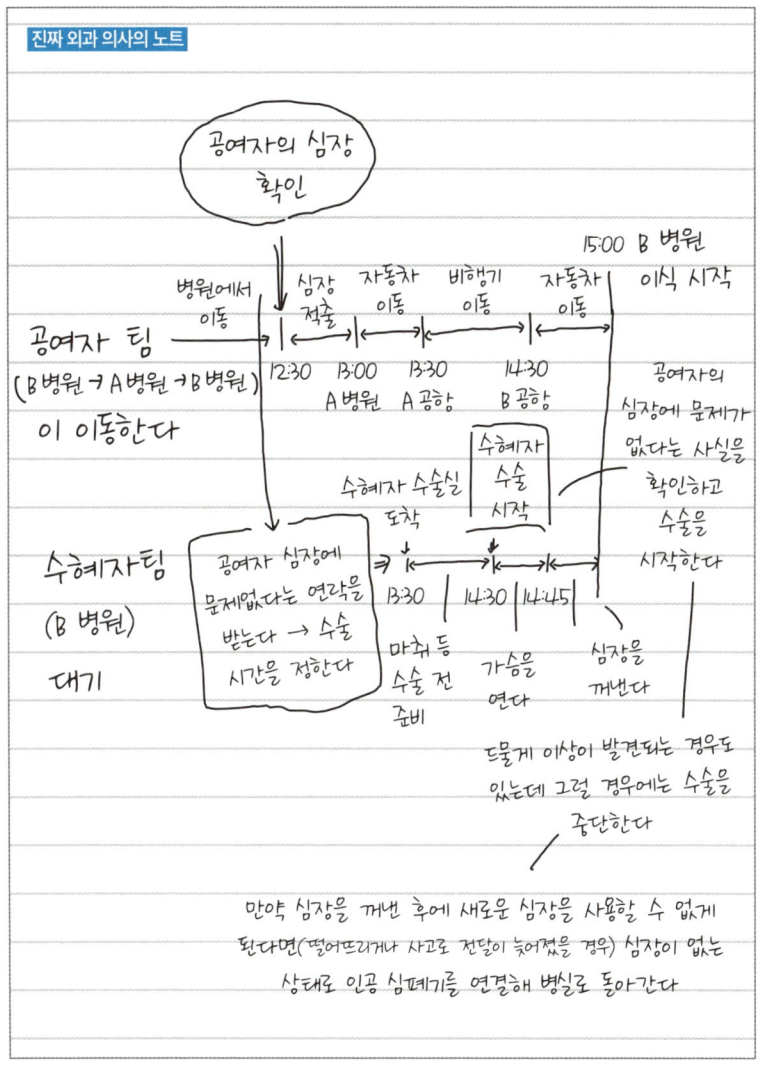

심장 이식 수술을 할 때 사용하는 심장은 어떻게 확보하나요?

뇌사자가 있는 병원까지 가서 심장을 적출해 온다.

뇌사란 뇌의 기능이 모두 정지된 상태를 말한다. 심장 이식 수술을 할 때는 뇌사자가 입원해 있는 멀리 떨어진 병원까지 가서 심장을 떼어내는 수술을 하고 그 심장을 그대로 자기 병원으로 가져와야 한다. 힘들게 외부 병원으로 가지러 가야 하는 이유는 세 가지다.

우선 첫 번째는 뇌사자가 반드시 자신의 병원에 입원해 있는 것은 아니기 때문이다. 뇌사의 원인은 사고로 인한 뇌 손상, 뇌경색, 뇌출혈인 경우가 많은데 이러한 일이 발생하는 장소와 시간은 예측하기 어렵다. 따라서 이식을 할 수 있는 심장을 가진 뇌사자가 자신의 병원에 입원해 있는 경우는 매우 드물다.

두 번째는 뇌사 상태인 환자를 옮기기가 힘들기 때문이다. 뇌사자는 보통 인공호흡기에 연결되어 엄중하게 관리하고 있다. 그래서 병원 간 이동은 안전상으로도 금전적 측면에서도 부담이 커서 쉽지 않다.

세 번째는 이식하는 장기가 심장만이 아니기 때문이다. 대부분의 경우 뇌사자가 기증할 수 있는 장기는 심장만이 아니다. 폐나 신장, 간 등 다양한 장기를 받기 위해 각기 다른 병원에서 별도의 팀이 온다. 따라서 심장 이식만을 생각해서 뇌사자를 이동시킬 수 없다.

위의 세 가지 이유 때문에 심장 이식 수술을 할 때는 뇌사자가 있는 병원까지 심장을 가지러 가야 한다.

뇌사와 일반적인 죽음과의 차이는 무엇인가요?

뇌사는 뇌의 기능 정지. 일반적인 죽음은 뇌와 심장, 폐의 기능 정지.

뇌사는 뇌가 기능을 멈추고 다시 회복되지 않는 상태다. 반면 일반적으로 말하는 죽음은 뇌가 제 기능을 못 할 뿐만 아니라 몸 전체에 혈액과 산소를 공급하는 기능도 정지된 상태다. 폐는 산소를 혈액 안에 공급하는 역할을 하고 심장은 그 혈액을 온몸으로 보내는 역할을 하는데, 일반적인 죽음은 이 두 가지가 모두 정지된 상태다.

일반적인 사망 선고는 뇌, 심장, 폐가 각각 움직이지 않는다는 사실을 확인한 후에 내린다. 의사가 사망 여부를 판단할 때는 환자의 눈에 빛을 비추어서 동공 반사가 있는지를 확인하고, 심장과 폐의 소리를 청진기로 들어본다. 드라마 등에서 사망 선고를 하는 장면이 나오기도 하는데, 그 전에 의사는 이 세 가지의 기능이 정지되었는지 확인한다.

그런데 뇌사 판정은 조금 다르다. 현재 일본에서는 뇌사 판정은 이식을 위해 장기를 기증할 사람, 즉 공여자인 환자에게만 시행한다. 반대로 말하면 뇌사 가능성이 있는 사람이라도 공여자 등록을 하지 않았다면 뇌사 판정은 하지 않는다. 뇌사 판정을 하려면 추가 검사와 절차가 필요하기 때문에, 설령 공여자로 등록을 하고 뇌사 가능성이 있는 환자라고 해도 그러한 절차를 밟지 않아서 뇌사 판정을 받지 못하는 사람도 일정 수 존재한다. 이것이 일본에서 공여자가 적은 원인 중 하나이기도 하다. 이러한 절차가 모든 병원에서 잘 이루어진다면 이식할 수 있는 공여자의 장기가 조금 더 늘어날 수 있고, 그로 인해 살릴 수 있는 생명도 늘어날 것이다.

이식용 심장은 어떻게 옮기나요?

아이스박스에 넣어서 옮긴다.

심장 이식을 할 때는 멀리 떨어진 병원까지 공여자의 심장을 받으러 가야 한다. 공여자의 심장은 특수한 약으로 완전히 움직이지 않게 한 후 적출해 전용 용기에 담아 운반한다. 주변 온도가 낮을수록 심장의 상태가 오래 유지되기 때문에, 전용 용기에는 얼음이 들어 있거나 용기 자체가 낮은 온도를 유지하도록 설계되어 있다. 외관은 바비큐를 하러 갈 때 사용하는 아이스박스와 비슷하다. 속은 고기가 아니라 심장이지만. 뭐, 심장도 일종의 고기이긴 하다.

최근에는 심장의 움직임을 멈추지 않고 운반할 수 있는 기계가 개발되어 실제 사용되고 있다. 이 기계를 사용하면 산소와 영양이 들어 있는 혈액을 심장에 계속 공급할 수 있기 때문에 심장이 몸 밖으로 나갔다는 사실을 모른 채 계속 움직인다.

지금까지 공여자의 심장은 상태의 문제로 6시간 이내에 운반하고 이식해야 했지만 이 기술로 인해 그 시간을 연장할 수 있다고 한다. 장기적으로는 더 많은 사람이 이식을 받을 수 있게 될지도 모르겠다.

아마도 이렇게 몸 밖에서 움직이는 심장을 보면 깜짝 놀랄 것이다. 심장이 튀어나올 정도로.

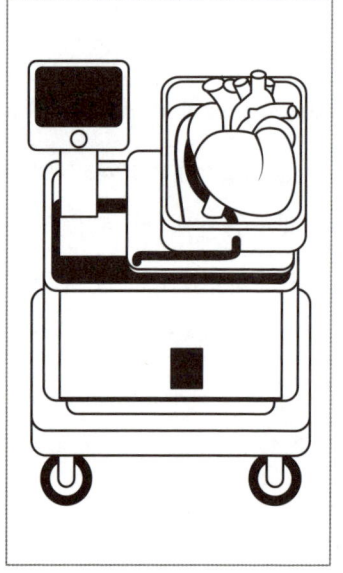

이식한 심장은 언제 움직이기 시작하나요?

피가 흘러 들어가면 움직이기 시작한다.

인간의 장기가 제 기능을 하려면 혈액이 필요하다. 혈액이 장기의 에너지원인 산소와 당분을 세포로 보내주기 때문이다.

한마디로 혈액이 흐르고 있으면 장기와 세포는 계속 움직인다. 심장을 이식할 때 혈관은 연결하지만 신경은 연결하지는 않는다. 신경이 연결되지 않아도 이식한 심장에 혈액이 흐르면 심장은 저절로 움직이기 시작한다.

심장은 대부분 근육이지만 일부 리듬을 만드는 세포가 있다. 혈액이 흐르면 이 리듬 세포가 작동해 전기 신호를 만들어내고, 전체 근육이 이에 반응해서 심장이 리듬에 맞추어 움직이는 것이다. DJ가 비트를 쪼개면 클럽 안이 들썩거리는 것과 비슷한 느낌이다. 만약 이 리듬 세포가 제대로 작동하지 않으면 일시적으로 심박 조율기라는 기계를 달아, 그곳에서 나오는 전기 신호로 심장을 움직이게 하기도 한다. 어찌 되었든 뇌(신경)가 지령을 내리지 않아도 심장은 움직일 수 있다.

이처럼 심장은 신경이 연결되어 있지 않아도 자신의 힘으로 계속 움직이면서 우리 몸을 지탱해 주고 있는 소중한 존재다. 마음이 통하는 진정한 친구인 것이다.

079 심장 이식을 할 때 몸의 크기도 영향을 주나요?

영향을 준다.

심장을 이식할 때 심장을 기증하는 사람(공여자)과 심장을 받는 사람(수혜자)의 신장과 체중이 비슷한 것이 가장 이상적이다.

키가 2m인 수혜자에게 신장 130cm인 공여자의 심장을 이식한다고 생각해보자. 원래는 작은 몸에 피를 보내주면 되었는데 갑자기 큰 몸 전체에 피를 보내다 보면 심장이 지칠 가능성이 있다.

심장 크기는 몸 크기에 비례하기 때문에 키가 큰 사람은 심장도 크다. 반대로 키가 작은 사람은 심장도 작다. 그래서 키가 130cm인 수혜자에게 키가 2m인 공여자의 심장을 이식하면 작은 몸 안에 큰 심장이 들어가지 않을 수도 있다. 그렇게 되면 새로 넣은 심장이 너무 커서 가슴을 닫지 못한다.

이렇게 심장 크기가 몸과 맞지 않는 일이 없도록 심장 이식 전에는 반드시 키와 몸무게, 나이, 성별 등을 통해 공여자와 수혜자의 심장 크기를 계산한다. 그리고 이 정도 크기 차이가 나도 괜찮은지 이야기하고 심장을 받을지 여부를 결정한다. 밤 중에 심장 이식 연락이 오는 경우가 많아서 졸린 눈을 비비며 이런 논의를 하고 있다.

앞으로 돼지의 심장을 이식하는 일이 많아질까요?

잘 모르겠다.

2022년, 미국에서 돼지 심장 이식이 화제가 되었다. 메릴랜드 대학교 의료센터에서 세계 최초로 돼지 심장을 인간에게 이식하는 수술이 시행되었다.

심장 이식 수술에는 현재 두 가지 과제가 있다. 첫 번째는 심장 공여자(심장을 기증하는 사람)를 찾지 못해 이식을 기다리는 시간이 길다는 점이다. 현재 일본에서는 심장 이식을 받기까지 평균 3년 이상 대기해야 한다. 두 번째는 이식 후에 거부 반응이 발생할 가능성이 있다는 점이다. 거부 반응이란 몸에서 새로운 심장을 이물질이라고 인식하고 공격해서 힘들게 이식한 심장 기능에 문제가 생기는 것이다.

이번 돼지 심장 이식에는 거부 반응이 쉽게 일어나지 않도록 특수한 방법으로 사전에 준비한 돼지를 사용했다. 돼지의 심장은 비교적 단시간 안에 준비할 수 있기 때문에 공여자를 기다릴 필요가 없고, 거부 반응을 일으키지 않는다는 장점이 있다. 그래서 심장 이식 시 발생할 수 있는 두 가지 심각한 문제를 이론적으로는 해결할 수 있다.

그런데 안타깝게도 이식을 받은 환자는 수술 후 2개월 후에 사망했다. 돼지 장기를 이식하는 것은 윤리적 관점에서 금기시하는 사람도 많고, 안전성 문제, 금전적 문제 등 아직 해결해야 할 과제가 많지만, 이러한 의료 기술의 발달로 많은 이식 대기 환자들의 생명을 구할 수 있기를 바란다.

 원래 심장을 꺼내지 않고 새로운 심장을 이식하면 어떻게 되나요?

심장이 두 개가 된다.

심장 이식이란 원래 심장을 꺼내고 그 자리에 새로운 심장을 넣는 것이 일반적이다. 하지만 매우 드물게 원래 심장은 남겨두고 새로운 심장을 추가하는 수술을 하기도 한다. 이 경우 한 사람의 몸에 심장이 두 개 있는 상태가 된다. 이 수술은 새로운 심장뿐 아니라 예전 심장도 함께 사용해 더 강한 힘으로 몸과 폐에 혈액을 보내야 하는 어린이의 특수한 심장병을 치료하기 위해 시행된다.

가슴 안 공간은 한정적이기 때문에 심장 두 개를 같은 자리에 넣는 것은 꽤 어렵다. 또, 일반적인 심장 이식 수술에서도 이식할 심장이 예상보다 클 경우 공간이 부족해 들어가지 않는 일이 극히 드물지만 발생한다. 이럴 때는 억지로 가슴을 닫을 수는 없으니 심장의 일부가 흉곽 밖으로 튀어나온 상태로 수술을 마치고 시간이 지나 심장이 작아진 후에 가슴을 닫는다.

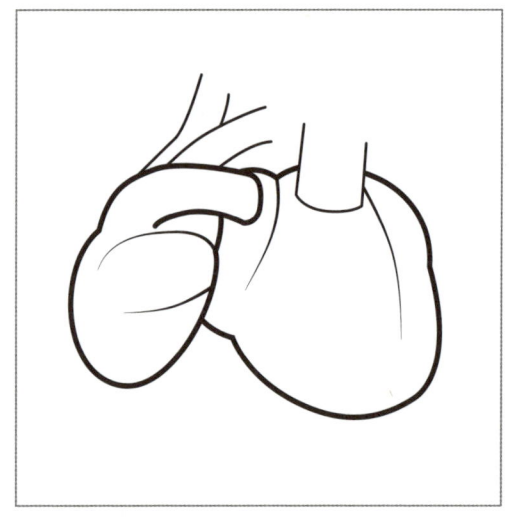

한편, 신장과 같은 다른 장기를 이식할 때는 원래의 신장을 그대로 둔 채, 완전히 다른 위치에 새로운 신장을 이식하는 것이 일반적이다. 추측이기는 하지만 심장도 다른 장기와 마찬가지로 가슴이 아닌 복부 등 다른 부위에 이식하는 수술이 과거에 시도된 적이 있지 않을까.

실제로 동물을 이용한 의학 실험 등에서는 심장을 복부의 혈관에 연결하는 수술이 자주 시행된다.

> 일본의 애니메이션 영화 〈도라에몽: 노비타의 마계대모험〉에 나오는 마왕의 심장은 가슴도 복부도 아닌 우주 공간에 떠 있다. 정말 신기하다.

심장 이식을 하면 공여자의 기억도 옮겨지나요?

그런 일은 없다.

이식 수술을 하면 성격이나 행동이 바뀌거나 공여자(심장을 기증하는 사람)의 기억까지 옮겨간다는 이야기가 〈기적 체험! 언빌리버블〉과 같은 프로그램에서 자주 나온다. 하지만 기억은 뇌에서 관장하는 기능이기 때문에 심장을 이식받았다고 해서 공여자의 기억까지 옮겨오는 일은 없다.

다만 이식 수술 자체가 상당히 큰 수술이기 때문에 환자의 몸과 마음에 큰 영향을 주고 새로운 심장을 이식한 몸에는 반드시 변화가 일어난다. 이식 후 다양한 약을 추가로 복용하는 등 수술 전과는 신체적으로도 정신적으로도 변할 수밖에 없다. 그래서 수술 전후로 음식 취향이나 사고방식이 달라지는 것은 공여자의 기억이 옮겨온 것이라기보다는, 여러 가지 영향이 복합적으로 작용한 결과라고 보는 것이 의학적으로는 타당하다.

그런데 그런 기적 같은 체험담을 이야기하는 사람에게 그건 의학적으로 말도 안 된다고 말하는 것도 예의가 아니고, 그 사람이 그렇게 느꼈다면 진실일 수도 있다고 생각한다.

심장 이식을 하기 위해 미국으로 가는 이유는 무엇인가요?

일본은 심장 이식 건수가 적으니까.

일본에서 1년에 이루어지는 심장 이식은 60~100건. 미국에서는 연간 4,000건이나 시행된다. 약 40배 이상 차이가 난다. 일본은 미국에 비해 심장 이식 건수가 훨씬 적다. 일본에서 심장 이식이 많이 이루어지지 않는 이유는 돈, 시스템, 교육, 생명에 대한 가치관, 국민성 등 여러 요소가 얽혀 있지만 심장을 기증하는 사람(공여자)이 적다는 점도 큰 이유다(왜 공여자가 적은지는 다음 페이지에서 설명하겠다). 어린이는 특히 이식 건수가 적기 때문에 일본에서는 아무리 기다려도 공여자가 나타날 가능성이 높지 않다. 그래서 미국으로 가서 이식을 받는 경우가 많다.

미국은 의료비가 매우 비싸서 중환자실(ICU)에 입원하면 하룻밤에 100만 엔 이상 들기도 한다. 미국에 가서 심장 이식을 받으려면 그 외에도 전용기 이동 비용, 약값, 수술비, 현지 코디네이터 비용 등 여러 가지 비용이 추가로 발생한다. 게다가 미국 의료 보험에 가입되어 있지 않기 때문에 치료비는 전액 자비로 부담해야 한다. 결과적으로 미국에서 이식을 받으려면 수억 엔에 달하는 비용이 필요하다.

돈을 많이 낸다고 해서 이식을 더 빨리 받을 수 있는 것은 아니다. 다른 사람들과 같은 조건으로 미국에 도착한 뒤에 여전히 대기해야 한다. 하지만 미국은 심장 이식 건수가 많아 기다리는 시간이 일본에 비해 압도적으로 짧다. 앞으로 일본 국내에서도 공여자와 심장 이식에 관한 관심이 높아져 더 많은 사람이 해외에 나가지 않고도 곧바로 심장 이식을 받을 수 있는 날이 오기를 바란다.

일본에서 심장 이식 건수가 적은 이유는 무엇인가요?

공여자가 적은 것도 하나의 이유다.

심장을 이식하려면 심장을 기증하는 사람(공여자)이 필요하다. 뇌사 판정을 받은 사람만이 공여자가 될 수 있다. 뇌사란 심장은 건강하게 움직이고 있지만 뇌 기능은 완전히 정지되어 회복 가능성이 없다고 판단되는 상태다.

어떻게 해야 일본에서 공여자가 늘어날 수 있을까?

일본에서 공여자가 압도적으로 적은 이유는 다양하다. 미국에 비해 교통사고나 총기사고로 인해 발생하는 뇌사가 적다는 점, 이식과 공여자에 대한 이해 부족, 낮은 관심, 공여자 등록에 대한 본인과 가족의 거부감 등이 있다. 뇌사라고 판정하려면 환자 가족과 이야기하고 추가 검사를 해야 하는 등 다양한 절차가 필요하다. 그런데 반드시 뇌사 판정을 해야 한다는 명확한 규정은 없고 의사의 재량에 맡겨진다. 때문에 병원과 의사 입장에서는 환자가 공여자 등록을 했고 뇌사 가능성이 있어도, 뇌사 판정 절차를 진행하지 않는 경우도 있다.

공여자 등록을 한 사람이라면 반드시 절차를 거쳐 뇌사 판정을 해야 한다는 규정이 생기거나, 뇌사 판정의 복잡한 절차를 대행해주는 제도를 마련하는 등 다양한 변화를 준다면, 일본도 공여자가 늘어나 심장 이식 건수가 증가할 것이다.

미국에서 심장 이식을 받으려면 왜 5억 엔이나 드나요?

이래저래 돈 드는 곳이 많다.

미국 등 해외로 가서 심장 이식을 받는 것을 '해외 원정 이식'이라고 한다. 환자의 상태에 따라 그 비용은 달라지지만 입원비나 수술비를 포함한 치료비가 대부분을 차지하며 병원에서 청구하는 금액은 대략 3억 엔에서 4억 엔 정도다. 어디에 그렇게 많은 돈이 드는지는 정확한 내역은 알 수 없지만 미국 전역을 찾아보면 더 저렴한 가격으로 심장 이식을 받을 수 있는 병원이 있을지도 모른다. 하지만 일본에서 온 이식 환자를 받아본 경험이 있는 병원이나 일본과 연계가 있는 병원에 주로 의뢰하기 때문에 여러 병원을 비교해서 가장 저렴한 곳을 선택하기는 현실적으로 어렵다.

또한, 현재 문제가 되는 것은 미국에 간 후 이식을 기다리는 동안 입원이 필요하거나 이식 후 입원이 길어져 예상보다 큰 비용이 발생하는 경우다. 이럴 때는 처음에 낸 비용 외에 추가로 돈을 내야 하며 그 금액은 수억 엔에 이르기도 한다. 해외 원정 이식을 받을 때 이러한 부분이 문제가 될 수 있다.

이러한 문제를 해결할 수 있는 가장 좋은 방법은 자국내에서 심장 이식이 더 많이 시행되는 것이다. 이 책을 읽고 있는 독자 중에 심장 이식에 별로 관심이 없는 사람이 있다면 꼭 마음을 고쳐먹고 관심을 가지기를 바란다. 마음을 고치는 심장 이식에 말이다.

기계로 만든 심장이 있나요?

있다.

심장이 제 기능을 하지 못하는 경우, 심장의 움직임을 돕기 위해 기계로 만든 인공 심장을 이식하기도 한다. 현재 주로 사용하는 인공 심장은 어디까지나 심장의 움직임을 보조하는 역할을 하기 때문에, 심장은 그대로 남겨두고 그 위에 인공 심장을 장착한다. 드물게 심장을 완전히 제거하고 인공 심장으로 교체하는 수술을 하기도 한다.

심장 이식 수술이 없어질 가능성

인공 심장과 심박 조율기는 모두 심장에 부착해 사용하는 기계지만 목적도 힘도 전혀 다르다. 심박 조율기는 약한 전류를 흘려보내 심장의 리듬을 만들어준다. 인공 심장은 심장에서 혈액을 빼내어 강한 힘으로 온몸에 보내는 힘든 작업을 계속해서 한다. 심박 조율기의 배터리는 충전 없이 약 10년 정도 사용할 수 있지만, 인공 심장은 약 17시간 정도 지나면 배터리가 방전되기 때문에 항상 충전해 두어야 한다.

충전 케이블은 인공 심장에서 피부를 뚫고 몸 밖으로 나와 배터리와 연결되어 있다. 이 케이블은 피부를 관통한 상태이므로 세균이 들어갈 위험이 있고, 환자의 행동에도 큰 제약이 따른다. 그래서 케이블 없이도 충전할 수 있는 인공 심장을 개발하고 있다. 무선 충전 스마트폰이 개발된 걸 보면 충전 케이블 없는 인공 심장도 충분히 가능할 것이다. 앞으로 더 성능 좋은 인공 심장이 개발된다면 심장 이식 수술은 사라질지도 모른다. 그렇게 되면 정말 좋겠다.

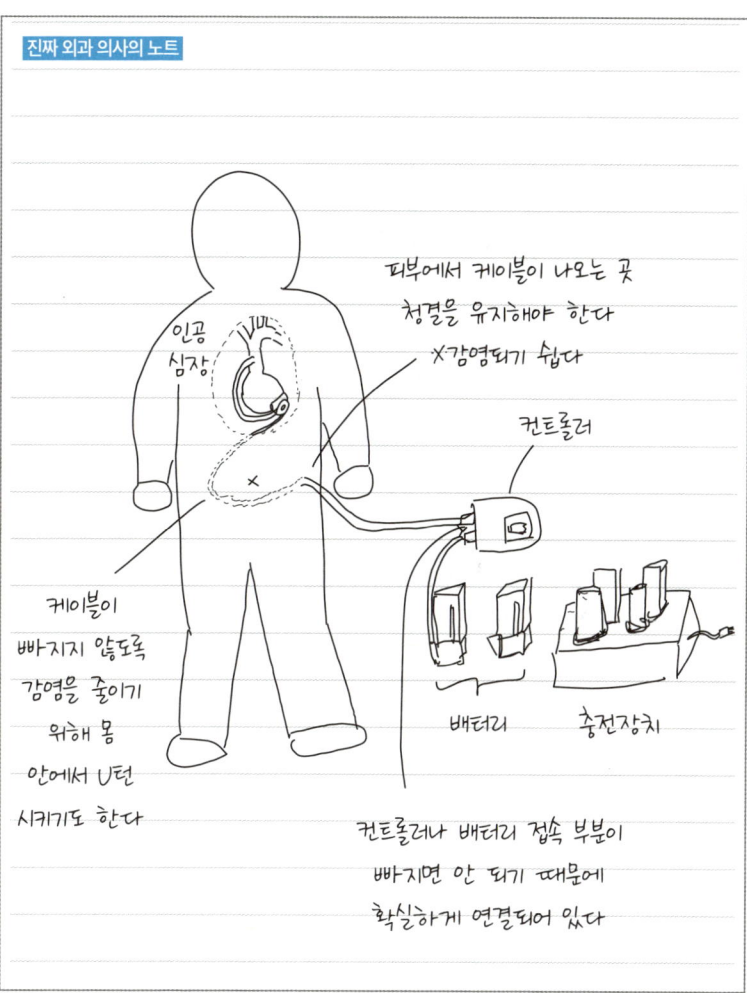

수술하다가 피가 나면 어떻게 지혈하나요?

전기 메스로 지지거나 클립으로 집거나 실로 꿰맨다.

수술 중에 혈관이 손상되면 그 부위에서 출혈이 발생할 수 있다. 눈에 보이는 혈관 굵기는 1mm 이하부터 3cm 정도까지 다양하며 지혈 방법도 각각 다르다.

1~3mm 정도의 혈관이라면 전기로 열을 발생시키는 '전기 메스'라는 도구로 지혈할 수 있다. 출혈 부위를 열로 지져서 막는 방법으로 납땜과 비슷하다고 할 수 있다.

3~5mm 정도의 혈관은 작은 클립으로 집어서 지혈한다. 클립 때문에 혈류가 멈추지만, 이 정도 굵기의 혈관이라면 피가 흐르지 않아도 큰 문제는 없다.

5mm 이상의 혈관은 실과 바늘을 이용해 상처를 꿰매서 지혈한다. 완전히 분리된 혈관이라도 바늘과 실로 절단된 단면을 연결할 수 있다. 또한, 3cm 정도 되는 큰 혈관에 1cm 정도의 큰 구멍이 생겼을 때도 천 조각처럼 생긴 특수한 소재를 덧대고 바늘이 달린 봉합사로 꿰매어 막을 수 있다. 마치 찢어진 청바지에 덧댄 패치워크 같은 느낌이다. 실 사이로 피가 새지 않도록 촘촘하게 꿰매지만 혹시라도 피가 새어 나오면 추가로 꿰매서 완전히 지혈할 수 있다.

출혈이라는 말은 심장외과 의사들이 가장 싫어하는 단어로 뉴스나 신문에서 '출혈 경쟁'이라는 말을 볼 때마다 오싹해질 정도다. 이 표현은 손해도 감수하고 치열하게 경쟁한다는 말인데 가능하다면 '지혈 경쟁'이라는 말로 바꾸고 싶을 정도다.

진짜 외과 의사의 노트

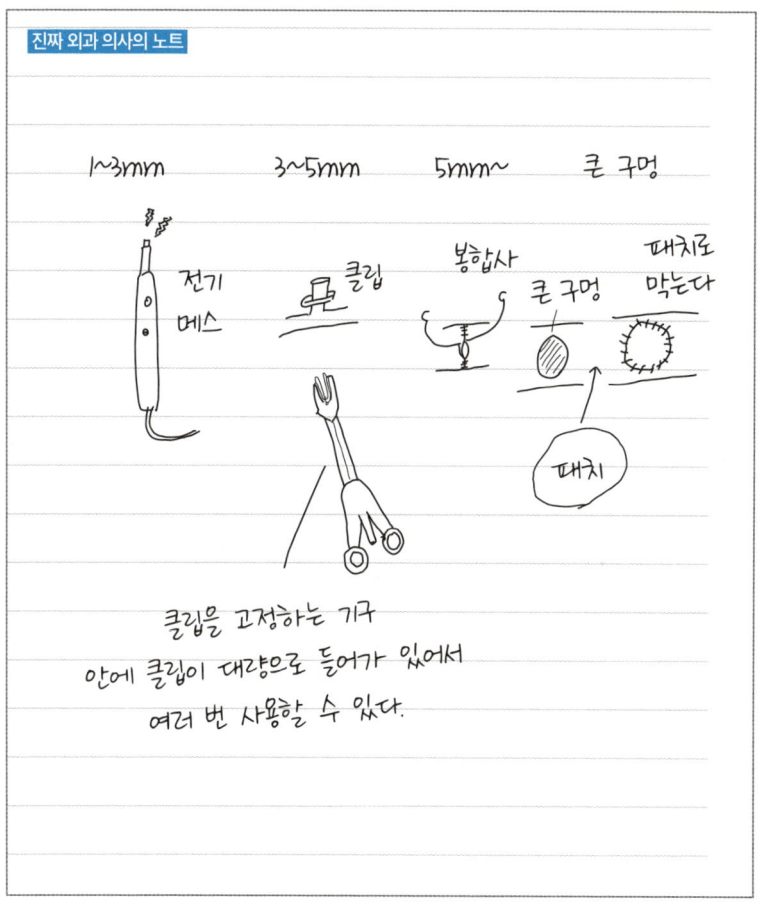

지혈하는 동안 피가 계속 나오진 않나요?

봉합하는 동안에는 혈액의 흐름을 멈추기 때문에 피는 나오지 않는다.

끊어진 혈관을 이어 붙이는 작업은 피가 쏟아져 나오는 상태에서는 도저히 할 수 없다. 호스에서 세차게 물이 뿜어져 나오는데 젖지 않고 막으려는 것과 같은 상황이기 때문에 애초에 불가능하다. 혈관을 이을 때는 먼저 클립 같은 도구로 혈관을 집어 일시적으로 혈류를 멈춘 후에 작업한다. 우리 외과 의사들은 이 과정을 '차단'이라고 부른다(그림 ❶). 혈관을 차단하면 봉합이 훨씬 쉬워진다. 하지만 여기에는 두 가지 주의할 점이 있다.

첫 번째는 혈전이 생기지 않게 하는 것이다. 피는 한곳에 머무르면 굳는 성질이 있다. 피부에 상처가 나면 저절로 피가 멎고 아무는 것도 이 때문이다. 혈류를 차단하면 피가 흐르지 않아 혈전이 생길 위험이 있다. 혈전이 혈관을 따라 흘러 다니다 뇌나 다른 장기의 혈관을 막으면 큰 문제가 생긴다. 이것을 막기 위해 혈류 차단 전에 피를 묽게 만드는 약을 사용한다.

두 번째는 해당 장기로 가는 혈류를 확인하는 것이다. 그 혈관을 통해서만 혈액을 공급하는 장기가 있다면 그 혈관은 차단해서는 안 된다. 그런 혈관을 차단하면 장기는 혈액이 부족해 손상을 입고 결국에는 사망에 이른다. 따라서 차단 전에 해당 혈관 외에도 그 장기로 혈액을 보내는 다른 혈관이 있는지를 반드시 확인해야 한다(그림 ❷).

이 외에도 체온을 낮추면 장기 손상을 줄일 수 있기 때문에 수술 중 몸 옆에 얼음을 놓아 체온을 낮추기도 한다. 심장 수술을 할 때는 심장으로 가는 혈류를 멈추어야 하는데 과거에는 심장 손상을 줄이기 위해 수술 도중 환자를 얼음물에 담가서 식히는, 지금은 상상할 수 없는 방법이 실제로 사용되기도 했다.

> 진짜 외과 의사의 노트

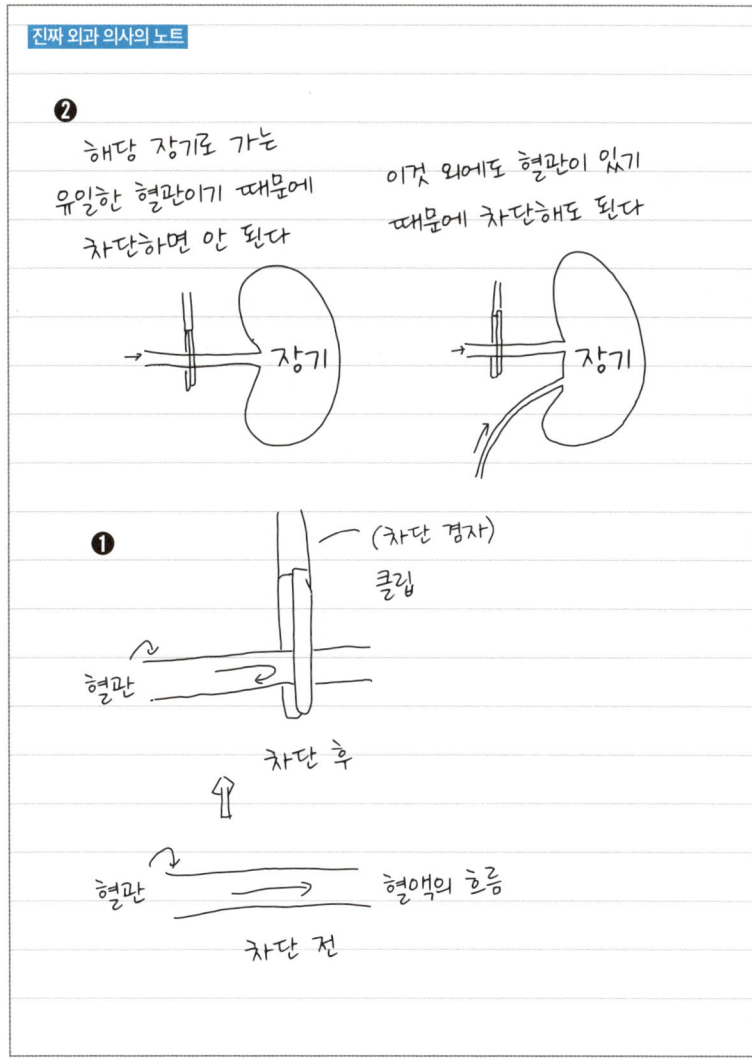

봉합한 혈관에서 피가 새는 일은 없나요?

없다. 새지 않게 봉합한다.

혈관끼리 이어 붙일 때는 하나의 긴 봉합사를 사용해 오버로크 방식으로 봉합한다(노트 참고).

혈관 안에는 많은 혈액이 흐르고 있지만 실로 잘 봉합하면 실 사이로 혈액이 새지 않는다. 왜냐하면 실의 압력에 따라 혈관 자체 조직이 서로 밀착되어 혈액이 샐 수 있는 틈을 막기 때문이다.

동맥과 정맥의 봉합 방식 차이

봉합할 때 땀의 간격은 조직의 강도나 부위에 따라 다르다. 동맥은 혈액의 흐름이 빠르고 거세기 때문에 자르면 혈액이 솟구친다. 그래서 봉합할 때는 1mm 정도의 간격으로 촘촘하게 봉합해야 한다. 한편 정맥은 혈액의 흐름이 약해 천천히 스며져나오기 때문에 간격을 1cm 정도로 넓게 하거나 동맥의 절반 정도 힘으로 봉합해도 문제되지 않는다. 실 사이로 피가 새어나오더라도 그 부분을 추가로 꿰매면 대부분의 경우 피가 멈춘다.

진짜 외과 의사의 노트

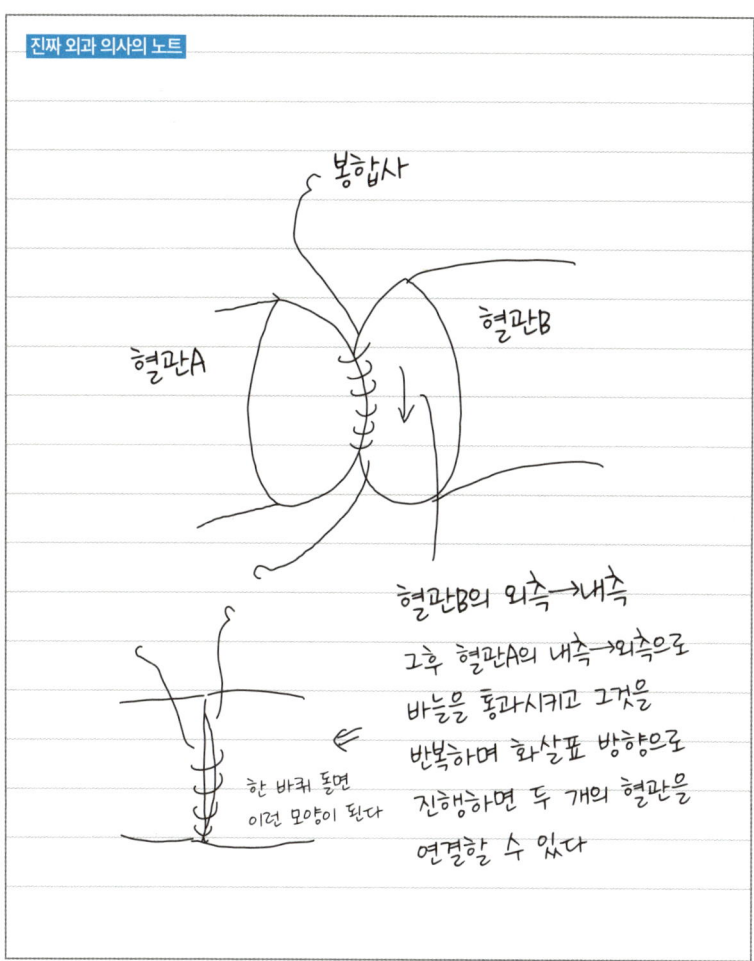

090 혈관을 봉합하는 동안 혈관 내부로 공기가 들어가면 어떻게 하나요?

공기를 빼는 과정이 있어서 괜찮다.

혈관 안에 공기 방울이 들어가면 그것이 혈관을 따라 흘러가다가 혈관 깊숙한 곳에 껴서 혈액의 흐름을 막을 수 있다. 따라서 혈관과 혈관을 연결할 때는 공기를 빼야 한다.

몸의 위쪽에서 아래쪽으로 흐르는 혈관을 절단한 후 다시 연결해야 하는 수술을 상상해 보자(노트 참고). 먼저 위아래 혈관의 끝을 클립 같은 도구로 집어 혈류를 일시적으로 차단하고 그다음 실로 하나하나 꿰매서 혈관을 연결한다. 이때 봉합이 끝난 실을 완전히 조이지 않고 약간 느슨하게 틈을 만든 후 봉합을 마무리하는 것이 핵심이다. 그 상태에서 위쪽 혈관의 클립을 먼저 풀면 혈관 안에 있던 공기가 혈액과 함께 그 틈 사이로 빠져나온다. 공기가 완전히 빠져나간 뒤 실을 당겨 틈새가 없도록 조이면 된다. 마지막으로 실을 묶고 아래쪽 클립을 풀면 끝이다.

수술을 안전하게 수행하기 위한 고민

심장 수술을 할 때도 같은 방식으로 공기를 제거하지만 수술 범위가 넓어서 공기를 완전히 제거하기 어려운 경우도 있다. 이럴 때는 미리 심장 안에 이산화탄소를 불어넣어 공기가 들어가지 않도록 조치를 해둔다. 이산화탄소는 일반적인 공기와 달리 혈액에 잘 녹기 때문에 혹시 혈관 내에 남아 있어도 혈액에 흡수되므로 혈액의 흐름을 막을 가능성이 크지 않다. 이렇게 수술을 안전하게 하기 위해 외과 의사들은 항상 다양한 상황을 고려하고 긴장을 유지한 채 수술에 임한다. 공기를 제거하는 작업도 매우 중요하지만 외과 의사의 스트레스를 제거하는 일도 꼭 필요하다.

진짜 외과 의사의 노트

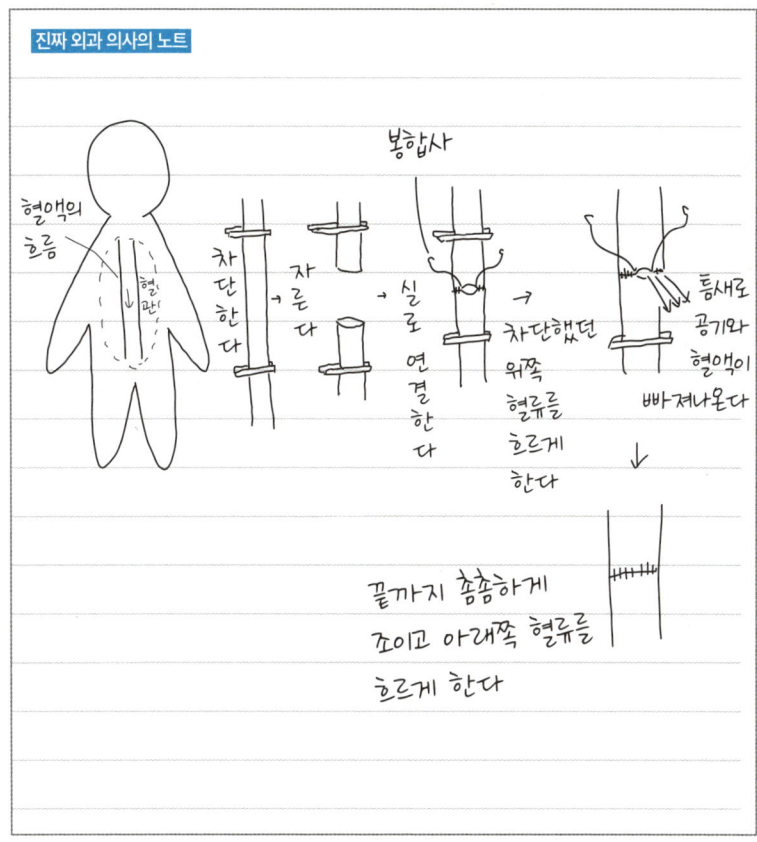

상처를 풀로 붙이기도 하나요?

한다.

피부에 생긴 상처를 봉합하는 방법에는 몇 가지가 존재한다. 가장 일반적인 방법은 실과 바늘을 사용해 봉합하는 방법이다. 평범하게 실이 밖에서도 보이도록 꿰매는 방법, 겉으로 봤을 때 실과 매듭이 보이지 않도록 투명한 실을 사용해 피부 바로 아래를 꿰매는 방법이 있다.

붙기만 하면 뭐든 괜찮다

그 외에도 특수 테이프나 접착제를 사용해 피부를 봉합하는 방법도 있다. 접착제는 상처 안에 바르는 것이 아니라 상처를 닫고 그 위에 발라 굳히는 방식이다. 상처는 붙어 있기만 하면 자연스럽게 낫기 때문에 일정 시간 붙어 있게 할 수 있으면 실이든 테이프이든 접착제든 뭘 써도 상관없다.

상처를 청결한 의료용 스테이플러로 고정하기도 한다. 수술 후 상처를 스테이플러로 닫고 며칠 뒤 병실에서 그 스테이플러를 제거하는 일은 보통 젊은 외과 의사가 한다.

예전에 병원 직원들과 회식 자리에서 사이가 좋아 보이던 젊은 외과 의사와 신입 간호사가 "호치키스? 여기 키스?"라며 장난을 치는 모습을 본 적이 있는데 두 사람의 사이가 이런 말장난으로 달라붙으면 어떡하나 걱정했다.

진짜 외과 의사의 노트

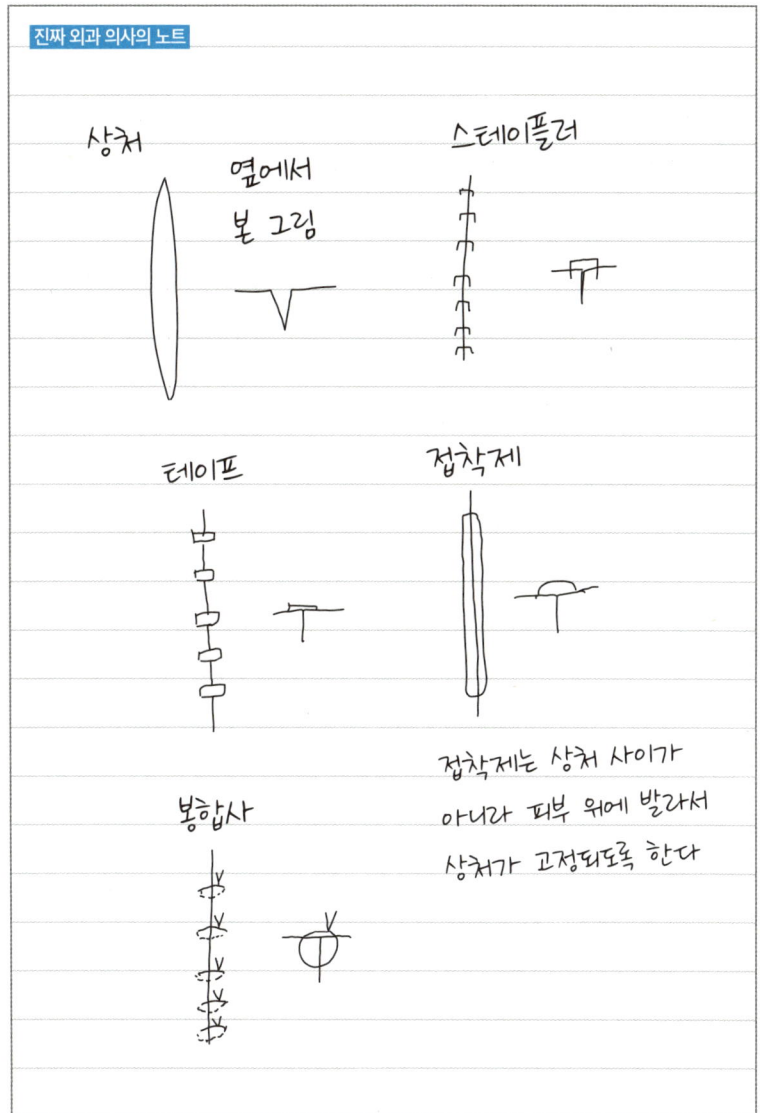

실로 혈관을 봉합할 때 무엇을 조심해야 하나요?

실이 엉키지 않게 한다.

봉합할 때 하나의 실을 사용해서 혈관을 꿰매는데, 도중에 실이 엉켜버리면 처음부터 다시 꿰매야 할 수도 있다. 따라서 그런 상황이 생기지 않도록 미리 예방하는 것이 중요하다.

주의해야 할 점은 두 가지다.

첫 번째는 실이 잘 보이도록 해야 한다는 점이다. 신체 내부에는 여러 장애물들이 있어 실을 눈으로 확인하기 힘들 때가 있다. 그럴 때는 장애물을 치우거나 각도를 바꾸어서 실이 잘 보이게 해야 한다.

두 번째는 상상해야 한다는 점이다. 실이 지금 어디에 있고 다음에는 어디로 가야 할지 머릿속으로 그려봐야 한다. 이렇게 하면 실이 순간적으로 보이지 않더라도 어느 정도 위치를 예측해서 엉킴을 방지할 수 있다.

보조의로 수술에 참여할 경우는 집도의가 봉합할 때 실이 엉킬 것 같으면 바로 말해야 한다. 엉킬 것 같은데도 확신이 없어서, 괜히 말했다가 혼날까 봐 말하지 않고 그냥 넘겼다가 나중에 엉켜서 후회하는 일이 종종 있다. 이상하다 싶으면 바로 말하는 것이 가장 중요하다.

수술할 때는 이런 커뮤니케이션 능력도 필요하므로 평소에 주변 사람들과도 잘 엮일 수 있도록 더 적극적으로 노력해야 한다.

093 수술할 때 사용한 실은 평생 몸속에 남나요?

남는다.

수술에서 혈관과 장기를 연결할 때 사용한 실은 몸속에 평생 남는다. 만약 혈관을 이어주는 실이 중간에 사라져 버리면 그곳에서 출혈이 발생해 큰일이 날 수도 있다. 수술이 끝나고 시간이 어느 정도 지나면 실이 없어도 상처가 벌어지지 않을 정도로 아물지만 그래도 실은 사라지지 않고 계속 남는다.

과거에 심장 수술을 받은 적이 있는 사람이 재수술할 때 과거 수술에서 사용한 것으로 보이는 실이 심장 부근에 남아 있을 때도 있었다. 그 실의 상태를 보면 전에 수술했던 의사가 무슨 생각으로 어떤 수술을 했는지를 상상할 수 있다. 한 번도 본 적 없는 과거의 집도의와 교환 일기를 쓰고 있는 듯한 느낌이다.

녹는 실도 있다

실의 종류에 따라 몇 개월이 지나면 녹아서 사라지는 것도 있다. 그런 실은 피부 아래의 근육이나 지방을 일시적으로 이어 붙이는 데 사용한다.

혈관을 꿰매는 실은 튼튼하지만 실을 묶는 도중에 이상한 방향으로 힘을 주면 끊어질 때도 있다. 젊은 외과 의사가 그렇게 해서 실을 끊어버리면 엄청나게 혼이 난다. 또, 선배 의사가 이 실은 절대 끊어지지 않게 하라고 말하면 오히려 더 긴장해서 실수로 끊어버리는 일도 수술실에서는 흔히 있는 일이다.

094 심장 수술을 할 때 가장 피가 잘 나는 곳은 어디인가요?

뼈.

심장 수술은 제일 먼저 가슴 정중앙의 뼈를 절반으로 자르고 마지막에는 이 뼈를 다시 닫아야 한다. 뼈를 닫기 위해서 몇 개의 와이어를 뼈에 꽂아 묶는 방식을 주로 사용한다. 그런데 뼈 안에도 혈관이 있다. 와이어를 박은 구멍에서 피가 나와 곤란할 때가 있는데, 그런 상황에서의 대처법은 다음 세 가지다.

첫 번째는 와이어를 꽂은 부분의 구멍을 막는 방법이다. 와이어를 꽂은 뼈 주변에 실을 걸어 피가 나는 구멍을 막는다(그림 ❶).

두 번째는 뼈 전체를 묶는 방법이다. 굵은 실과 바늘로 뼈 자체를 단단히 묶어 출혈을 막는다(그림 ❷).

세 번째는 무슨 수를 써서라도 무조건 출혈을 멈추게 한다.

외과 의사 중에는 완전히 멈추지 않아도 아마 곧 멈출 거라고 낙관적으로 생각하고 수술을 마무리하는 의사도 있다. 실제로 피는 응고되는 성질이 있어서 가벼운 출혈은 자연스럽게 멈춘다. 피부에서 난 피가 저절로 멎는 것도 이 때문이다. 하지만 개중에는 피가 멈추지 않을 때도 있다.

심장 수술 후 출혈 중에 가장 흔한 것이 뼈에서 발생하는 출혈이다. 내 개인적인 의견이긴 하지만 조금이라도 위험하다면 의사는 절대 '아마도'나 '그럴 것이다'와 같은 말로 상황을 낙관적으로 예측하고 대처해서는 안 된다. 이것은 수술을 잘하고 못하고를 떠나서 외과 의사로서 사고방식의 문제다. 나는 반드시 뼈에서 발생한 출혈이 완전히 멈추어야만 수술을 끝낸다. 독자 여러분도 위에서 말한 세 가지만 기억하면 피를 멎게 할 수 있을 것이다.

진짜 외과 의사의 노트

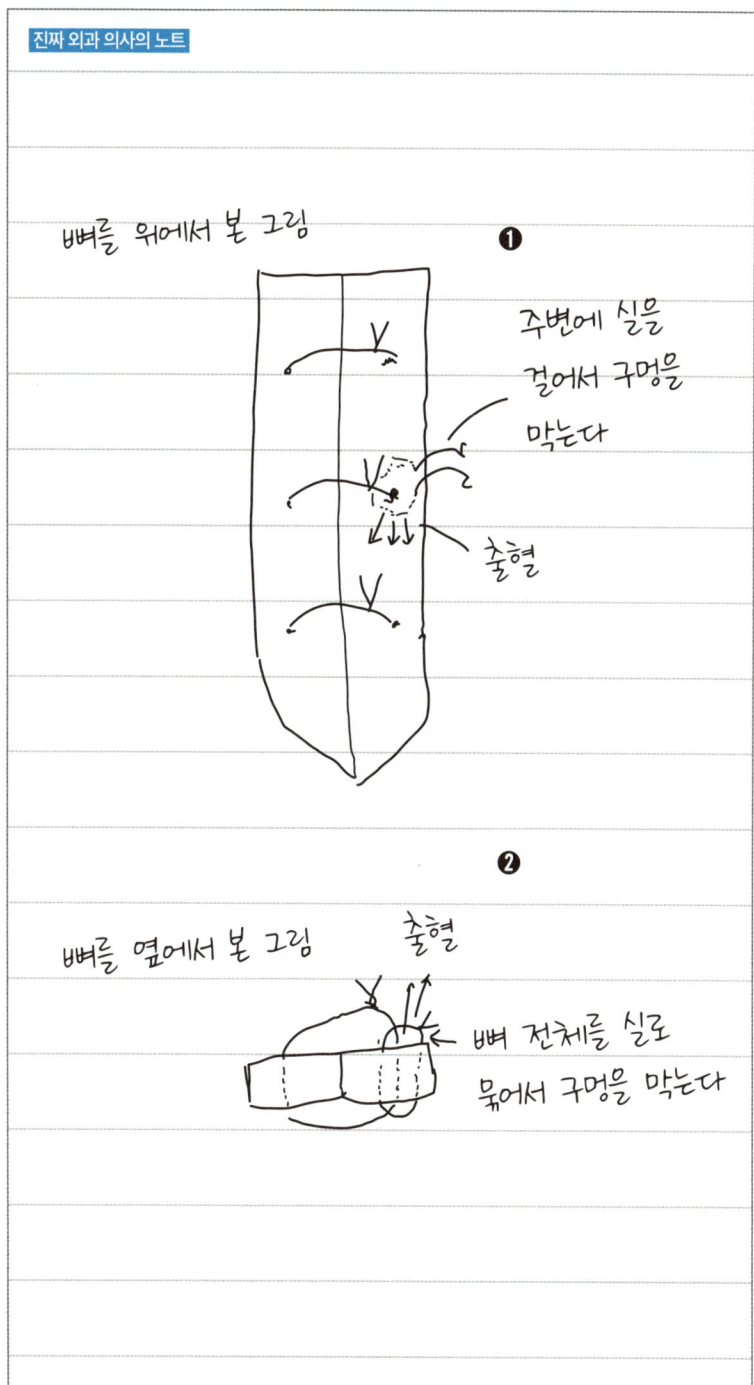

수술할 때 실을 묶는 방법이 따로 있나요?

이렇게 한다.

실을 묶는 방법은 셀 수 없이 많고 외과 의사마다 방식이 다르다. 특히 심장외과에서는 한 손으로 매듭을 만들고 다른 손으로 그 매듭을 밀어 넣는 '한 손 매듭법'을 자주 사용한다.

이때 중요한 것은 결착점(실의 매듭이 생기는 곳)에 너무 압력이 가해지지 않도록 하면서도 단단히 묶어야 한다는 점이다. 왜냐하면 약한 장기에 실이 걸려

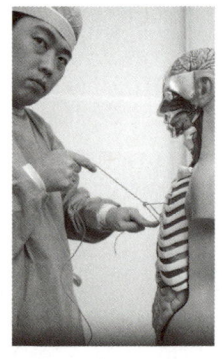

있는데 그곳에 강한 힘이 가해지면 장기 자체가 손상될 수 있기 때문이다.

한 손 매듭법에는 매듭을 짓는 방향에 따라 맞매듭(square knot, 가장 기본적인 매듭법으로 정중앙을 기준으로 위아래가 대칭이며 일본에서는 남자 매듭이라고 불린다-옮긴이), 세로 매듭(granny knot, 손쉽게 풀리는 매듭이라고 해 할머니 매듭이라고도 불리며 일본에서는 여자 매듭이라고 불린다-옮긴이)'이라고 한다. 실이 풀리지 않도록, 이 두 가지 매듭을 번갈아 여러 번 반복하는 것이 일반적이다. 순서와 횟수는 의사마다 다르며, '남-여-남', '남-여-여-남-남', '남-여-남-여-여-남-남-여' 등 다양하다. 젊은 외과 의사 시절에는 선배 의사의 방식과 다르게 묶으면 혼나기 때문에, 상사가 어떤 순서로 묶는지를 유심히 관찰하며 "남, 남, 여, 남..." 하고 중얼거리며 외우기도 했다.

현재는 실을 자동으로 묶어주는 기계가 개발되어 수술 시간이 많이 단축되었다. 최신 기계는 1mm 이하의 가는 실도 순식간에 매듭지을 수 있을 정도로 정밀해졌다.

096 수술 중 보조의가 하는 중요한 역할은 무엇인가요?

물 뿌리는 일이다. 집도의가 봉합할 때 실이 매끄럽게 움직이도록 집도의의 손에 물을 뿌려준다.

이런 형태의 큰 스포이트를 사용해 물을 뿌린다.

물을 뿌릴 때 유의할 사항이 세 가지 있다. 우선은 타이밍이다. 실을 묶기 직전에 물을 뿌리는 것이 가장 좋다. 수술의 순서를 완전히 숙지한 후 사냥감을 노리는 매처럼 그 순간을 조용히 기다려야 한다.

두 번째는 물의 세기다. 물이 너무 세면 세다고 혼나고 너무 졸졸 흐르면 약하다고 혼난다.

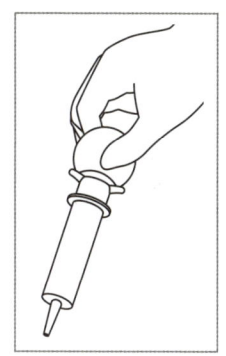

적절한 양과 수압이 있긴 하지만 대부분의 집도의는 항상 더 많이 뿌리라고 하기 때문에 판단이 어렵다면 차라리 물을 여유 있게 뿌리는 편이 낫다. 너무 많다고 혼나더라도 실은 매끄럽게 움직이기 때문에 큰 문제는 발생하지 않는다. 하지만 반대로 물을 적게 뿌리면 혼도 나고 실도 잘 움직이지 않아 최악이다.

세 번째는 배려심이다. 상대(집도의)를 배려하는 마음 하나만 있어도 수술을 100배는 더 부드럽고 원활하게 진행할 수 있다. 물을 뿌리는 단순한 행위를 할 때도 배려하는 마음이 있느냐 없느냐에 따라 인상이 완전히 달라진다.

이 세 가지만 유의하면 당신도 수술 중 실을 묶는 집도의가 만족하도록 물을 뿌려줄 수 있을 것이다.

그딴 걸 굳이 기억할 필요가 있냐고 말하는 사람도 있을 수 있다. 지금 당장은 아니더라도 언제 어떻게 필요하게 될지 모르니 제발, 그런 찬물 끼얹는 소리는 하지 말기를 바란다.

수술할 때 보조의는 몇 명이 필요한가요?

한 명.

수술은 보통 수술을 주도하는 집도의와 바로 앞에서 돕는 제1보조의가 함께 진행한다. 추가적으로 도움이 필요한 경우, 제1보조의 옆에 제2보조의가 참여한다. 대학병원처럼 의대생이나 젊은 외과 의사가 많은 곳에서는 그들이 제3보조의로 수술에 참여하기도 한다.

오늘은 제3보조의의 주의사항을 소개하겠다.

첫 번째는 민폐를 끼치지 말 것. 수술의 흐름을 방해하지 않도록 조심해야 한다. 제3보조의는 집도의의 대각선 뒤쪽에 서서 어깨 너머로 수술을 참관하는 입장이기 때문에 수술대가 잘 보이도록 간호사에게 발판을 가져다 달라고 부탁해야 한다. 간호사가 바쁘지 않을 때 정중하게 부탁하자.

두 번째는 소극적으로 참여할 것. 기회가 된다면 사소한 보조 역할을 한다거나 집도의가 하는 말에 가볍게 맞장구를 치며 나도 조금은 수술에 참여하고 있다는 분위기를 풍기자.

세 번째는 절대 졸지 말 것. 제3보조의는 오랜 시간 별다른 역할 없이 서 있어야 하기 때문에 졸음이 쏟아지기도 하지만 수술 중에는 절대 졸아서는 안 된다.

이 세 가지만 잘 기억한다면 내일부터 완벽한 제3보조의가 될 수 있다. 고급 기술을 하나 소개하자면 마음에 드는 간호사가 있다면 몰래 윙크를 하는 것이다. 이 기술이 제대로 통하면 수술의 성공은 물론이고 연애도 성공할 수 있을지 모른다.

혈관이 파열되기도 하나요?

한다.

큰 혈관이 터지는 병을 '대동맥 파열'이라고 한다.

대동맥 파열 수술에서 핵심은 두 가지다.

첫 번째는 터진 부위를 교체하는 것이다. 말 그대로 파열된 부분을 잘라내고 인조 혈관으로 대체하는 방식이다.

두 번째는 몸을 차갑게 식히는 것이다. 인조 혈관으로 교체하려면 심장에서 나오는 혈류를 일시적으로 차단해야 한다. 하지만 심장을 멈추면 뇌로 가는 혈액도 멈춘다. 뇌세포는 혈액 공급 없이 약 5분밖에 버티지 못하므로 그 상태로 오래 두면 곧 사망에 이를 수 있다. 이를 막기 위해 체온을 낮춘다. 체온이 낮아지면 혈액이 공급되지 않아도 버틸 수 있는 시간이 늘어난다. 체온을 20도까지 낮추면 뇌에 20분 정도 피가 공급되지 않아도 큰 문제는 없다. 수술 중 체온을 낮추기 위해 혈액을 직접 차갑게 만들거나 머리 주변에 얼음을 올려놓기도 한다.

이처럼 체온을 극도로 낮춘 상태에서 혈류를 일시적으로 차단하는 방법을 초저체온 완전 순환정지법이라고 한다. 대동맥 파열 수술에는 이것뿐만 아니라, 혈관에 특수한 관을 삽입해 그곳에서 뇌로 혈액을 보내는 선택적 전향성 뇌 관류법(selective antegrade cerebral perfusion, SACP)과, 혈액을 반대 방향으로 흘려보내는 역행성 뇌관류법(retrograde cerebral perfusion, RCP)이 있다.

…아, 죄송합니다. 흥분한 나머지 전문용어를 너무 많이 써버렸네요. 제 머리를 조금 식히고 오겠습니다.

거즈 육아종이란 무엇인가요?

거즈가 환자 몸에 남아 있는 상태를 말한다.

수술할 때 피나 체액을 닦는 천을 '거즈'라고 한다. 그런데 이 거즈를 환자의 몸속에 넣은 채로 수술 부위를 닫아버리고 그대로 방치하면 체내에 이상한 덩어리가 생긴다. 이것을 거즈 오마(gauzeoma)라고 한다(한국에서는 거즈 육아종(Gossypiboma)이 더 흔하게 쓰이는 표현이다-옮긴이). 오마는 의학 용어로 종양, 혹, 덩어리를 의미한다. 즉, 거즈 오마는 거즈 덩어리라는 의미가 된다.

게임 <드래곤 퀘스트>에 등장하는 불 속성 최강 마법인 메라조마도 어쩌면 메라 덩어리라는 의미일지도 모른다. 메라는 불꽃이 메라메라(불이 활활 타오르는 모습을 나타내는 의태어-옮긴이) 타오르는 모습에서 따온 말이라는 설이 있다. 얼음 마법의 주문인 햐도는 얼음이 차가워서 '히얏' 하고 놀라는 느낌과 닮아 있다고 해서 붙여진 말이라는 설도 있다.

본론으로 돌아가서 거즈를 몸속에 남겨두면 감염의 원인이 되기 때문에 다시 수술해서 반드시 꺼내야 한다.

실제로 본 적이 있을까?

거즈 육아종에 대한 질문을 간혹 받는다. 나는 미국과 일본을 오가며 10년 넘게 외과의로 일했지만 '거즈 오마'라는 말을 실제로 들어본 적은 단 한 번도 없다. 의료 현장에서는 잘 쓰이지 않는 말일지도 모르겠다. 아니면, 내가 외과 의사로서의 역량이 부족해서 그럴지도 모른다. 레벨업을 위해 경험치를 더 쌓아야겠다.

수술 중에 어떤 도구를 가장 자주 사용하나요?

메스……가 아니다.

의학 드라마에서는 "메스 주세요."라는 대사를 자주 한다. 수술이라고 하면 다들 메스를 떠올리기 때문이다. 하지만 실제 심장 수술에서는 처음 피부를 절개할 때만 메스를 사용한다. 시간으로 따지면 3초도 채 되지 않는다. 몸 안쪽의 조직을 절개할 때는 메스 대신 전기 메스라는 도구를 쓴다. 전기 메스는 사용 빈도가 꽤 높지만, 그래도 가장 많이 쓰이는 도구는 아니다.

정밀한 작업을 위해 메스나 전기 메스는 주로 오른손(주로 쓰는 손)으로 들고 사용한다. 그렇다면 왼손으로는 무엇을 들고 있을까? 바로 핀셋이다. 이것이 수술 중 가장 많이 사용하는 도구다. 핀셋은 주로 물건을 집을 때 사용하지만, 다른 조직을 밀어내거나 전기 메스의 열을 전달하는 등 다양한 용도로 활용한다.

정말 다재다능한 도구인 셈이다. 수술이 시작되고 거의 끝날 때까지 왼손에 들려 있기 때문에 가장 자주 사용하는 도구라고 할 수 있다.

일반적으로는 핀셋이라는 표현을 많이 쓰지만 의료 현장에서는 포셉이라는 말을 더 많이 쓴다. 혹시 당신 주변에 처음부터 핀셋이라고 부르는 외과 의사가 있다면 가짜 의사일지도 모르니 조심하는 게 좋다.

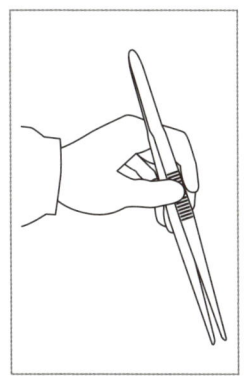

메스와 전기 메스에는 어떤 차이가 있나요?

자르는 방식과 자르는 위치가 다르다.

우선 메스는 날이 날카로운 작은 칼처럼 생긴 도구로 피부를 절개할 때 사용한다. 이에 반해 전기 메스는 날이 날카롭지 않아서 그것만으로는 물건을 자를 수 없지만, 전류를 보내 전류에서 발생한 열로 태워서 자른다. 주로 신체 내부 조직을 절개할 때 사용한다(노트 참고).

수술 중 작은 혈관에서 출혈이 생겼을 때 전기 메스로 혈관을 지져서 지혈할 수 있다. 전기 메스를 피부에 바로 대면 열로 인해 화상을 입을 수 있기 때문에 피부를 절개할 때는 메스를 사용한다. 모든 수술은 피부를 절개하는 일부터 시작한다.

어디를 어떻게 잘라야 할까

그런데 메스로 피부를 절개하는 것은 처음 해보는 사람에게는 극도로 긴장되는 순간이다. 메스로 피부를 자르는 행위는 궁극적으로는 병을 치료하기 위한 과정 중 하나지만, 단순히 놓고 보면 정상적인 피부에 상처를 내는 행위이기 때문이다. 여기를 자르라고 친절하게 표시된 것도 아니기 때문에 아무리 교과서를 보며 공부했다 하더라도 정확히 어디를 어떻게 잘라야 할지 감이 잘 오지 않는다. 게다가 한 번 자르면 되돌릴 수 없다. 그래서 처음 메스를 건네받은 레지던트가 굳어버리는 것도 이해 못 할 일은 아니다.

나도 한참 후에야 알게 된 사실이지만 피부 절개 위치가 처음 계획과 조금 어긋나더라도 피부는 늘어나기 때문에 실제로 큰 문제가 되지는 않는다.

진짜 외과 의사의 노트

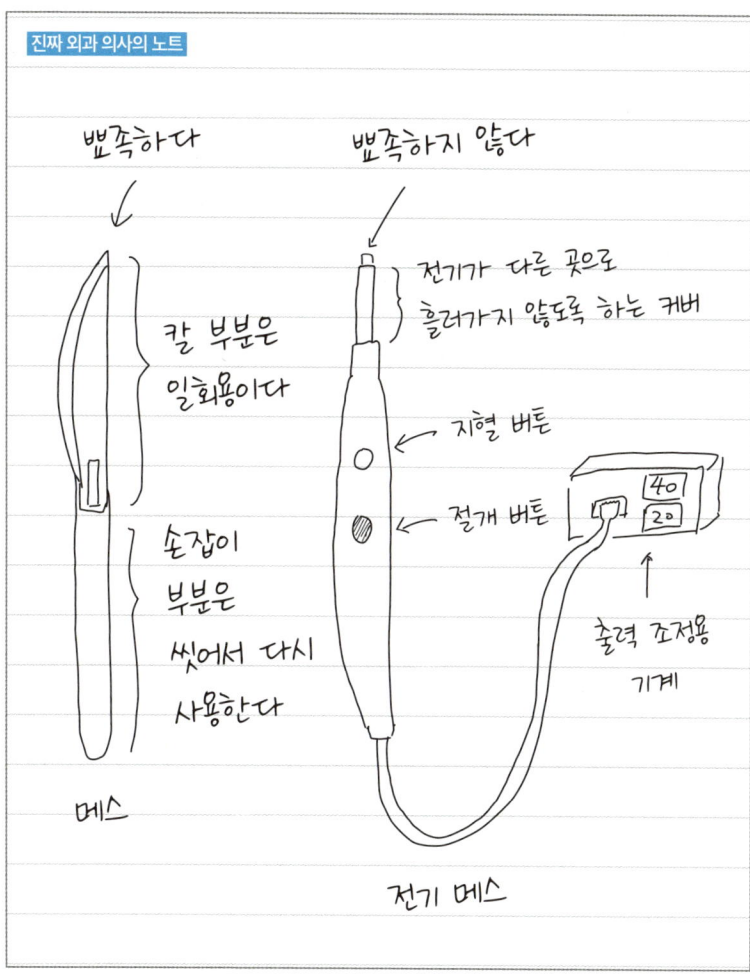

전기 메스는 제조업체에 따라 차이가 있나요?

있는지 없는지 모른다. 생각해 본 적이 없다.

전기 메스는 수술 중 장기와 장기 주변 조직을 자르거나 떼어낼 때, 지혈을 해야 할 때 사용한다. 작은 혈관에서 출혈이 있으면 전기 메스에서 발생하는 열로 출혈 부위를 지져서 지혈할 수 있다.

전기 메스는 일회용이다

전기 메스는 모두 일회용이며 일반적으로 병원에서 일괄적으로 구매하기 때문에 외과 의사가 자신이 원하는 업체의 전기 메스를 선택해서 쓰는 일은 거의 없다.

미국에서는 전기 메스를 제조 회사의 이름을 따서 '보비(Bovie)'라고 부르기도 한다.

> 일본에서 활동하는 나이지리아 출신 연예인, 바비 올로건(Bobby Ologun)과는 아무런 관련은 없다.

수술할 때 사용한 기구는 쓰고나서 어떻게 하나요?

멸균 소독한다.

메스의 날 부분이나 장기를 봉합할 때 사용하는 바늘 달린 봉합사는 일회용이지만 금속으로 된 수술 도구들은 대부분 세척 후 재사용한다. 하지만 물로만 씻으면 감염의 원인이 되는 세균이 남아 있을 가능성이 있기 때문에 수술이 끝난 후 매번 멸균 처리를 한다.

세척 전문가가 있다

수술실 근처에는 멸균실이라는 방이 있다. 사용한 도구들은 이곳으로 옮겨서 세척한 후 특수한 기계에 넣어 고온 고압의 증기로 멸균 처리한다. 멸균실 안에는 세척 전문가가 있어 가위나 칼날에 붙은 세균을 완전히 제거하는 일을 책임감 있게 수행하고 있다. 만화『귀멸의 칼날』이 큰 인기를 끌고 있는데 멸균실에서는 '멸균의 칼날'을 만들어내고 있다.

수술 중에 실수로 수술 도구를 바닥에 떨어뜨리면 그 도구는 다시 멸균 소독을 해야 한다. 소독이 끝날 때까지 기다리느라 수술이 길어지기도 한다. 개중에는 기다리는 시간이 아까워서 떨어뜨린 도구에 이소딘 소독액을 마치 구운 닭꼬치에 소스를 바르듯이 살짝 묻히고 바로 수술을 재개하는 의사도 본 적이 있다. 그리고 심장 이식 수술을 하던 외과 의사가 운반되어 온 새 심장을 실수로 떨어뜨려 우선 이소딘으로 소독한 후 수술을 계속했다는 이야기도 들은 적이 있다. 그 이야기를 들은 후 나도 심장을 떨어뜨리지 않을까 조심하고 있다.

의외의 수술 도구에는 무엇이 있나요?

풍선.

의료계에서는 치료를 할 때 특수한 풍선을 자주 사용한다. 좁아진 혈관 안에 풍선을 넣어 팽창시킨 후 혈관을 넓히거나(그림 ❶), 혈관에서 피가 나올 때 풍선을 넣어 지혈하거나(그림 ❷), 혈관을 막고 있는 혈전을 부풀린 풍선에 걸어서 제거(그림 ❸)하는 데 쓰기도 한다. 풍선은 공기만 빼면 작은 상처를 통해서 몸 밖으로 빼낼 수 있어서, 환자 몸에 부담을 주지 않고 몸속을 치료할 수 있는 획기적인 도구다.

케이블 타이와 수동 펌프 활용

이러한 의료용 풍선은 특수 제작한 것이지만 일상생활에서 흔히 볼 수 있는 도구들도 수술실에서 사용한다. 케이블 타이는 원래 전선이나 물건을 묶는 데 사용하는 도구이지만 수술에서는 흉부 뼈를 고정하는 와이어 대신 사용하기도 한다. 그 외에도 심장 내부에 물을 주입하기 위해 수동 펌프를 사용하는 의사도 있다.

수술 도구는 아니지만 멸균한 스마트폰을 비닐봉지에 넣은 채 환자 위에 올려놓고 수술 중 온라인 회의를 하는 아주 바쁜 의사도 본 적이 있다. 이런 의사에게는 절대 수술 받지 말아야겠다고 생각했다.

의료용 풍선을 포함해 다양한 수술 도구들이 계속 발전해 앞으로 더 많은 생명을 구할 수 있게 되기를 기대한다. 부풀어 오르는 풍선처럼 이러한 나의 꿈도 커져간다.

| 진짜 외과 의사의 노트 |

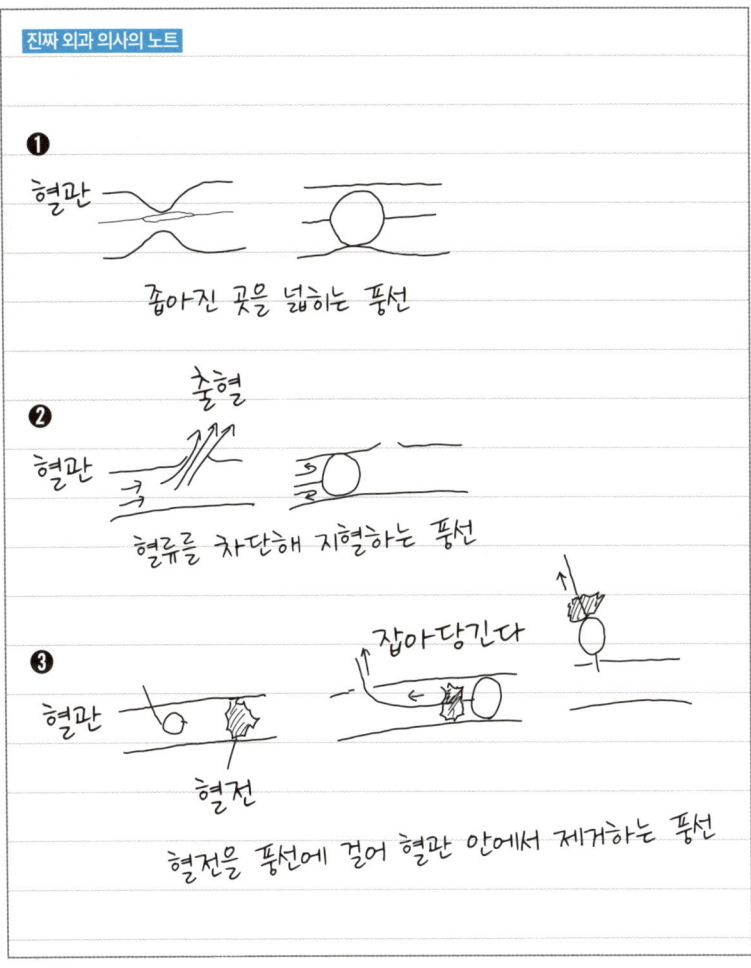

수술할 때 덮는 파란 천은 무엇인가요?

청결한 시트.

수술에서 주의해야 할 사항 중 하나는 바로 상처 부위의 감염이다. 상처에 세균이 침투해 감염되는 것을 막기 위해 절개하는 피부 부분은 제대로 소독해서 청결한 상태를 유지해야 한다. 피부를 절개하지 않는 부위나 수술과 직접 관련 없는 부위는 파란 시트를 덮어서 청결한 부위와 그렇지 않은 부위를 명확히 구분한다.

시트를 덮는 방식도 수술에서 중요한 요소 중 하나로 외과 의사는 어디를 절개할지, 어디를 청결하게 유지할지를 미리 정하고 시트를 덮을 부위도 사전에 결정해서 지시한다. 뇌 수술을 시작하기 전에 머리를 소독하고 위나 장 수술 전에는 복부를 소독하고 나서 나머지 부위는 시트로 덮는다.

하지만 예외도 있다. 심장 수술을 할 때는 일반적으로 가슴을 소독한다. 그런데 아주 드물게 가슴을 여는 도중에 심장이 멈추는 등 응급 상황이 발생하면 다리의 혈관을 통해 심장의 기능을 보조하는 기계를 급히 연결해야 한다. 이렇게 될 가능성이 높은 환자의 경우, 가슴뿐만 아니라 다리 일부도 미리 소독해 둔다.

외과 의사 중에는 시트를 덮는 순서나 방향, 사용 개수, 접는 방법 같은 사소한 부분에 유독 집착하는 사람도 있다. 이러한 집착이 어쩌면 수술의 질에 영향을 줄 수도 있다. 젊었을 때는 이렇게 사소한 것에 유난히 집착하는 외과 의사가 피곤하다고 생각했다. 아니, 이렇게 말하면 실례인가. 방금 한 말은 실언이다. 밖으로 새어 나가지 않게 시트로 잘 덮어두어야겠다.

의료 도구: 포셉이란?

수술 중에는 몸속의 좁고 깊은 부위를 손으로 직접 잡기 힘들다. 그럴 때 사용하는 것이 포셉이다. 핀셋과 같은 것이라고 하면 이해가 될 것이다.

수술 중에 잘 쓰지 않는 손(주로 왼손)에 계속 들고 있기 때문에 외과 의사가 가장 많이 사용하는 도구다.

포셉은 긴 것부터 짧은 것, 굵은 것, 가는 것, 부드럽게 잡아도 되는 것, 꽉 잡아야 하는 것 등 다양한 종류가 있다. 수술 도구는 보통 병원에서 일괄 관리하기 때문에 외과 의사가 개인적으로 좋아하는 도구를 사용할 수는 없지만, 포셉만큼은 자신이 선호하는 도구를 골라 사용하는 외과 의사들이 꽤 많다. 나는 특별히 선호하는 포셉은 없지만 너무 비싼 포셉은 사용하지 않는다. 까탈스러운 사람으로 보이는 건 싫으니까.

예전에는 선배 의사가 포셉을 그딴 식으로 쓰면 어쩌냐고 혼내며 연차가 낮은 젊은 의사의 손등을 포셉으로 때렸다는 이야기도 많이 들었다. 그런데 사실 포셉으로 손을 때리는 것도 올바른 사용법은 아니다.

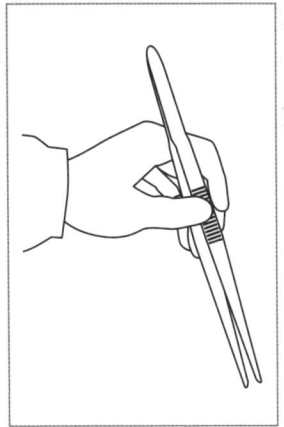

의료 도구: 유구 포셉이란?

이빨 같은 갈고리 모양의 돌기가 끝부분에 붙어 있어서 유구 포셉이라고 부른다.

수술실에서는 물건을 집는 도구는 핀셋이 아니라 포셉이라고 부른다. 유구 포셉은 티슈 포셉이라고 부르기도 한다.

유구 핀셋은 영국인 산부인과 의사 '버니(Bunny)'가 만든 것이라서 '버니'라고도 불린다. 끝부분을 정면에서 보면 토끼 앞니를 닮아 있어 정말 '버니'라는 이름이 잘 어울리는 핀셋이다.

심장 수술에서는 자주 쓰지 않지만 너무 안 쓰면 버니가 외로워할 수도 있으니 피부 아래의 그다지 중요하지 않은 조직을 집을 때 써주기도 한다.

이빨처럼 돌기가 달려 있어서 한 번 무언가를 잡으면 놓치지 않는 뛰어난 도구이긴 하지만, 약한 조직을 집으면 그 톱니 모양 때문에 상처를 낼 수도 있어 조심해서 사용해야 한다. 독자 여러분도 혹시 놓치기 싫다는 이유로 소중한 것을 너무 세게 쥐고 있지는 않은지 한 번쯤 돌아보자.

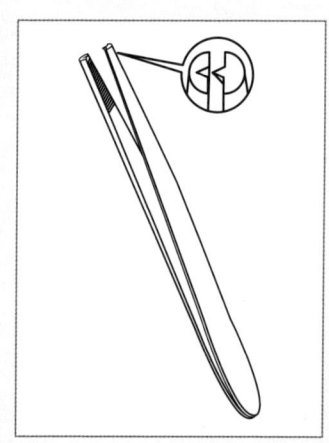

의료 도구: 니들 홀더란?

수술할 때 사용하는 바늘을 집는 기구를 니들 홀더 또는 지침기라고 한다.

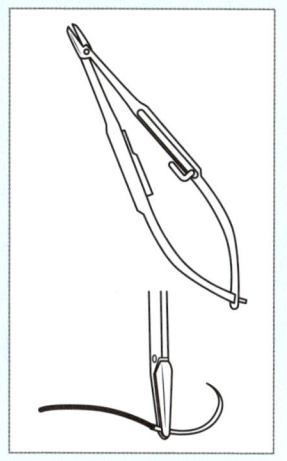

수술용 바늘은 그림처럼 구부러져 있어서 이것을 니들 홀더로 집어서 봉합한다.

니들 홀더를 사용하는 이유는 세 가지다.

첫 번째는 니들 홀더를 사용하면 좁은 곳이나 깊은 곳에 있는 장기도 꿰맬 수 있기 때문이다. 복강 안쪽이나 심장의 깊은 부위 등 손이 닿지 않는 장기나 혈관도 니들 홀더를 이용하면 꿰맬 수 있다.

두 번째는 아주 작은 부위도 꿰맬 수 있기 때문이다. 심장외과 의사는 지름 1mm 정도의 혈관을 꿰매야 할 때도 있다. 손으로 바늘을 들고 재봉하듯 꿰매기가 여간 어려운 일이 아니다. 이럴 때는 끝이 아주 가는 특수 니들 홀더와 폭 0.1mm의 바늘을 사용해 꿰맨다.

세 번째는 안전하기 때문이다. 바늘 끝은 날카롭고 뾰족해서 실수로 손을 찔리면 매우 위험하다. 하지만 바늘을 손이 아니라 니들 홀더로 잡으면 바늘에 찔리는 사고도 예방할 수 있다.

니들 홀더는 매우 편리한 도구지만 자유자재로 다룰 수 있게 되기까지는 연습이 필요하다. 자신의 손처럼 니들 홀더를 움직일 수 있게 된다면 바늘뿐 아니라 자신감까지 함께 쥐고 수술할 수 있게 될 것이다.

109 의료 도구: 봉합사란?

혈관이나 장기를 이어 붙일 때 사용하는 바늘이 달린 실을 봉합사라고 한다.

바늘은 반원 모양이며 끝에는 바늘과 같은 굵기의 실이 붙어 있다. 바늘이 지나가면서 만든 구멍을 실이 메우듯이 지나간다. 혈관을 바늘로 찔렀을 때 구멍 사이로 피가 새어 나오지 않도록 설계되어 있다. 다만 꿰맬 때 힘을 잘못 주면 바늘 구멍이 커져서 실과 구멍 사이에 틈이 생기고 그 틈으로 피가 새기도 한다.

봉합사의 굵기는 다양한데 가는 것은 0.1mm보다 더 가늘기도 하고 굵은 것은 1~2mm 정도 되는 것도 있다. 크기는 숫자로 표시하며 10이 가장 굵고 숫자가 작을수록 실은 가늘어진다. 0(제로)보다 더 가늘면 00(투 제로), 000(쓰리 제로)와 같이 0의 개수가 늘어난다. 0000000000(텐 제로)는 육안으로 겨우 보일 정도로 가늘다. 심장외과 의사가 심장 혈관을 꿰맬 때는 주로 0000000(세븐 제로) 굵기의 실을 사용한다. 굵기는 약 0.05mm다.

실의 색도 검정색, 흰색, 초록색 등 여러 가지가 있지만 심장외과에서는 파란색 실을 가장 많이 사용한다. 이는 심장이나 혈관처럼 붉은색 조직 위에 놓였을 때 가장 잘 보이기 때문이다.

그래도 사람의 마음은 열정적인 붉은 색으로 이어주고 싶다.

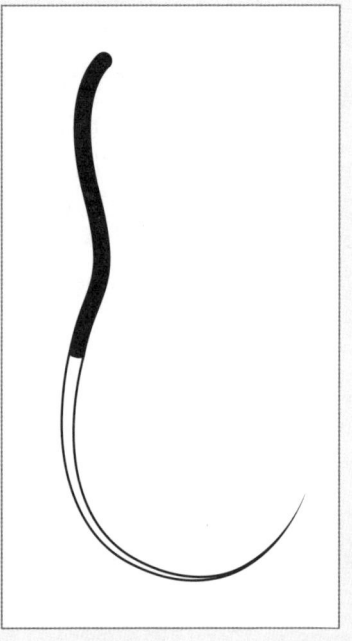

110 의료 도구: 메스란?

수술에서 사용하는 날카로운 칼을 메스라고 한다.

무엇이든 다 자를 수 있는 메스지만 인간의 피부는 생각보다 단단해서 너무 쉽게 생각하고 절개를 시작하면 그냥 스치기만 할 뿐 전혀 잘리지 않는다. 특히 처음으로 수술에 들어가 사람 피부를 절개할 때는 긴장으로 인해 힘이 제대로 들어가지 않다 보니 아무리 시도해도 피부가 잘리지 않기도 한다.

일본에서 '만화의 신'이라고 불리는 데즈카 오사무의 만화 『블랙 잭』에서 천재 외과 의사 블랙 잭이 메스를 던져 사람에게 꽂는 장면이 나오는데, 실제로는 엄청나게 하기 힘든 일이다. 메스는 옷이나 피부에 닿았을 때 쉽게 튕겨 나가기 때문이다.

범죄 스릴러 드라마에서는 등 뒤에서 칼로 심장을 한 번에 찌르는 장면도 종종 나오는데 현실에서는 거의 불가능에 가깝다. 등에는 갈비뼈, 척추, 어깨뼈 같은 큰 뼈들이 많다. 내장을 찌르려면 옷, 피부, 근육을 뚫고 마지막으로 뼈 사이를 정확히 통과해야 한다. 이런 건 가슴과 등의 해부학적 구조를 잘 알고 있는 심장외과 의사인 나도 쉽지 않은 일이다.

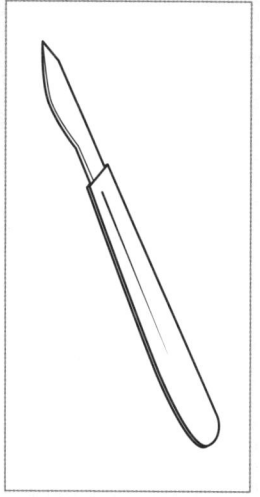

의료 도구: 메첸바움이란?

물건을 자르거나 벗길 때 사용하는 섬세한 가위를 메첸바움이라고 한다.

끝이 뾰족해서 가느다란 혈관을 자르거나 정교한 부위를 벗겨낼 때 자주 사용한다. 이름이 멋있어서 괜히 기분 내며 "메첸!"이라고 부르기도 한다.

'바움'이라는 말이 들어가 있어서 바움쿠헨처럼 독일에서 만들어졌다고 생각할 수도 있지만, 사실은 미국인인 메첸바움(Metzenbaum) 박사가 개발한 것이다.

진료 기록을 독일어로 쓰느냐는 질문도 종종 받지만 그렇지 않다. 다만 예전 일본이 독일의 의학을 참고했던 시절에는 실제로 독일어로 진료 기록을 썼을 가능성도 있다. 일본에서는 진료 기록을 카르테(Karte)라고 부르는데 이 말 자체가 독일어다. 그 외에도 위장을 마젠이라고 부르거나 지도 의사를 오벤, 보조 의사를 네벤이라고 하는 등 지금도 의사끼리만 통하는 은어에는 독일어가 자주 쓰인다.

나도 의대 1학년 때 독일어를 배우긴 했지만 지금은 아무것도 기억나지 않는다. 성적이 개판이었으니까.

의료 도구: 쿠퍼란?

끝이 뾰족하지 않은 가위를 쿠퍼라고 한다.

끝이 뾰족하지 않기 때문에 심장 수술에서 섬세한 작업이 필요하지 않은 상황에서 자주 사용한다. 실을 묶고 나서 남은 실을 자르거나 딱딱한 것을 힘 있게 자를 때 쓴다. 수술 중에는 실을 묶고 자르고, 또 묶고 자르는 작업을 반복하므로 실을 묶는 동안 쿠퍼 가위를 손에 들고 있다가 실을 자를 때는 마술처럼 손에서 휙 꺼내는 기술도 종종 사용한다(그림 참고).

쿠퍼 가위는 영국의 쿠퍼 박사가 개발한 가위로 다른 가위에 비해 끝이 둥글다 보니 약간 둔해 보이기도 해서 정교한 가위들과 비교하면 함부로 다루어지는 경우도 많다. 그런 말 들으면 쿠퍼 박사님이 화를 낼지도 모른다. 인내심의 끈은 끊지 말고 실을 잘 끊어주었으면 좋겠다.

이번에 내가 한 개그는 날카로운 가위처럼 예리했을까? 독자들은 아마 썰렁하다고 할 것 같다.

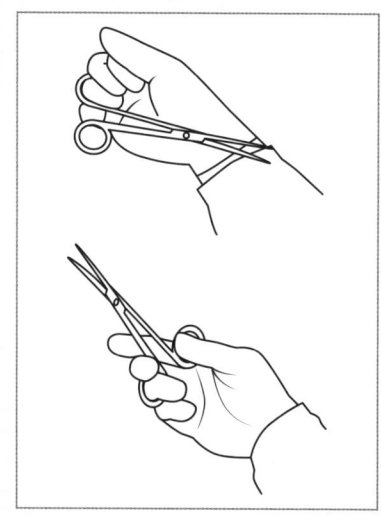

113 의료 도구: 페안 지혈 겸자란?

무언가를 집을 때 사용하는 도구를 말한다.

페안이라는 도구는 가운데 부분에 미끄럼 방지 홈이 있어서 물체를 집으면 미끄러지지 않고 그 상태를 유지할 수 있다. 일본에서는 페앙이라고 부르는데 〈블랙 페앙〉이라는 드라마 덕분에 더 유명해졌다. 드라마에서는 검은색 도구를 사용하지만 실제는 은색이 대부분이다. 원래는 혈관을 잡아 지혈하기 위해 만든 도구지만 심장외과 의사들은 다른 용도로 사용한다.

크게 두 가지 용도가 있다.

첫 번째는 실이 엉키는 것을 방지한다. 혈관을 봉합하는 실은 보통 길이가 50cm 정도 되기 때문에 실이 쉽게 어딘가에 걸리거나 엉킬 수 있다. 여러 개의 실을 사용할 경우 실끼리 엉키면 정말 큰 문제가 발생할 수 있다. 이를 방지하기 위해 실 하나하나를 겸자를 이용해서 팽팽하게 당겨놓는다. 이렇게 하면 갑자기 눈앞에 실이 튀어나오는 일이 없다.

두 번째는 시야를 넓히기 위해 사용한다. 수술 중에 외과 의사가 가슴이나 배 안을 더 자세히 볼 수 있도록 겸자를 이용해 공간을 넓혀 시야를 확보한다. 실을 무엇인가에 걸어서 당기면 시야가 넓어진다. 이 상태를 유지하기 위해 실을 겸자로 잡고 있는 것이다.

봉합 도중에 겸자에 실이 걸리는 일은 빈번하게 발생한다. 이러한 문제를 사전에 방지할 수 있느냐도 외과 의사의 기술에 달려 있다.

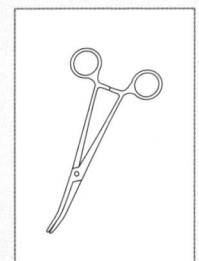

의료 도구: 켈리 겸자란?

몸속 장기 사이를 분리할 때 사용하는 도구다.

수술이라고 하면 가위로 자르거나 실로 꿰매는 장면을 떠올리지만, 실제로는 그런 작업만큼이나 많은 시간을 쓰는 일이 하나 더 있다. 그것은 장기와 장기 사이에 있는 막과 같은 조직을 분리하는 작업이다. 이것을 박리라고 부른다. 박리할 때 사용하는 도구 중 하나가 켈리다. 겉모양은 가위와 비슷하지만 끝부분이 뾰족하지 않고 둥글다.

물질의 섬유는 일정한 방향성이 있어서 그 방향에 맞추어 살짝 힘을 주면 깔끔하게 분리된다. 찢어먹는 치즈를 결에 맞추어 찢으면 잘 찢어지는 것과 같다. 수술할 때도 이러한 결을 생각해 박리를 한다.

첫 번째 수술이라면 박리해야 하는 경계가 뚜렷하고 분리하기도 쉽지만 두 번째 이후 수술부터는 이전 수술의 상처가 회복되면서 장기끼리 서로 들러붙어 있기 때문에 경계면을 찾기가 매우 어려워진다. 같은 부위에 수술을 여러 번 반복할수록 다음 수술이 어려워지는 이유다. 이때 경계를 제대로 확인하지 않고 분리하면 불필요한 출혈이 생기거나 장기를 손상시킬 수 있다. 박리해야 하는 경계를 얼마나 정확히 구분하느냐가 의사의 실력을 결정짓는다고 해도 과언이 아니다.

켈리는 끝이 뾰족하지 않아서 안전하게 조직을 분리할 수 있지만, 한 번에 분리할 수 있는 면적이 좁아서 때로는 끝이 뾰족한 가위 같은 도구도 함께 사용해서 수술을 빠르게 진행하기도 한다. 켈리만 가지고 수술을 진행하면 시간이 너무 오래 걸려 수술이 끝나지 않을 수도 있다.

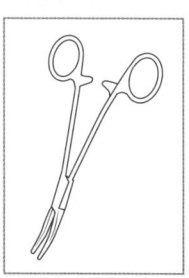

의료 도구: 토니켓이란?

말랑말랑한 고무 관을 토니켓이라고 한다.

간호사가 채혈할 때 팔을 고무줄 같은 것으로 묶는다. 그것이 바로 토니켓이다. 팔을 묶는 이유는 팔에서 심장으로 돌아가는 혈류를 일시적으로 차단해서 혈액이 팔 끝에 고이게 해 채혈을 편하게 하기 위해서다.

토니켓은 심장외과 의사에게 가장 중요한 도구 중 하나다. 심장 수술 중 환자의 몸에 인공 심폐기를 연결할 때 굵은 관을 큰 혈관에 삽입하기도 하는데, 이때 토니켓이 매우 유용하게 쓰인다.

큰 혈관에 인공 심폐기용 관을 넣기 전 그 주변을 실과 바늘로 시침질을 해두고 실 양쪽 끝을 토니켓 안으로 통과시킨다(그림 ❶). 그런 다음, 혈관에 구멍을 내고 관을 삽입한다(그림 ❷). 혈액은 매우 빠르게 흐르기 때문에 관을 삽입하고 나면 관 주변에 피가 새어나온다. 이때 실을 잡아당기며 토니켓을 밀어넣고 그 상태로 밖에서 토니켓을 클립으로 고정하면 구멍이 꽉 조여져서 혈액이 새는 것을 막을 수 있다(그림 ❸).

또 토니켓과 인공 심폐기용 관을 실로 묶어 관이 빠지지 않도록 고정할 수도 있다(그림 ❹). 관을 제거할 때는 토니켓을 푼 다음, 실을 매듭지어 구멍을 막는다.

장과 혈관을 다루는 우리 심장외과 의사에게 이렇게 편리한 토니켓은 없어서는 안 될 존재다. 수술을 받는 환자에게도 마찬가지일 것이다.

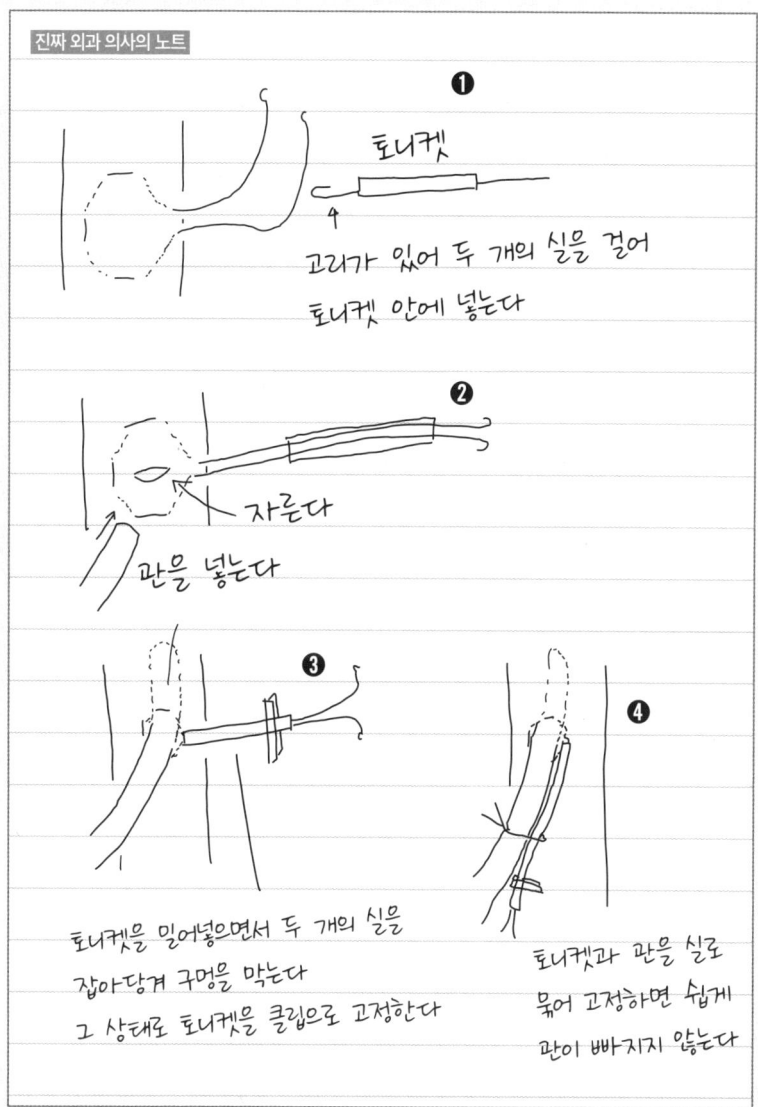

의료 도구: 거즈란?

혈액을 닦는 특수한 천을 거즈라고 한다.

거즈에는 다양한 종류가 있지만 얇게 비치는 거즈와 걸레처럼 두껍고 튼튼한 거즈가 자주 쓰인다. 수술 중에는 많은 양의 거즈를 사용한다. 실수로 몸 안에 거즈를 남긴 채 상처를 봉합해버리면 큰일나기 때문에 간호사는 수술 전, 상처를 봉합하기 전, 봉합한 후 등 여러 차례에 걸쳐 사용한 거즈의 수를 반복해서 세고 확인한다. 짧은 수술이라면 간호사가 거즈를 세는 사이에 수술이 끝나버리기도 한다.

만약 상처를 봉합한 후 거즈 개수가 맞지 않는다면 엑스레이를 찍어 몸 안에 거즈가 남아 있는지 확인한다. 수술에 사용하는 거즈에는 파란 선이 그어져 있어서 엑스레이를 찍으면 이 선이 보인다. 없어진 거즈는 대부분 몸속이 아니라 쓰레기통 안이나 의사의 발밑에 떨어져 있는 경우가 많다.

일본에서는 가제라고 발음하지만 미국에서 그렇게 발음하면 아무도 알아듣지 못한 채 수술이 끝날지도 모른다.

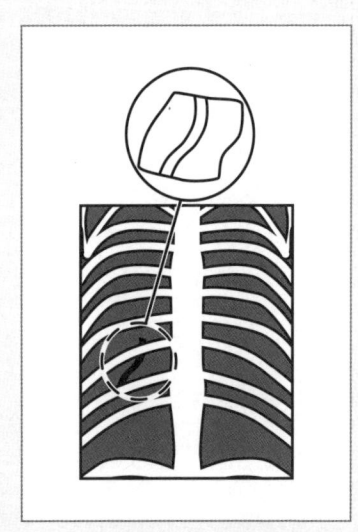

의료 도구: 마스크란?

입에서 나오는 침이나 비말로 인해 상처에 세균이 들어가 감염되는 것을 막기 위해 외과 의사는 수술 중 마스크를 착용한다.

일반 마스크와의 차이는 귀에 걸리는 고무줄 대신 끈이 달려 있다. 그것을 머리와 목 뒤로 묶어서 착용하는 방식으로 오랜 시간 착용해도 귀 뒤가 아프지 않다. 안경에 김이 서리는 것을 방지하기 위해 코 위쪽과 닿는 부분에 김서림 방지 패드 같은 것이 달린 타입도 있다.

보통은 수술실에 들어가기 전에 스스로 마스크를 착용하지만 일부는 마스크가 깨끗한 수술복에 함께 붙어 있는 타입도 있다. 이 경우에는 스스로 마스크를 착용할 수 없기 때문에 주변에 있는 간호사가 착용을 도와준다. 마스크가 떨어지지 않게 조심하며 머리 뒤쪽에서 단단히 묶어 마무리한다.

내가 이야기를 풀어가는 방식과는 정반대다. 나는 일단 이야기를 듣는 사람을 긴장감 속으로 떨어뜨린 후에 이야기를 마무리한다.

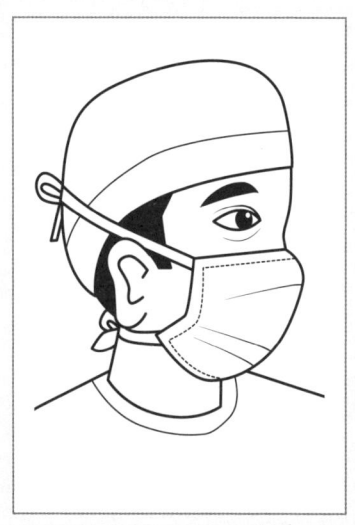

118 의료 도구: 드레인이란?

몸속에 고인 혈액을 밖으로 빼내기 위해 사용하는 관을 드레인이라고 한다.

드레인에는 다양한 재질이 있지만 심장 수술에서는 투명하고 부드러운 실리콘 소재의 드레인을 자주 사용한다.

드레인은 피부를 관통시켜 몸 안과 밖을 연결해 몸 안에 고인 물질을 밖으로 빼내는 역할을 한다. 특히 심장 수술 후에는 수술 부위에 물이 고이거나 나중에 출혈이 발생할 가능성이 있기 때문에, 그것을 빼내기 위해 드레인을 삽입한다. 환자 입장에서는 자신의 피부를 드레인이 관통한 상태이므로 결코 유쾌한 상황은 아니다.

수술 후에는 의식이 또렷하지 않은 환자도 많아서 몸에 붙어 있는 심전도 테이프나 링거 등을 뽑아버리기도 한다. 드레인을 빼버리는 사람도 있다. 드레인은 매우 중요한 관이기 때문에 쉽게 빠지지 않도록 실로 몸에 단단하게 고정해 놓는다.

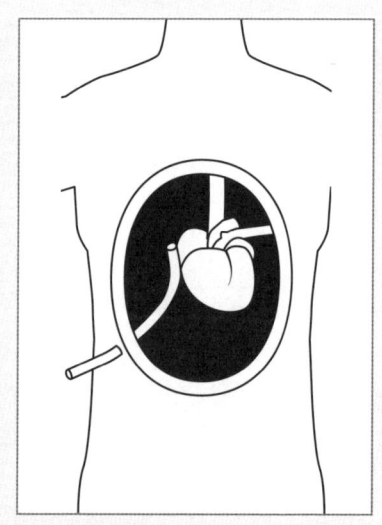

의료 도구: 흡인관이란?

수술 중에 혈액 등을 빨아들이는 관을 흡인관(suction tube)이라고 한다.

혈액을 흡인하는 작업은 수술에서 매우 중요하다. 특히 혈액으로 가득 차 있는 심장을 수술할 때는 항상 혈액을 빨아들여서 수술 부위가 잘 보이게 해야 한다. 다만 조심해야 할 부분은 너무 강하게 빨아들여 혈관이 손상되거나 흡인관 자체가 혈관을 관통해 더 큰 출혈이 발생하지 않도록 해야 한다는 점이다.

흡인관으로 빨아들인 혈액은 특수한 기계로 정화해서 체내에 다시 넣어도 문제없다. 혈액을 잘 굳지 않게 하는 약을 사용하면 피가 대량으로 나와도 그것을 다시 몸속으로 되돌릴 수 있다. 그래서 혈관이나 심장에서 출혈이 대량으로 발생해 아무리 해도 잘 멈추지 않을 때는 필사적으로 지혈을 하는 것도 중요하지만, 반대로 혈액을 굳지 않게 만드는 약을 써서 나온 피를 회수하는 편이 더 나을 때도 있다. 피가 나오고 있는데 피를 잘 굳지 않게 만드는 약을 써야 하는, 완전히 반대의 판단을 순식간에 해야 한다. 심장 수술은 정말로 재미있다.

120 의료 도구: 직각 겸자란?

물건을 집는 도구를 겸자라고 하는데 그중에서도 끝이 직각으로 구부러져 있는 것을 직각 겸자라고 한다.

심장외과 의사가 자주 사용하는 겸자 중 하나가 직각 겸자다. 이런 식으로 혈관의 뒤쪽에 끝부분을 통과시켜서 혈관 주위에 실을 걸 때 사용한다(노트 참고). 이때 거칠게 다루면 혈관의 뒤쪽이 손상될 수 있으므로 조심해서 다루어야 한다. 직각 겸자를 사용해 혈관 주위에 실을 거는 데에는 두 가지 목적이 있다.

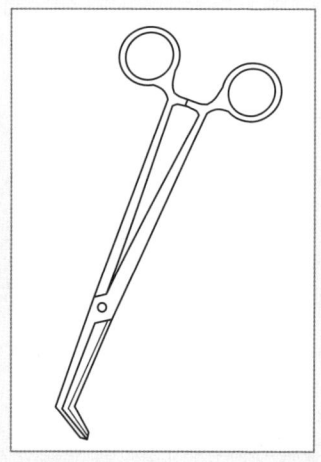

첫 번째 목적은 혈관을 움직이기 위해서다. 실을 당겨서 혈관을 앞쪽으로 끌어당기거나 옆으로 치울 수 있다. 이를 통해 작업에 방해가 되는 혈관을 시야에서 치우거나, 반대로 깊은 곳에 있는 혈관을 앞쪽으로 가져와 수술을 편하게 할 수 있다.

두 번째 목적은 출혈을 막기 위해서다. 혈관에서 출혈이 발생했을 때 이 실을 강하게 당기면 출혈을 막을 수 있다. 채혈할 때 간호사가 팔을 묶는 것도 같은 원리다. 팔을 묶어서 팔 끝에서 심장으로 되돌아가는 혈액의 흐름을 막고, 끝에 고인 혈액을 쉽게 채혈할 수 있도록 하는 것이다.

채혈할 때 약간 아플 수는 있지만 참으면서 미소로 대응한다면 그 순간 예상치 못한 사랑이 시작될지도 모른다. 병원에서는 누구나 러브스토리의 주인공이 될 수 있다.

진짜 외과 의사의 노트

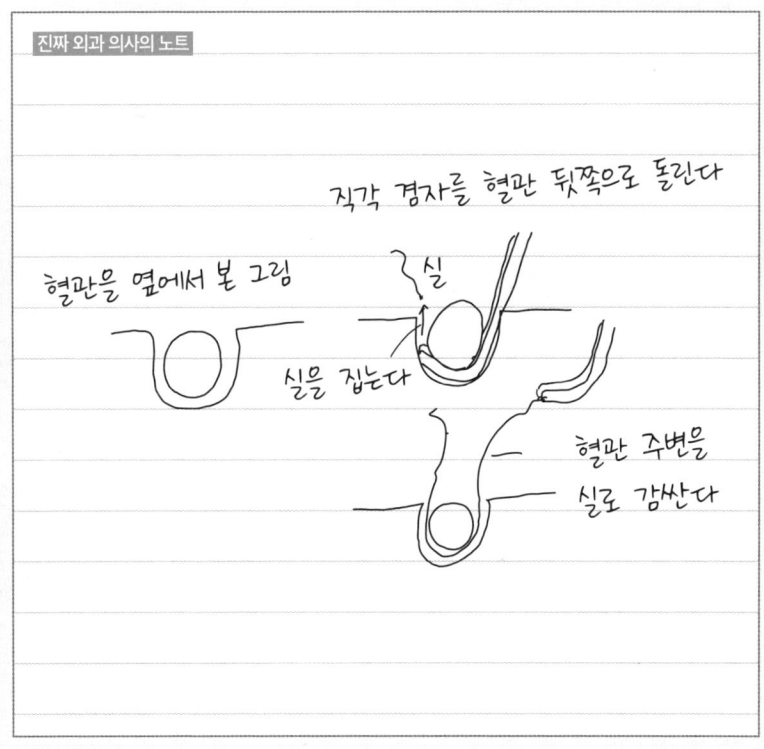

의료 도구: 혈관 차단 겸자란?

혈액을 집어서 혈관의 흐름을 멈추는 도구를 혈관 차단 겸자라고 한다.

이 도구는 혈액의 흐름을 일시적으로 차단하고 싶을 때 사용한다.

복부의 혈관에 구멍이 생기면 그 구멍의 위쪽과 아래쪽을 혈관 차단 겸자로 집어서 출혈을 막고 그 구멍을 봉합한다(그림 ❶).

피는 심장이 있는 위쪽에서 아래로 흐르는데 아래쪽도 막는 이유가 궁금할 수 있다. 예리한 질문이다.

우리 몸에는 수많은 혈관이 있고 서로 복잡하게 연결되어 있다. 위쪽 혈관을 막아도 다른 혈관을 통해 아래쪽에서 피가 역류할 수 있다. 그래서 아래쪽도 함께 막아야 한다(그림 ❷). 그리고 혈액은 멈추면 바로 응고되는 특성이 있기 때문에 혈관을 잠시 집어둔 사이에 혈전이 생겨

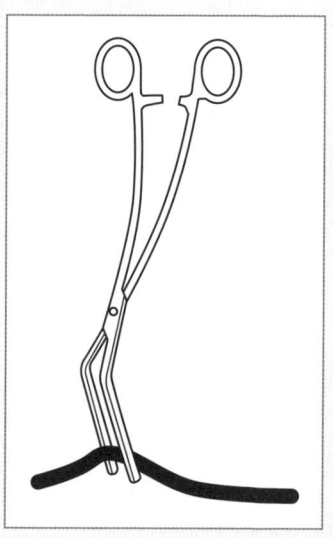

혈관이 막힐 수 있다. 이를 방지하기 위해 겸자로 집기 전에 혈액을 묽게 하는 약을 먼저 주입해야 한다.

앞서 말한 복부 혈관 손상의 예를 다시 떠올려보자. 이 경우 출혈을 막고 싶을 때는 오히려 혈액을 묽게 하는 약을 투여해야 한다.

혈관 차단 겸자 중에는 한 번에 양쪽을 동시에 집을 수 있는 겸자도 있는데 그 생김새 때문에 'U 겸자'라고 부른다(그림 ❸). 수술 중 급하게 피를 멈추어야 하는 상황이라 내가 "I need U! I need U!"(U 겸자 필요해!)라고 외쳤더니 간호사가 "I'm sorry. I have a husband."(죄송해요, 저 남편 있어요.)라는 농담을 한 적이 있다. 혈관이든 개그든 막히지 않는 것이 가장 좋다.

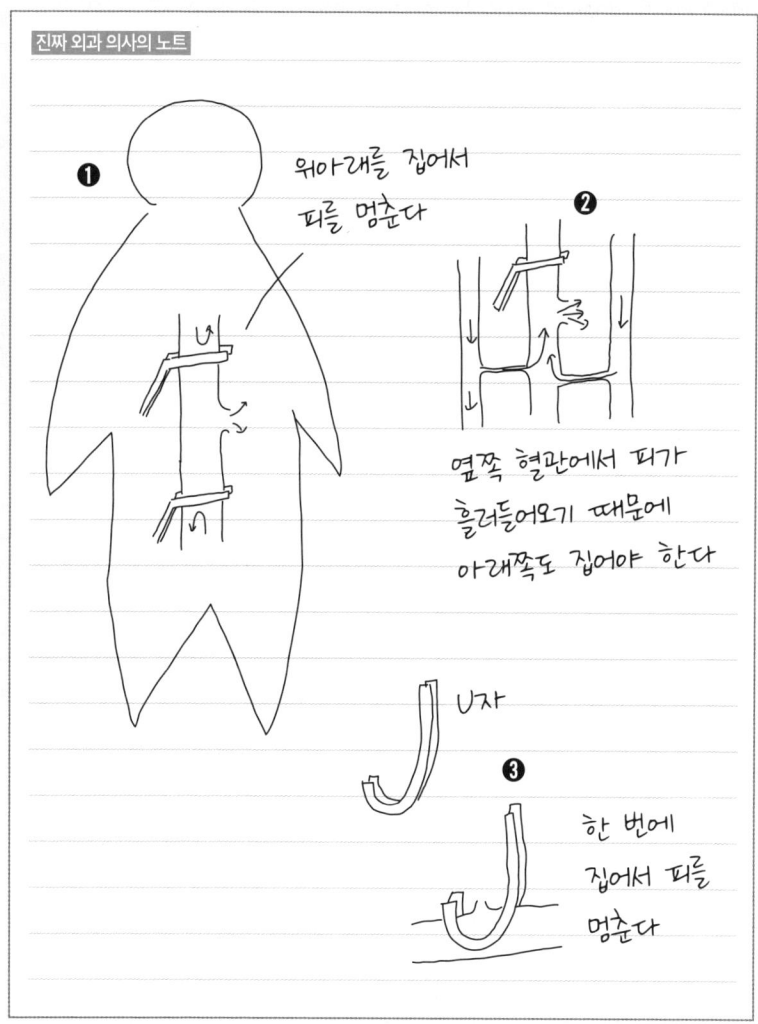

의료 도구: 개흉기란?

가슴뼈와 가슴뼈 사이를 넓히는 도구를 개흉기라고 한다.

2개의 판을 뼈 사이에 넣고 나사를 돌려서 판과 판 사이를 벌리면 뼈가 강제로 열리는 중세의 고문 기구같이 생긴 도구다.

심장 수술을 할 때는 가슴뼈를 완전히 두 개로 자르는데 자른 뼈를 개흉기를 이용해 죄우로 벌린다. 조금씩 열면 약 20cm까지 벌릴 수 있다. 하지만 가슴 옆에는 갈비뼈가 붙어 있어서 벌리는 데는 한계가 있다. 그 이상은 벌어지지 않는다.

여담이지만 갈비뼈는 영어로 립(rib)이라고 한다. 요리 이름인 스페어립(spare rib)은 립 주변에 붙은 여분의 고기라는 의미다. 가슴뼈를 반으로 갈라도 가슴이 완전히 분리되지 않는 이유는 양옆의 갈비뼈가 지지해주고 있기 때문이다. 이렇게 갈비뼈는 매우 중요한 역할을 한다. 물론 알고 있다. 당신의 마음을 열기 위해서는 립(rib)보다 더 중요한 것은 러브(love)라는 사실을.

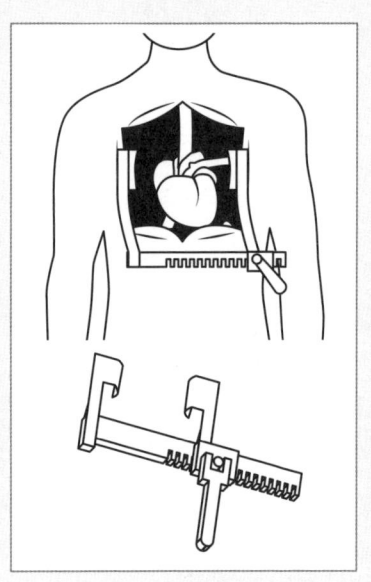

의료 도구: 확대경이란?

루페가 달린 안경을 확대경이라고 한다.

이것을 착용하면 아무리 작은 것도 약 5배 정도로 확대되어 보인다. 굵기가 1mm 정도인 가느다란 혈관도 크게 보이기 때문에 가는 혈관끼리 연결하는 수술도 쉽게 할 수 있다.

확대경에는 다음과 같은 두 가지 타입이 있다. 루페 부분을 직접 움직일 수 있는 멋드러진 타입(그림 참고), 인기 애니메이션 〈키테레츠 대백과〉에 나오는 캐릭터 박호구가 쓴 것과 같이 루페가 내장된 타입(사진 참고)이 있다. 루페 부분이 따로 달려 있는 확대경을 쓰고 싶어서 심장외과의가 된 사람도 적지 않을 것이다. 내장형 타입은 사용자의 눈 위치에 맞추어 주문 제작되는 것이기 때문에 다른 사람이 쓰면 전혀 보이지 않기도 한다.

한 번 확대경을 착용하면 벗는 게 꽤 번거로워서 수술 전 화장실에 갈 때 그대로 쓴 채로 가기도 한다. 그러면 괜히 우쭐해진다.

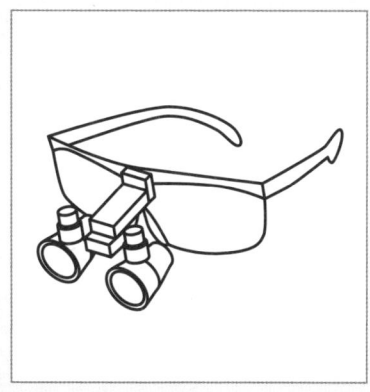
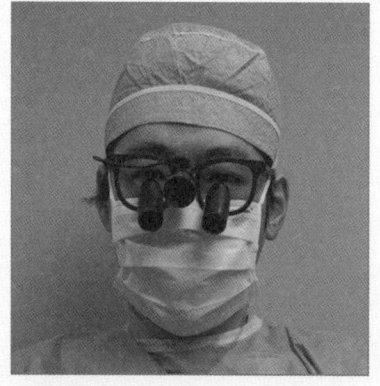

의료 도구: 수액이란?

혈액 속에 직접 투여하는 약이나 수분을 수액이라고 한다.

시판되는 일반 복용 약은 위장에서 소화·흡수된 후 혈액에 들어가 작용을 시작하기 때문에 효과가 나타나기까지 시간이 걸린다. 하지만 혈관에 직접 바늘을 꽂아 약을 투여하는 수액은 소화와 흡수 과정을 거치지 않아 복용 약보다 빠르고 강하게 효과를 발휘한다.

물론 약효가 갑자기 나타나거나 너무 강하게 작용할 위험도 있다. 예를 들어, 혈압을 낮추는 약을 수액으로 투여하다가 실수로 많은 양을 넣어버리면 혈압이 과하게 낮아지는 상황이 벌어질 수도 있다. 이러한 실수를 막기 위해 의사나 간호사는 수액 투여 속도와 양을 항상 확인하고 조절한다.

수액과 환자 사이에는 물방울이 똑똑 떨어지는 물통이 있고 조절 밸브가 달려 있어 수액이 떨어지는 양을 계산할 수 있다. 한 방울은 0.05mL라서 1초에 1방울씩 떨어지면 1분에 0.05mL × 60 = 3mL, 1시간이면 3mL × 60 = 180mL의 수액이 들어간다. 수액은 보통 1병에 500mL인 것이 많으니까 이 속도로 맞으면 500 ÷ 180 ≒ 2.8, 약 3시간 안에 모든 양을 투여할 수 있다. 간호사가 시계를 보면서 조절 밸브를 만지는 이유는 물방울이 떨어지는 속도를 정확히 맞추기 위해서다.

앞서 말했듯이 투여량을 조절하는 것은 매우 중요한 일이기 때문에 마음대로 조절 밸브를 만지면 절대 안 된다. 간호사들이 제일 싫어하는 행동이다.

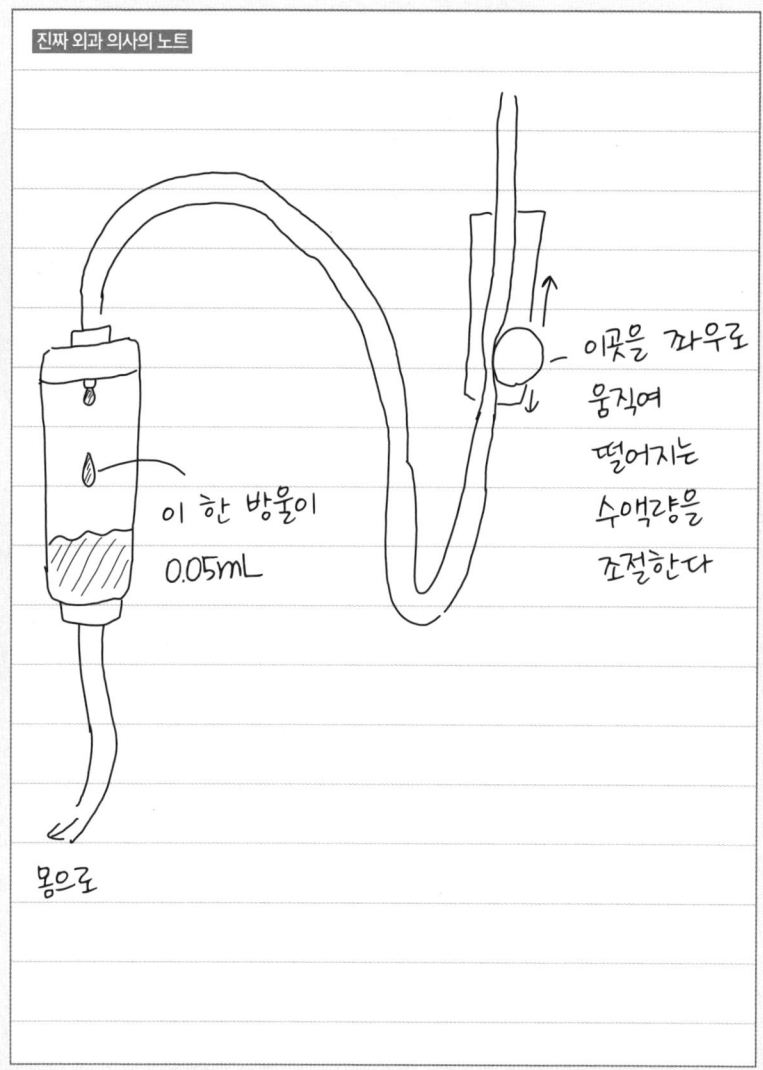

125 의료 도구: 청진기란?

몸속의 소리를 듣는 도구를 청진기라고 한다.

청진기를 가슴에 대면 여러 가지 소리를 들을 수 있는데 그중 하나가 심장의 판막 소리다. 심장은 네 개의 방으로 나뉘어 있고 각각의 방 출구에는 혈액이 역류하는 것을 막는 역류 방지 판막이 하나씩, 총 네 개가 달려 있다. 판막은 심장이 움직일 때마다 열리고 닫히기 때문에 이 소리를 청진기로 들을 수 있다.

의사가 가슴소리를 들을 때 청진기의 위치를 조금씩 바꾸는 이유는 듣는 위치에 따라 판막 소리가 다르게 들리기 때문이다. 판막이 제대로 움직이지 않으면 이상한 소리가 들리기 때문에 숙련된 의사라면 청진기 소리만으로 심장병을 진단할 수 있다.

심장외과 의사는 청진기를 사용할 일이 적다. 왜냐하면 청진기만으로는 심장 수술에 필요한 질병 정보를 충분히 얻을 수 없는 데다가, 애초에 심장외과 의사에게 진료받는 환자는 이미 어떤 심장 질환이 있는지 알고 있기 때문이다.

약간 불편하긴 하지만 숙련된 의사라면 환자가 옷을 벗지 않아도 청진기를 옷 안에 넣어 심장 소리를 들을 수 있다. 벗는 것이 부끄러운 사람은 부끄럽다고 말해도 된다. 더욱 숙련된 의사라면 청진기가 몸에 닿지 않아도 소리를 들을 수 있다고 하는데 그것은 심장 소리가 아니라 환자의 마음속 소리가 아닐까?

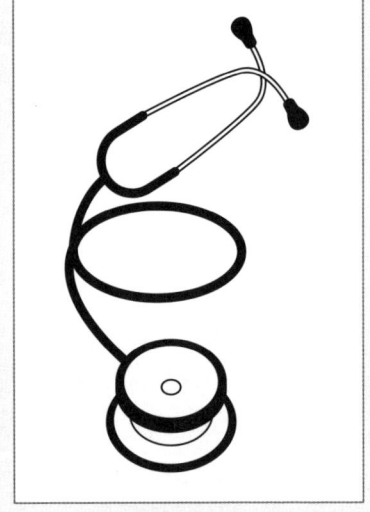

제 2 장

절대 말할 수 없는 병원과 의사의 비밀

우수한 의사인지 아닌지 구분하는 방법이 있나요?

모른다.

나도 알고 싶을 정도다. 지금까지 여러 의사를 봐온 나조차도 뛰어난 의사를 찾는 것은 어렵다. 예를 들어, 수술은 굉장히 잘하지만 갑질이 심해서 직장에서 쫓겨난 외과 의사를 과연 뛰어난 의사라고 할 수 있을까? 성격이 좋아서 환자나 직원들과의 관계는 아주 좋지만, 치료는 대충하는 의사를 훌륭한 의사라고 할 수 있을까?

환자 입장에서는 의사의 인성은 아무래도 상관없고 치료만 잘하면 괜찮다고 생각할지도 모른다. 하지만 만에 하나 치료가 잘되지 않았을 때 그 주치의가 인성이 최악인 사람이라면 결코 좋은 기억으로 남지는 않을 것이다.

극단적인 예를 들어보면, 그 의사가 훌륭한 인격자이고 당시 기준으로 올바른 치료를 하고 모두에게 존경받는 의사라고 하더라도, 그것이 100년 뒤에도 과학적으로 올바른 것인지는 아무도 모른다. 만약 이 의사의 말이 틀렸다고 해도 나는 이 사람을 믿은 것을 후회하지 않을 것 같다는 확신이 든다면 당신에게 그 의사는 '훌륭한 의사'다.

단, 명백히 다른 의사들과는 다른 말을 하거나 과학적 근거가 없는 이야기를 하는 의사를 만났다면, 그를 믿어도 되는지 신중히 생각하는 것이 좋다. 덧붙이자면 이 책을 읽으면 매우 건강해진다는 소문이 있으니 꼭 가족이나 친구에게도 추천해 주었으면 좋겠다.

의사라도 받고 싶지 않은 검사는 무엇인가요?

내시경 검사.

아프거나 괴로운 검사는 의사라 해도 받고 싶지 않다.

병원에서 이루어지는 검사를 할 때 느끼는 불쾌감이나 신체에 가해지는 부담 정도를 침습이라고 하며, 침습적 검사, 비침습적 검사라고 표현한다. 예를 들어, 엑스레이 검사는 사용하는 방사선량이 적기 때문에 비교적 침습성이 낮지만, CT 검사는 방사선량이 많아 침습성이 조금 높아진다. 채혈은 피부에 바늘을 찌르기 때문에 침습성이 높다. 검사에 따라서는 수술을 통해 신체 내 장기를 꺼내서 하는 검사도 있는데 이러한 검사는 침습성이 매우 높은 검사라고 할 수 있다.

의학적으로 문제가 있으면 비침습성 검사부터 시작하는 것이 일반적이다. 건강검진 때 청진기로 가슴소리를 먼저 들어보는 것과 비슷하다. 환자가 가슴이 아파서 처음 병원을 찾았는데 의사가 가슴을 열어서 심장을 살펴보자고 한다면 받아들이기 힘들 것이다.

내가 가장 싫어하는 검사는 위나 대장을 보기 위해 몸속에 관을 넣는 내시경 검사다. 그런데 예전에 자기 코로 내시경을 넣고 스스로 위를 들여다보는 대단한 의사도 있었다. 세계 어딘가에는 자기 항문에 내시경을 넣고 대장내시경을 직접 하는 의사도 있는 것 같다. 이쯤 되면 검사라기보다는 기예에 가깝다.

QUESTION 128 / 233
사용하면 전문가처럼 보이는 의학 용어에는 무엇이 있나요?

몇 가지만 소개하겠다.

문트

환자에게 질병이나 수술에 대해 설명하는 것을 문트라고 한다. 문트테라피(Mundtherapie)를 줄인 말로 독일어로 문트는 입, 테라피는 치료를 의미하므로 입으로 하는 치료라는 의미가 된다. 환자에게 질병에 대해 이해시키는 것이 목적으로 이 문트를 제대로 하지 못하는 의사는 훌륭한 의사라고 할 수 없다.

아포플렉시(apoplexy)

뇌경색이나 뇌출혈을 의미하는 영어 단어다.

이 단어를 처음 수업에서 들은 내 친구가 갑자기 "아폴로 13!"이라고 소리쳐서 강의 중이던 신경과 교수에게 엄청나게 혼난 적이 있었다. 그런 그도 지금은 훌륭한 신경과 전문의다.

어레스트(arrest)

심장이 멈춘 상태를 말한다. 바로 심폐 소생술 등의 처치가 필요하다. "깜짝 놀랐잖아. 어레스트 오는 줄 알았어."와 같이 일상적으로 쓰지는 않는다.

MI

심근경색을 의미하는 영어 단어 myocardial infarction의 첫 글자를 따서 MI라고 한다. 참고로 MJ는 마이클 잭슨이다.

디섹션(dissection)

큰 혈관이 찢어지는 대동맥 박리라는 질병을 의미하는 말이다. 응급 수술이 필요하며 심장외과 의사가 가장 싫어하는 질병 중 하나다.

내가 예전에 환자에게 했던 문트는 이런 느낌이다.

> 엠아이를 동반한 디섹션으로 어레스트의 가능성이 있어 긴급 수술이 필요합니다. 아포플렉시가 올 가능성도 적지 않습니다. 함께 힘내봅시다.

의사와 환자가 사랑에 빠지기도 하나요?

사랑에 빠지기도 한다.

의사도 환자도 인간이다 보니 사랑에 빠지기도 한다. 정형외과나 치과처럼 비교적 젊은 환자를 진료하는 일이 많은 과에서는 그런 일이 생기는 빈도가 더 높을지도 모르겠다. 하지만 우리 심장외과 의사는 70대, 80대의 환자를 진료하는 경우가 많아서 환자 본인이 아니라 그 자녀나 손주를 소개받는 일은 있다. 나도 젊었을 때는 환자에게 딸과 만나볼 생각이 없느냐는 말을 종종 들었다. 물론 기분이 나쁘지는 않았다. 그런데 실제로 소개를 받은 적은 단 한 번도 없다.

물론 쉬운 일은 아니지만 학교 교사와 학생, 가게 주인과 손님이 사귀기도 하는 것처럼 서로에게 끌렸다면 의사와 환자가 연애를 할 수 있지 않을까? 내가 만약 내가 수술한 환자와 사랑에 빠진다면 이렇게 고백할 생각이다.

> 당신의 심장에는 이미 제 손이 닿았습니다. 이제는 당신의 마음에 닿고 싶습니다.

만나고 싶지 않은 환자는 어떤 사람인가요?

의사를 직업이 아닌 인간의 기질이라고 생각하는 사람.

의사는 어떤 상황에서도 무조건 환자를 돕는 존재라고 생각하는 사람들이 있다. 하지만 모든 의사가 그런 이상적인 인물은 아니다. 나 역시 의사지만 인간적인 봉사 정신으로 일을 하는 것이 아니라 돈을 받는 직업인 의사로서 환자를 치료하고 있다.

SNS를 통해 개인적인 건강 상담을 하는 사람, 사적인 질문을 아무렇지 않게 해오는 사람, 혹은 내가 일하는 병원으로 직접 전화를 거는 사람 등 솔직히 곤란할 때가 많다. 예전에 자신이 담당했던 환자에게 스토킹을 당했던 여성 의사의 이야기를 들은 적도 있다. 물론 의사와 환자가 사귀면 안 된다는 법적인 규정은 없다. 하지만 한쪽의 일방적인 감정으로는 관계가 성립되지 않는다는 것이 연애의 기본이다.

조금 다른 이야기이기는 하지만 의사와 환자, 상사와 부하처럼 의도하지 않아도 위계질서나 이해관계가 생기는 관계에서는 권력을 이용한 갑질, 성희롱 등이 발생하지 않도록 충분히 주의해야 한다. 나 또한 공사 구분은 제대로 하려고 노력하고 있으며, 갑질이나 괴롭힘과 같은 문제가 발생하지 않도록 철저히 대비하고 있다. 안 그랬다가는 기타하라 갑질이라는 말이 생겨날 수도 있으니까.

QUESTION 131 / 233 : 자신이나 가족의 연명 치료를 할 생각인가요?

지금은 잘 모르겠다.

연명 치료는 질병 등으로 인해 내버려두면 죽음에 이르는 상태일 때, 회복이 아니라 살아 있는 시간을 연장하기 위해서 시행하는 처치를 말한다. 한마디로 연명 치료라고 해도 그때의 상태에 따라 시행할 수 있는 처치는 다양하기 때문에 사전에 어떤 치료를 할지 결정하기는 어렵다.

뉴욕에서 일하는 유명한 완화 의료(치료가 어려운 말기 질환자의 통증과 고통을 완화해 삶의 질을 높이는 의료 서비스-옮긴이) 의사가 미래에 어떤 연명 치료를 할지 지금 물어보는 것은 5년 뒤 저녁으로 무엇을 먹고 싶은지를 묻는 것과 같다고 한 적이 있다.

문제는 연명 치료를 막상 해야 하는 상황이 되었을 때는 본인이나 가족의 의사를 확인하지 못할 가능성이 있다는 점이다. 그럴 때는 본인이나 가족의 뜻과는 다르다고 하더라도 일단은 생명을 연장하기 위해 연명 치료를 시행한다.

이런 상황을 조금이라도 방지하기 위해 연명 치료의 구체적인 방식은 결정하지 않더라도 연명 치료를 하고 싶은지 아닌지에 대해서는 미리 들어두는 것이 좋다. 그런 이야기를 하는 것을 '인생 회의'라고 부른다. 평소에 대화를 하며 막연하게 무엇에 삶의 보람을 느끼는지 무엇을 할 때 즐거운지, 어떤 상태가 되면 더 이상 살고 싶지 않은지 가족끼리 이야기를 나누면 좋다.

요리로 비유하자면 간장보다는 소스를 좋아한다든가, 양식보다 한식을 선호한다든가, 그런 가벼운 느낌으로 이야기하는 것이다. 그리고 그런 취향은 나이나 상황에 따라 달라지므로 정기적으로 이야기를 나누는 것이 중요하다.

그렇다면 나는 어떨까. 나는 몸을 움직일 수 없을 정도로 병세가 악화되거나, 회복되더라도 다시 건강하게 생활할 수 없는 상태로 오래 살고 싶지는 않다. 그리고 5년 후 저녁으로는 초밥을 먹고 싶다. 나는 초밥을 좋아하니까.

의사가 뇌물을 받기도 하나요?

예전에는 있었다.

치료비와는 별개로 수술 전 의사에게 직접 뇌물을 건네는 행위는 예전에는 당연하게 여겨지던 일이었다. 병원에 따라서는 저 의사에게는 얼마를 주어야 하는지 병원 입구에서 조언해 주는 '뇌물 아주머니'가 있을 정도였다. 내가 아는 한 의사는 돈이 많은 환자가 입원하면 뇌물을 받을 요량으로 아침, 점심, 저녁 빠짐없이 병실을 방문하곤 했다.

또 환자가 돈을 건넬 때 말로는 절대로 받을 수 없다고 강력하게 말하면서 흰 가운 주머니를 돈 넣기 쉽게 활짝 열어두는 고급 기술을 구사하는 의사도 있었다.

내가 전공의이던 시절에 나에게도 뇌물을 건네려는 환자들이 제법 있었고 그때마다 나는 거절했다. 하지만 지금 와서 생각해 보면 잘못했다는 생각이 든다. 환자의 입장에서 보면 용기를 내서 돈을 건네는 것일 텐데 그걸 받아주지 않았을 때의 민망함은 이루 말할 수 없었을 것이다. 친구인 줄 알고 손을 흔들었는데 전혀 다른 사람이었거나, 술자리에서 남녀가 전화번호를 주고받고 있기에 분위기에 휩쓸려 나도 휴대전화를 꺼냈지만 아무도 나에게는 전화번호를 알려주지 않았을 때 느꼈던 감정과 비슷하지 않을까? 그래서 다음에 누군가 뇌물을 준다면 멋있는 척하지 말고 받겠다고 마음먹었지만 어느샌가 시대의 흐름과 함께 뇌물은 사라지고 말았다.

애초에 세금이 부과되지 않는 금전의 수수는 처벌 대상이 될 수 있고, 뇌물 유무에 따라 치료 결과가 달라지는 일은 절대 없기 때문에 사라지는 것이 당연하다. 나는 이러한 악습이 정말 싫었고 사라져서 정말 다행이라고 생각한다.

> 그러니까 만약에 진료실에서 나를 만나더라도 절대 뇌물은 주지 않았으면 좋겠다. 절대로. 절대로다!

의사도 이성의 나체를 보고 흥분하나요?

진료 중이나 수술 중에는 그런 일이 일어나지 않는다.

의사는 진찰이나 수술 등으로 옷을 벗은 상태의 환자를 볼 기회가 많다. 그러나 업무 중에 그런 모습을 보고 흥분하는 사람은 매우 드물다(물론 100%라고 할 수는 없다). 환자가 관능적인 차림으로 의사를 유혹하는 경우는 예외지만, 의사는 어디까지나 진료나 수술 등 치료 목적으로 환자의 몸을 보는 것이므로 의사와 환자 사이에 그런 분위기가 조성되는 일은 거의 없다.

옷을 벗은 상태라고 해도 수술할 때는 메스로 절개할 부위 이외는 청결한 시트로 가려두기 때문에 피부의 일부만 보일 뿐이다. 그 부분만 보고는 남자인지 여자인지조차도 구별하기 어렵다. 경우에 따라서는 사람인지 돼지인지도 분간이 가지 않을 수도 있다. 돼지의 나체를 보고 흥분하는 사람은 매우 드물다(물론 이것도 100%라고 할 수는 없다).

의사가 된 후 가장 감동한 순간이 있다면요?

심장 이식이 사람의 인생을 바꾸었을 때.

의사는 사람의 생명을 구할 수 있기 때문에 의사를 선의로 가득 찬 사람이라고 생각한다. 그러나 실제로는 선의만으로 사람을 살리는 것은 아니고, 어디까지나 돈을 받고 치료라는 의료 서비스를 제공하는 것이다. 나는 의사라는 일을 '업무'라고 생각하고 있기 때문에 환자를 치료하면서 크게 감동하는 일은 거의 없다. 그런 내가 단 한 번 진심으로 감동했던 경험이 있다.

어느 날, 심장 이식을 보고 싶다는 ICU 간호사가 있어서 수술실 참관을 허락해 주었다. 며칠 후, 그 간호사가 따로 할 말이 있다며 나를 불렀다. 나는 혹시 하는 마음에 약간의 기대감을 품고 그곳으로 갔다. 그 간호사는 "처음으로 심장 이식을 봤는데 정말 감동했어요. 그때가 제 인생을 바꾼 순간이었습니다. 줄곧 고민했는데, 저 의대에 가기로 결정했습니다."라고 말했다. 내가 담담하게 특별한 감정 없이 일이라고 생각하며 해왔던 것들이 다른 사람 인생의 중요한 선택에 영향을 주었다는 사실에 묘한 감동을 느꼈고, 그때만큼은 의사라는 직업이 조금 자랑스러웠다.

> **그녀의 인생을 바꾼 심장 이식**
> **내 기대와는 달라서 힘들었다**

의사의 직업병은 무엇인가요?

환청이다.

의사가 가장 자주 사용하면서도 가장 괴로워하는 물건이 무엇일까? 바로 업무용 휴대전화다.

당직이라 병원에 있을 때 언제 전화가 걸려 와도 받을 수 있도록 샤워할 때도 귀를 기울인다. 잘 때는 베개 곁에 휴대전화를 두고 잔다. 온콜(on-call) 당직이라고 해서 병원 밖에 있어도 응급 호출이 오면 바로 달려가야 하는 당직을 서야 할 때도 있는데, 그때도 항상 전화에 신경을 쓰고 있어야 한다.

항상 휴대전화의 벨 소리를 신경 쓰며 지내다 보니 어느 순간 모든 소리가 휴대전화 벨 소리처럼 들리기도 한다. 샤워 중에 휴대전화가 울리는 것 같아 확인하러 가 봤지만 아무런 연락도 와 있지 않았던 경험은 의사라면 누구나 있을 것이다.

그 외에도 영화나 드라마에서 칼을 이용해 살해하는 장면을 볼 때 조금이라도 의학적으로 말이 안 되는 장면이 나오면 더 이상 몰입하지 못하는 것도 의사의 직업병이다.

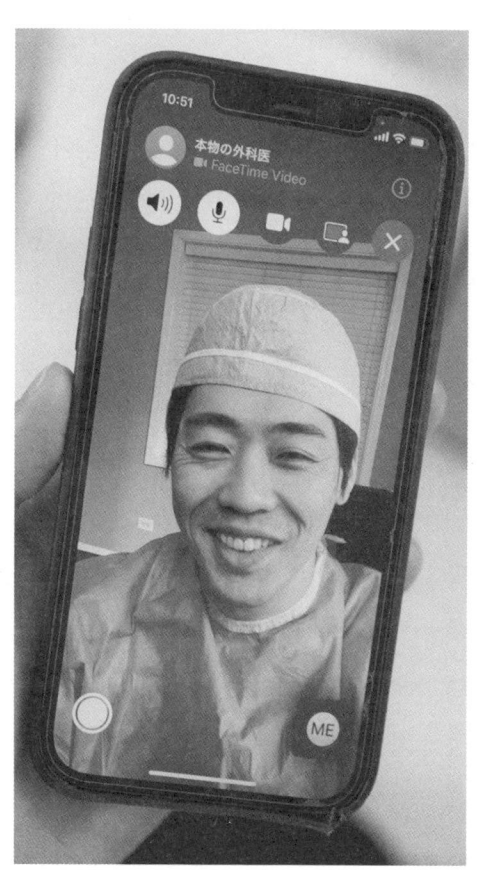

시한부 선고를 한 적이 있나요?

없다.

사람이 언제 죽을지 시간을 예측해서 전달하는 것은 매우 어렵다. 드라마 등에서 의사가 환자에게 "앞으로 길어도 반년입니다."라고 말하는 장면을 자주 보지만 현실에서는 그렇게 단언할 수는 없다. 환자의 상태는 각자 다르기 때문에 아무것도 단정 지을 수 없다. 대신 비슷한 병으로 치료받은 사람들의 경과에 대한 데이터가 있으므로 그 통계를 바탕으로 설명한다. 예를 들어, 같은 수술을 받은 환자 1만 명을 조사했더니 1년 후 생존율이 80%였다는 정보는 전달할 수 있다.

어떻게 죽을지 이야기 나눈다는 것

우리 의사들은 아무 조치 없이 두면 사망에 이르는 환자의 생명을 조금이라도 연장할 수 있는 방법을 몇 가지 알고 있다. 연명 치료도 그중 하나다. 본인이나 가족이 거부하지 않는 한 병원 내 거의 모든 환자에게 이런 치료가 시행된다. 그런데 본인이 그러한 연명 치료를 정말 받고 싶은지 아닌지를 판단하는 일은 매우 어렵다. 그래서 결과적으로 본인은 원하지 않음에도 불구하고 연명 치료를 받게 되는 환자나 가족이 적지 않다. 원하지도 않는 연명 치료는 때때로 큰 고통을 동반하므로 이런 일을 줄이기 위해 평소 소중한 사람과 자신의 건강이나 삶에 관한 생각, 그리고 어떠한 죽음을 원하는지 이야기를 나누는 것이 중요하다.

병원에서 귀신을 본 적이 있나요?

벌써 10년도 더 된 이야기다. 지인의 부탁으로 교외에 있는 오래된 목조 병원에서 당직을 서게 되었다. 그 병원은 사람의 손길이 닿지 않는 외진 곳에 있었다. 병원에 도착하자 70대쯤 되어 보이는 여성 간호사가 나와서 안내해 주었다. 그녀는 말수가 적고 분위기가 차분한 간호사였는데 안내를 마친 뒤 마지막으로 당직실 옆방에는 절대로 들어가지 말라는 한마디만 남기고 사라졌다.

그날 밤, 당직실 침대에 누워 있는데 옆방에서 신음 소리가 들렸다. 처음에는 신경 쓰지 않으려 했으나 혹시 환자가 침대 위에서 고통스러워하고 있는 것은 아닐까 싶어 조심스레 옆방 문을 열어보았다. 그랬더니 그곳에는 이 세상 생물체라고 보기 어려울 만큼 기이한 모습으로 호피 무늬 옷을 입고 요가 동작에 열중하는 그 간호사가 있었다.

귀신의 존재는 누구도 증명하기 어려운 문제다. 어떤 물체가 존재한다는 것은 그 대상에 반사된 빛이 눈으로 들어오고 그것을 눈 안의 세포가 전기 신호로 변환해 뇌로 전달하는 것이다. 그러면 뇌는 그 물체가 그곳에 있다고 인식한다. 중요한 것은 '뇌가 인식하느냐'다. 머릿속에 강렬한 귀신의 이미지가 생성된다면, 실제로 빛이 반사되어 시야에 들어오지 않아도 그 사람에게는 귀신이 존재하는 것이나 마찬가지다.

진짜 외과 의사는 병원에 고용되어 일하고 있나요?

그렇다.

의사는 크게 개업의와 근무의 두 가지로 나뉜다. 개업의는 자신이 직접 병원을 운영하는 의사이고, 근무의는 병원이나 대학에 고용되어 일하는 의사다. 수입은 평균적으로 개업의가 더 많다.

심장외과는 개업하기 힘들다

나 같은 심장외과 의사는 대부분이 근무의다. 왜냐하면 개업하기가 매우 어려운 진료과이기 때문이다. 심장 수술을 하려면 수술 도구와 의료진, 중환자실 등 여러 가지가 필요하고, 이 모든 것을 갖추려면 많은 비용이 든다. 그래서 만약 심장외과 의사가 개업하면 내과 등 다른 진료과로 개업하는 경우가 대부분이다. 여러분의 동네 병원에서 일하는 의사도 예전에는 심장외과 의사였을지도 모른다.

대학병원과 일반 병원의 업무에 차이가 있나요?

있다.

크게 다른 점은 세 가지다.

첫 번째는 급여다. 대학병원 의사의 평균 연봉은 약 700만 엔, 일반 병원의 의사는 약 1,400만 엔이므로 대학병원 의사의 수입이 훨씬 적다. 이 때문에 대학에서 일하는 의사 대부분은 주 1회 아르바이트로 외부 병원에서 비상근 의사로 일한다. 놀랍게도 그 주 1회의 아르바이트 수당이 연간 약 700만 엔 정도로 대학병원 급여와 거의 같아지기도 한다. 이것이 의사의 7대 불가사의 중 하나다.

두 번째는 연구다. 대학에는 연구실 등 설비가 잘 갖추어져 있고, 연구에 들일 자금을 확보하기 쉬워서 의학 관련 연구를 하기에 좋은 환경이다. 물론 일반 병원에서도 원한다면 연구를 할 수 있다. 대학병원의 환경이 더 좋을 뿐이다.

세 번째는 교육이다. 대학에는 의대생이 있어 그들을 교육하는 것도 대학에서 근무하는 의사의 업무 중 하나다.

대학병원에서 일한다는 것은 일반 병원보다 낮은 급여를 받고 아르바이트를 하면서 환자 치료 이외의 연구와 교육에도 시간을 쏟는다는 뜻이다. 물론 대학에 있다고 해서 모두가 연구나 교육을 하는 것은 아니다. 전혀 연구하지 않고 대학에 남아 있는 의사도 있다. 이들 중에는 어쩔 수 없이 대학 근무를 명령받은 사람도 있을 것이다. 본사 근무를 명령받은 직장인처럼 의사도 교수에게 대학병원에 남으라는 지시를 받으면 별다른 이유가 없는 한 그곳에서 일한다.

병원 내에 이상한 습관이나 규칙이 있나요?

CT 밀어 넣기, 예비 수술실 확보 경쟁.

우선, CT 밀어 넣기다. CT 검사가 필요한 환자는 많지만 평일 근무 시간 내에 촬영할 수 있는 건수에는 한계가 있다. 그래서 급하게 CT를 찍어야 하는 환자가 발생하면 담당 의사가 영상의학과에 직접 전화를 걸어 부탁한다. 이를 우리는 CT 밀어 넣기라고 불렀다. 너무 많은 전화가 오다 보니 나중에는 CT 밀어 넣기 전용 서류가 만들어졌고, 그 서류에 내용을 기재한 후 전화를 걸고 나중에 직접 그 종이를 영상의학과에 제출하는 식으로 좀 더 복잡한 시스템으로 바뀌었다.

다음은 예비 수술실 확보다. 수술실 스케줄을 정할 때 각 진료과에는 일정 수의 수술이 배정된다. 그와는 별도로 매주 예비로 비워두는 시간이 있다. 이 시간에는 어느 과든 수술실을 사용할 수 있다. 그런데 이 수술실 스케줄은 과장이 관리하기 때문에 예비로 비어 있는 시간대를 과장 슬롯이라고 불렀다. 과마다 진행하고 싶은 수술이 많기 때문에 이 시간을 확보하기 위해 모두가 필사적이었다. 처음에는 매주 월요일 아침 7시에 수술실 문이 열리는 순간 선착순으로 배정했는데 경쟁이 점점 치열해지면서 아침 5시쯤부터 수술실 앞에서 대기하는 외과 의사가 생겨났고 급기야는 전날 밤부터 병원에서 대기하는 일까지 생기자 이 제도는 폐지되었다.

이처럼 어느 병원에나 독특한 규칙이 존재한다. 이런 규칙들은 얼핏 보면 바보 같다고 생각할 수도 있지만 그런 이상한 규칙들 속에서도 활로를 찾고 자신만의 해결책을 모색해 가는 과정은 이후 인생을 살아가는 데도 도움이 될 것이다. 물론 도움이 안 될 수도 있다.

의사에게 간호사는 어떤 존재인가요?

동료다.

의사에게 간호사는 환자를 건강하게 만든다는 같은 목적을 가진 동료다. 특히 수술실에서 외과 의사에게 기구를 건네주는 간호사는 외과 의사의 파트너라고 해도 과언이 아니다.

수술실 간호사의 실력에 따라 수술의 질이 크게 달라지기도 한다. 수술 순서를 완벽하게 기억하는 간호사는 아무 말 하지 않아도 다음에 필요한 기구를 정확히 건네준다. 혈관을 꿰맬 때 바늘을 집는 특수한 도구를 사용하는데 외과 의사는 바늘을 정확한 위치에 꽂기 위해 매번 바늘 각도를 미세하게 바꾼다. '슈퍼 간호사'는 이 바늘을 미리 사용하기 편하도록 완벽한 각도로 맞추어서 건네준다. 수술에 관한 지식도 물론 필요하지만 상대가 무엇을 원하는지 항상 생각하며 행동하는 능력이 뛰어나다.

소위 말하는 '오모테나시(상대를 진심으로 배려하는 일본식 환대- 옮긴이)의 정신'이다. 이것이 있으면 한 동작당 몇 초씩 단축할 수 있고 이 시간이 쌓이면 몇 분, 몇 시간의 차이가 되기도 한다. 그렇게 되면 의사는 이렇게 수술에 집중할 수 있는 환경을 만들어 준 간호사에게 감사하며 평소보다 더 뛰어난 실력을 발휘한다.

여담이긴 한데 수술실 간호사는 업무 중 항상 마스크를 착용하기 때문에 입과 코는 보이지 않지만 눈가 메이크업은 언제나 완벽하다.

142. 간호사에게 괴롭힘을 당한 적이 있나요?

있다.

어떤 직종이든 사람을 괴롭히거나 기분 나쁜 말을 하는 사람은 반드시 있다. 게다가 그런 사람일수록 자신이 미움을 받고 있다는 사실을 자각하지 못한다. 이렇게 미움받는 사람은 회식 같은 친목 행사에 절대로 초대받지 못할 것이다. 불쌍하지만 어쩔 수 없다.

내가 의사가 된 지 얼마 안 되었을 때 나에게 유난히 쌀쌀맞게 굴던 간호사가 있었다. 우리는 의대를 졸업하면 자세한 설명 없이 바로 현장에 투입된다. 그래서 인턴으로 처음 투입되면 아무것도 모른 채로 출근한다. 물론 일이 손에 익지 않아 도움을 주지도 못하고 오히려 더 힘들게 했던 내 탓도 있을 것이다. 그러나 그 간호사는 늘 내 기분이 상하는 말들을 늘어놓았고 매일 조마조마한 마음으로 일했다.

물론 그 사람도 처음부터 그러지는 않았을 것이다. 과거에 자신도 똑같이 심한 말을 듣다 보니 자신을 보호하기 위해 모두에게 차가운 태도를 보이게 된 것이 아닐까. 그렇게 생각한 이후로는 그 사람이 하는 불쾌한 말도 크게 개의치 않게 되었다. 내가 겪었던 불쾌함을 다른 사람도 겪게 해서는 안 된다는 사실을 그 간호사 덕분에 몸소 느꼈기에 지금은 오히려 그 간호사가 고맙다.

그런데 그 간호사는 내 동료들과는 사이가 좋아서 다 같이 회식 같은 친목 행사를 여러 번 열었다고 한다. 나는 한 번도 그 회식에 초대받은 적이 없지만.

의사는 간호사에게 인기가 많나요?

많다.

현재 일본에는 의사가 약 30만 명, 간호사가 약 130만 명 있으며 그중 남성 의사는 약 25만 명, 여성 간호사는 약 120만 명이다. 비율로 따지면 남성 의사 한 명당 여성 간호사가 약 다섯 명 있는 셈이다. '인기가 많다'라는 말이 연애 대상으로 삼을 수 있는 이성에게 둘러싸여 있는 상태를 뜻한다면 남성 의사는 인기가 많다고 할 수 있다. 실제로 사내 연애로 간호사와 결혼하는 의사도 많다.

나는 대학 졸업 때까지 '연애 카스트' 제도 최하위에 있었지만 의사가 된 뒤에는 여성 간호사와도 자연스럽게 대화할 수 있을 만큼 많이 성장했다.

내 인기를 증명할 만한 에피소드를 하나 소개하겠다. 옛날 일본의 한 대학병원에서 일할 때 밸런타인데이에 ICU 간호사에게 따로 불려 가 초콜릿을 받은 적이 있다. 너무 기뻐서 퇴근할 때 다시 한번 감사 인사를 하고 싶어서 간호사 스테이션에 있는 그녀에게 가서 아까 초콜릿 고마웠다고 큰 소리로 인사했다. 그녀는 기쁜 듯하면서도 슬픈 듯한 묘한 표정을 짓고 있었다. 그다음 해부터는 나에게 초콜릿을 주는 사람이 한 명도 없었다.

핑크 병원이 무엇인가요?

의료인끼리 이성 간 교류가 활발한 병원을 말한다.

도시 전설처럼 전해 내려오는 이야기지만 일본에는 의료관계자들이 공적으로든 사적으로든 매우 친밀하게 지내는 특정 병원이 몇 곳 있는데 이를 핑크 병원이라 부른다.

구체적으로는 젊은 의사와 신임 간호사가 같은 기숙사에 살면서 매일 서로의 방을 오가며 술자리를 갖거나 19금 젠가 게임을 즐긴다고 한다.

이러한 핑크 병원 안에서도 특히 활발하게 활동하는 의사를 '핑크 닥터'라고 부른다. 핑크 닥터는 자신이 속한 병원의 모든 병동에 애인이 있는 것이 특징이다. 내 선배 중에도 핑크 병원 출신 핑크 닥터가 있었다. 어느 날 함께 수술하는데 수술실 내에 있던 간호사, 마취과 의사, 제2 보조의, 임상 공학 기사 등 나를 제외한 모든 관계자가 전 여자 친구였던 적도 있다. 그야말로 '슈퍼 핑크 외과 의사'인 셈이다. 당시 수술 환자가 80세 할머니여서 안타깝게도 '완전 정복'은 하지 못했다.

의대를 졸업한 뒤에는 수련의로 일할 병원을 찾는데 교육 내용이나 급여 등을 확인하는 동시에 그 병원이 핑크 병원인지를 중요하게 따지는 사람도 있을 정도다. 정말 못 말린다. 나는 핑크 병원에서 일하기보다는 수술을 성공시켜 환자의 미래를 장밋빛으로 물들이는 편이 낫다고 늘 생각한다. 핑크 병원 같은 건 정말로. 전혀 부럽지 않다. 정말로.

145 QUESTION 233 머리가 나빠도 의사가 될 수 있나요?

될 수 있다.

의사가 되기 위해서 필요한 것은 똑똑한 머리도 돈도 잘생긴 얼굴도 아니다. 의사 면허만 있으면 된다.

일본에서 의사 면허를 취득하려면 매년 2월에 실시되는 의사 국가시험에 합격해야 한다. 이 시험은 하루 약 200문항을 약 7시간에 걸쳐 풀어야 하며 그것을 이틀 동안 치르는 말 그대로 지옥 같은 시험이다. 합격률은 약 90%다. 그런데 의사 국가시험에 응시하려면 의과대학에 입학해야 하므로 의대 입시도 치러야 한다. 의대에 들어간 후에도 매년 진급을 위한 시험이 있다. 의사가 되기 위해서는 이처럼 수많은 시험을 통과해야 한다. 그러니까 어떻게 보면 시험을 잘 보는 사람이 조금 더 수월하게 의사가 될 수 있다. 반대로 말하면 머리가 나쁘더라도 이 능력만 뛰어나다면 의사가 될 수 있다는 뜻이다.

애초에 '머리가 좋다, 나쁘다'를 나누는 기준은 무엇일까? 그것을 어떻게 평가할 것인가도 사실 매우 애매하다. 시험에 합격한 사람을 '머리가 좋은 사람'이라고 정의한다면 의사는 모두 머리가 좋다는 얘기가 되지만 실제로는 그렇지 않다. 머리가 좋은지 나쁜지는 단순히 시험만으로는 판단할 수 없다. 독자 여러분도 머리 나쁜 의사는 부디 조심하길 바란다.

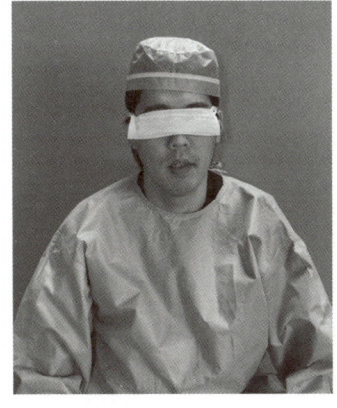

의대에 입학하기 위해서는 무엇이 필요한가요?

공부가 중요하다.

나는 게이오기주쿠 대학 부속 고등학교를 다녔기 때문에 대학 입시는 따로 보지 않고 내부 진학 제도를 통해 의과대학에 입학했다. 이 제도는 학교 성적이 우수해야 하기 때문에 수업을 성실히 듣고 열심히 공부했다. 모든 과목의 성적이 좋아야 해서 체육 점수를 올리기 위해 방과 후에 철봉 연습을 했던 기억도 난다.

가장 어려웠던 과목은 미술이었다. 나는 그림 그리는 데는 재능이 없었기 때문이다. 자화상을 그려서 제출해야 하는 수업이 있었는데 실력이 부족하니 시간이라도 많이 들이자 싶어서 한 변이 1m가 넘는 큰 캔버스를 집으로 가져와 밤샘 끝에 작품을 완성했다.

제출 당일 아침, 학교에 가려고 캔버스를 끈으로 등에 묶고 오토바이에 올라탔다. 달리기 시작한 순간 캔버스가 바람의 저항을 받아서 나는 자화상과 함께 뒤로 날아가 버렸다. 3m쯤 날아갔을까, 다행히 착지에는 성공했지만 큰 캔버스가 머리를 세게 때리는 바람에 캔버스에 구멍이 났고 자화상의 얼굴 부분에 내 얼굴이 튀어나왔다.

그 작품을 제출한 덕분에 미술에서 좋은 성적을 받았고 결국 의과대학에 진학할 수 있었다. 이 이야기를 믿을지 말지는 여러분들의 자유다.

의대에서 어떤 시험이 가장 어려웠나요?

생리학 시험.

의대에서는 해부학, 생화학, 미생물학, 공중보건학 등 인간의 몸이나 질병에 관한 다양한 것을 배운다. 그중에서도 생리학이 가장 어려웠다. 생리학은 간단히 말하면 인간의 몸이 어떻게 움직이는지 배우는 학문이다. 심장 근육이 어떤 원리로 움직이는지, 혈액이 어떻게 흐르는지 등을 배운다.

생리학 시험에서 교수님이 심장 근육에 대해 설명하라는 질문을 했을 때 공부를 거의 하지 않았던 나는 한마디도 할 수 없었다. 그때의 속상했던 마음이 잊히지 않아서 심장외과 의사가 되었는지도 모른다.

반대로 폐의 호흡기학은 잘했다. 고등학생 시절에 폐 속에 공기가 차서 폐를 압박하는 기흉이라는 병에 걸린 적이 있다. 그때 그 병에 관심이 생겨 공부를 했다. 기흉은 폐의 약해진 부분, 의학적으로는 폐 일부가 약해져 폐 표면에 기포(bulla)가 형성되고 그 기포가 터지면서 발생한다.

호흡기학 시험 때 교수님이 "기타하라는 기흉을 겪어본 적이 있다던데 그럼 그 원인이 뭔지 알겠지?"라고 질문해서 나는 "bulla가 원인입니다. 그래서 그 이후로는 속옷으로 브라는 착용하지 않으려고 합니다."라고 답했다. 놀라울 정도로 아무도 웃지 않았다. 그때의 속상했던 마음이 잊히지 않아서 나는 유튜버가 되었는지도 모른다.

의사 국가고시에 합격하기 위해 필요한 것은 무엇인가요?

일단 시험을 봐야 한다.

매년 2월에는 의사가 되기 위한 시험, 의사 국가고시가 시행된다. 줄여서 국시라고 부른다. 국시는 이틀에 걸쳐 진행되며 약 14시간 동안 약 400문항을 풀어야 하는 말 그대로 지옥 같은 시험이다.

의대생을 괴롭히는 '금기 문제'

400문항을 푸는 것만으로도 힘든데 '금기 문제'라는 것이 있어 의대생들을 힘들게 한다. 금기 문제란 실제 의료 현장에서 실수하면 환자에게 해를 끼칠 수 있는 상황에 관한 문제를 말한다. 전체 점수가 아무리 좋아도 이 금기 문제를 세네 개만 틀려도 불합격이라는 말이 있다. 예를 들어, 응급 수술이 필요한 환자를 그냥 집으로 돌려보낸다거나 임신 중인 환자에게 엑스레이 검사를 시행(태아에게 방사선은 위험하기 때문)한다고 답하는 등의 중대한 실수를 말한다. 하지만 공부를 열심히 했다면 충분히 합격할 수 있는 수준이다.

또 자신의 건강을 해치지 않는 것 역시 매우 중요하기 때문에 국시를 앞둔 의대생은 특히 몸 관리에 신경 써야 한다. 늦게까지 공부하며 무리해서 몸을 혹사하지 않도록 주의하자.

이야기도 잘 마무리 되었으니 학색들의 시험도 잘 마무리되길 바란다. … 물론 의대생이 아닌 독자들은 애초에 이 이야기 자체에 관심이 없을 수도 있겠지만.

149 베테랑 간호사와 전공의의 사이가 불편해지기도 하나요?

자주 있는 일이다.

매년 2월에 실시되는 의사 국가시험에 합격하면 인턴으로 의사 생활을 시작하게 된다. 의과대학에서는 질병의 진단이나 치료법에 대해서는 배울 수 있지만, 실제 현장 업무에 대해서는 배울 기회가 거의 없다. 예를 들어, 환자에게 약을 투여하려면 누구에게 어떻게 부탁해야 하는지, 배운 내용을 환자에게 어떻게 적용하는지 등 실제 현장 업무는 일을 하면서 배워야 한다.

이 시기에 현장 경험이 거의 없는 인턴과 현장을 잘 아는 베테랑 간호사 사이에서 갈등이 생기는 일이 종종 있다. 아마도 이런 갈등은 의사의 괜한 자존심 때문에 비롯된 것이라고 생각한다. 지금까지 누구보다 힘들게 의학에 대해 공부했는데, 다른 직종에 있는 사람한테 의료에 대해서는 배우고 싶지 않다는 생각이 태도에 드러나기 때문이다.

하지만 직종이나 경력에 상관없이 내가 모르는 내용을 알고 있는 사람을 존중하고 항상 배우려는 자세를 가진다면, 자연스럽게 주변 사람들과의 관계도 좋아질 수 있다고 생각한다. 나도 그 점을 항상 염두에 두고 생활했기 때문에 누구와도 불필요한 갈등 없이 즐겁게 인턴 시절을 보낼 수 있었다.

의사가 된 이유는 무엇인가요?

여자들에게 인기를 얻고 싶었다.

고등학교 1학년 때, 담임 선생님께서 중간고사 점수가 좋으니까 열심히 하면 의대에 갈 수 있다는 말씀을 하셨다. 그때부터 의사가 되면 인기가 많아질 것이라고 생각해 미친 듯이 공부했고 결국 의사가 되었다. 심장외과를 선택한 이유도 잡지 특집 기사에서 '미팅에서 가장 인기가 많은 진료과 1위'가 심장외과였기 때문이다.

환자에게 도움을 주는 의사란

의사가 된 이유를 물었을 때 인기를 얻고 싶다거나 돈을 많이 벌고 싶다고 말하면 불순하다고 생각한다. 하지만 프로로서 중요한 것은 의사가 된 이유가 아니라 자신이 가진 지식을 충분히 활용해 최선을 다해 환자의 질병을 치료하는 일이다.

나는 인기를 얻고 싶다는 불순한 동기를 원동력 삼아 최선을 다해 환자를 치료하고 있다. 그리고 그 어떤 숭고한 동기를 가진 의사보다도 환자에게 도움이 되고 있다는 자신감이 있다. 물론 환자 입장에서는 사람을 살리는 것을 사명이라 여기고 수술하는, 선의에 가득 찬 의사에게 진료를 받고 싶을 수도 있다.

하지만 개인적으로는 선의로 환자를 살리겠다고 말하는 의사보다 돈을 받고 일하니까 그에 걸맞은 일을 하겠다고 말하는 의사에게 내 목숨을 맡기고 싶다. 나는 사람의 선의보다는 돈이나 계약을 더 신뢰하니까.

가장 똑똑한 사람이 가는 과는 어디인가요?

그런 건 따질 수 없다.

나는 예전부터 ○○과는 다른 과보다 더 고귀한 일을 한다거나 ○○과는 다른 과보다 우수하다는 주관적인 견해를 정말 싫어했다.

의사는 모두 그 분야의 전문가

의사는 전공에 따라 내과, 외과, 산부인과 등으로 나뉘고 외과 안에서도 호흡기 외과, 소화기 외과 등 장기에 따라 더 세분화된다. 의대생일 때는 모든 장기에 대해 한 번씩은 공부하지만 10년쯤 지나면 자신의 전문 분야가 아니면 다른 분야는 잘 알지 못한다. 나는 심장외과 의사이기 때문에 심장에 관해서는 잘 알지만 피부나 뼈에 대해 질문을 받는다면 아마 제대로 대답하지 못할 것이다. 각 과가 하는 일이 다를 뿐 의사들은 모두 그 분야의 전문 지식을 가지고 있다. 애초에 비교 자체가 불가능하므로 진료과 간에 우열은 따질 수 없다.

목숨과 관련된 진료를 하는 의사가 더 대단하다거나, 돈을 많이 벌면 나쁜 의사라고 생각하는 사람이 있다. 하지만 목숨과 관련이 있든 없든, 돈을 잘 벌든 못 벌든, 자신의 전문 지식을 활용해 환자의 행복을 위해 힘쓰고 있다면 모두 똑같이 훌륭한 의사다. 원래부터 모두가 유일무이한 특별한 존재니까.

그런데 가장 멋있는 진료과는 당연히 심장외과다.

실제로 많은 사람이 교수 회진에 참여하나요?

하는 곳은 한다.

드라마에서도 자주 등장하는 교수를 선두로 의사들이 줄지어 환자의 병실을 도는 교수 회진은 실제로 존재한다. 물론 드라마처럼 가지런히 줄을 서서 교수 회진을 다니는 경우는 보지 못했다. 교수 회진은 진료과마다 특색이 있으며 교수의 성격이 드러나는 자리이기도 하다. 나 역시 학생 시절 여러 진료과에서 교수 회진을 경험했다.

우월감을 드러내는 교수

어떤 과의 교수는 회진 중에 반드시 계단을 이용해서 매번 1층부터 7층까지 모두가 계단을 올라가야 했다. 교육 목적이라며 회진 중에 영어만 사용하도록 하는 교수도 있었고, 환자 앞에서 학생에게 어려운 질문을 던져 대답을 못 하면 "제가 이 친구를 잘 교육해서 훌륭한 의사로 만들겠습니다."라며 우월감을 드러내는 교수도 있었다.

학창 시절에는 아무것도 모르고 그냥 따라다니기만 했기 때문에, 교수에게 질문을 받고 대답하지 못해 공부를 더 열심히 하라고 혼나는 일이 잦았다. 그 일을 계기로 마음을 다잡고 공부에 전념했다. 지금은 혼나는 일도 없어졌고 내가 회진의 맨 앞에 서기도 한다. 의사가 된 이후엔 나도 제법 사람다워졌다.

의국은 뭐 하는 곳인가요?

의사들의 집단을 의미한다.

의국이란 대학병원의 진료과별로 나뉘어 있는 의사들의 집단을 말한다. 의사는 크게 의국에 소속된 의사와 그렇지 않은 의사로 나눌 수 있다. 대학에서 일하는 의사는 대부분 의국에 소속되어 있지만 대학병원이 아닌 곳에서는 의국 소속 의사와 비소속 의사가 함께 근무하기도 한다. 그 이유는 의국에 소속된 의사가 대학에서 파견되어 오거나 아르바이트 형태로 대학병원이 아닌 다른 병원에서 일하는 경우가 있기 때문이다. 그 외 의사는 대학의 의국에 소속되지 않고 해당 병원에 직접 고용되어 일하는 경우다.

의국 소속일 때의 장점과 비소속일 때의 장점

의국 소속일 때 장점은 대학에서 연구를 진행하기 쉽다는 점, 관련 병원으로 파견되기 때문에 별도의 취업 활동을 하지 않아도 되는 점 등을 들 수 있다. 반면 의국에 소속되지 않았을 때의 장점은 자신이 일할 병원을 자유롭게 선택할 수 있다는 점이 아닐까.

나는 지금 미국에 있지만 일본 대학의 의국에 소속되어 있다. 나에게 의국이란 같은 진료과의 선배와 후배들을 이어주는 연결고리와 같은 존재다. 의국에 소속된 의사가 자신의 본명으로 유튜버 활동을 하면 환자가 불만을 제기하거나, 의국의 이미지에 타격을 줄 수 있기 때문에 하지 말라고 주의를 받는 것이 일반적이다. 내가 아무런 제지 없이 자유롭게 '유튜버 외과 의사'로 활동을 이어갈 수 있는 이유는 아무 말 없이 내가 하는 활동을 묵묵히 응원해 주는 모교의 의국 덕분이라고 생각한다. 최고의 의국이다.

의사가 학회에 가면 병원에 일손이 부족해지지 않나요?

반드시 병원을 지키는 의사가 있다.

의료계에서 학회란 같은 전문 분야의 의사들이 전국에서 모여 서로 치료 성과나 새로운 수술 방법 등을 발표하는 모임을 말한다. 보통 학회는 1년에 한 번 정도 열린다. 젊은 의사들은 사람들 앞에서 말할 기회가 적기 때문에 사전에 발표 연습을 하고 학회에 참가한다. 그리고 발표를 잘하면 칭찬을 듣는다. 마치 피아노 발표회 같은 느낌이다. 학회 전에 선배 의사 앞에서 리허설을 해보는데 그 자리에서 신랄한 지적을 듣고 의기소침해지는 의사들도 많다.

학회 중 병원에는?

학회 기간에는 평소보다 병원에 있는 의사의 수가 적어진다. 하지만 무슨 일이 생길 때를 대비해 병원에는 반드시 당직 의사가 상주하니 걱정할 필요가 없다. 긴급 수술이 생겨도 대응할 수 있도록 외과 의사 한 명은 꼭 병원에 남는다.

다만, 교수나 지위가 높은 의사들은 학회에서 맡은 일이 많아서 빠질 수 없으므로, 학회 기간에 병원에 있는 의사는 경력이 그리 길지 않은 경우가 많다. 그렇다고 실망할 필요는 없다. 병원에 있는 의사의 수는 줄지만 대신 학회가 열리는 도시나 학회로 가는 비행기 안은 의사들로 넘쳐난다. 비행기에서 승무원이 "이 안에 의사분 계신가요?"라고 물었을 때 주변이 전부 의사일 수도 있다.

155. 새로운 의학 정보나 기술은 어디서 배울 수 있나요?

논문을 통해서 배운다.

논문이란 연구 결과나 새로운 수술 방법에 대한 해설 등을 적은 글이다. 이러한 글들이 실리는 학술지가 매달 발행된다. 누구나 이 학술지에 논문을 제출할 수 있지만 과학적으로 신뢰할 수 있는 내용인지 판단하기 위해 전문가들의 심사를 거치며 그 심사를 통과한 논문만이 게재된다. 결과가 명확하지 않은 경우에는 'A 병에는 B 약이 효과가 있다'처럼 단정적인 표현 대신 'B 약이 효과가 있을지도 모른다'라고 고쳐 쓰라는 지시를 받기도 한다.

논문이 게재되면 실적으로 인정받지만 그것만으로 돈을 벌 수는 없다. 오히려 게재료를 내야 하는 경우도 있다. 그럼에도 의학을 깊이 있게 연구하고자 하는 의사, 업적을 쌓고 싶은 의사들은 계속해서 논문을 쓴다. 어쩌면 내가 유튜브에 올릴 영상을 계속 만드는 것과 비슷할지도 모르겠다.

예전에는 제약회사 직원이 병원 복도에서 의사를 붙잡고 최신 약이나 치료법에 대해 열심히 설명하기도 했다. 같은 성분의 약을 여러 회사에서 팔기 때문에 자사 제품을 선택해주길 바라는 마음에서다. 설명에만 그치지 않고 고급 도시락을 제공하거나 접대 차원에서 온천 여행에 데려가기도 했다고 한다. 지금은 이런 지나친 접대가 거의 사라졌지만 일본 어딘가에서는 아직도 그런 일이 있을지도 모른다. 하지만 나는 그런 접대에 현혹되지 않고 과학적으로 환자에게 가장 좋은 약과 치료법을 선택한다. 고급 도시락, 온천 여행… 부럽지 않다!! 진짜다.

156. 라인을 잡으라는 말은 무슨 뜻인가요?

혈관에 바늘을 꽂아 수액을 넣을 수 있는 상태로 만드는 것을 말한다.

'라인을 잡는다'라는 말은 몸 안에 약물이나 수분 등의 수액을 직접 투여하기 위해 특수한 가는 바늘을 혈관에 꽂는 행위를 말한다. 여기서 말하는 라인이란 수액이 지나가는 통로를 의미한다.

이 표현은 의학 드라마에서 환자가 구급차로 실려 왔을 때처럼 응급 치료가 필요한 상황에서 자주 등장한다. 응급 상황이란 원인을 명확히 알 수 없지만 신속히 병을 진단하고 치료하지 않으면 위험해질 수 있는 상태를 말한다. 예를 들면, 혈압이 급격히 떨어지거나 환자가 의식을 잃었을 때가 이에 해당한다. 라인을 잡아두면 필요할 때 즉시 약을 혈액에 넣어 치료를 시작할 수 있다. 의식이 없어 약을 먹을 수 없는 환자를 치료할 수 있고, 먹는 약보다 더 빠르고 강하게 약효를 낼 수도 있다. 또한 출혈이 있거나 탈수 상태인 사람에게는 혈액이나 수분을 보충해 줄 수도 있다.

그러고 보니 예전에 응급실에서 선배 의사가 간호사에게 라인을 잡아달라고 지시한 후에 겸사겸사 라인 메신저 아이디도 알려달라고 말하는 것을 들은 적이 있다. 남녀 사이의 라인을 넘고 싶었던 건지는 모르겠지만 공과 사는 확실히 해주었으면 좋겠다.

진짜 외과 의사의 노트

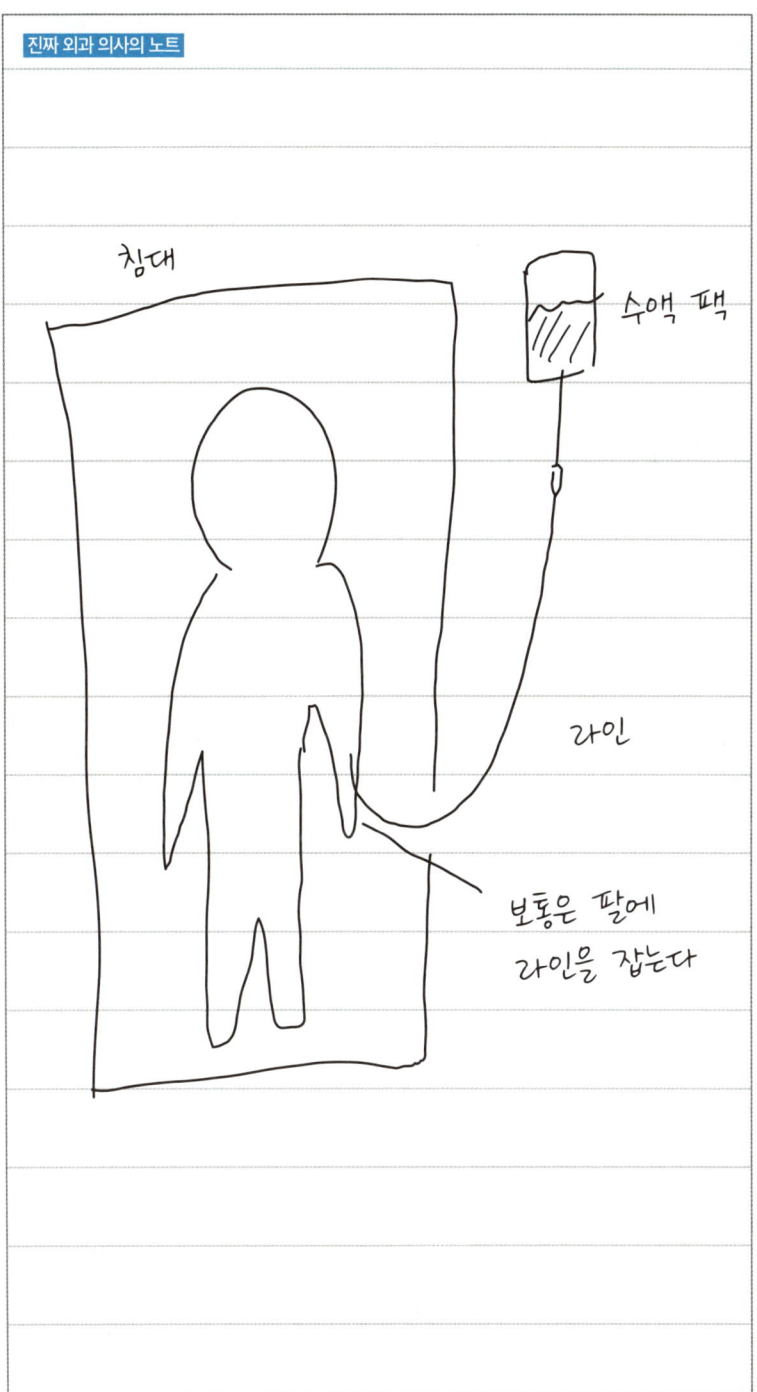

의학의 발전으로 없어진 병이 있나요?

소아마비.

소아마비는 과거에 전 세계적으로 유행하며 많은 사람의 목숨을 앗아간 질병이다. 폴리오 바이러스(Poliovirus)에 감염되어 발생하는 질병으로, 입을 통해 감염되는 경우가 많다. 한 번 걸리면 낫지 않는 끔찍한 질병이지만 백신이 개발되어 지금은 거의 발생하지 않게 되었다. 독자 여러분들도 분명 어릴 때 소아마비 백신을 접종했을 것이다.

폴리오 바이러스는 신경을 공격해 신체를 마비시킨다. 심할 경우 호흡을 관장하는 신경까지 손상시켜 호흡 곤란으로 사망하기도 했다. 예전에는 이를 치료하기 위해 '철의 폐(Iron Lung)'라는 거대한 치료 장비를 사용했다.

우리는 호흡할 때 먼저 가슴 근육이 흉곽을 확장시켜 내부에 여분의 공간을 만든다. 그렇게 되면 내부 압력이 낮아서 음압이 발생하고 이 공간을 채우기 위해 폐가 팽창한다. 그러면서 자연스럽게 공기가 입으로 들어와서 호흡이 이루어진다. '철의 폐'는 이러한 음압을 기계 안에서 인위적으로 만들어내는 장치다. 환자가 그 안에 들어가면 폐가 팽창하도록 도와주어 자연스럽게 공기를 들이마실 수 있게 해준다. 하지만 장비가 너무 크고 비용도 많이 든다는 단점이 있었다. 이후 새로운 형태의 인공호흡기가 개발되면서 철의 폐는 사용하지 않게 되었다.

새롭게 개발된 인공호흡기는 현재 병원에서 사용되는 기기와 거의 같은 원리로 작동한다. 목에 관을 삽입해 직접 폐로 공기를 불어 넣어서 호흡을 돕는 장치다. 공기를 직접 주입하는 양압 방식으로 호흡을 가능하게 하는 것이다. 구형 인공호흡기(철의 폐)는 입을 통해 공기를 흡입하는 자연스러운 호흡의 원리 '음압'을 이용해 호흡을 돕고, 신형 인공호흡기는 반대로 '양압'을 이용해 공기를 직접 넣어주는 방식이라는 점이 매우 흥미롭다.

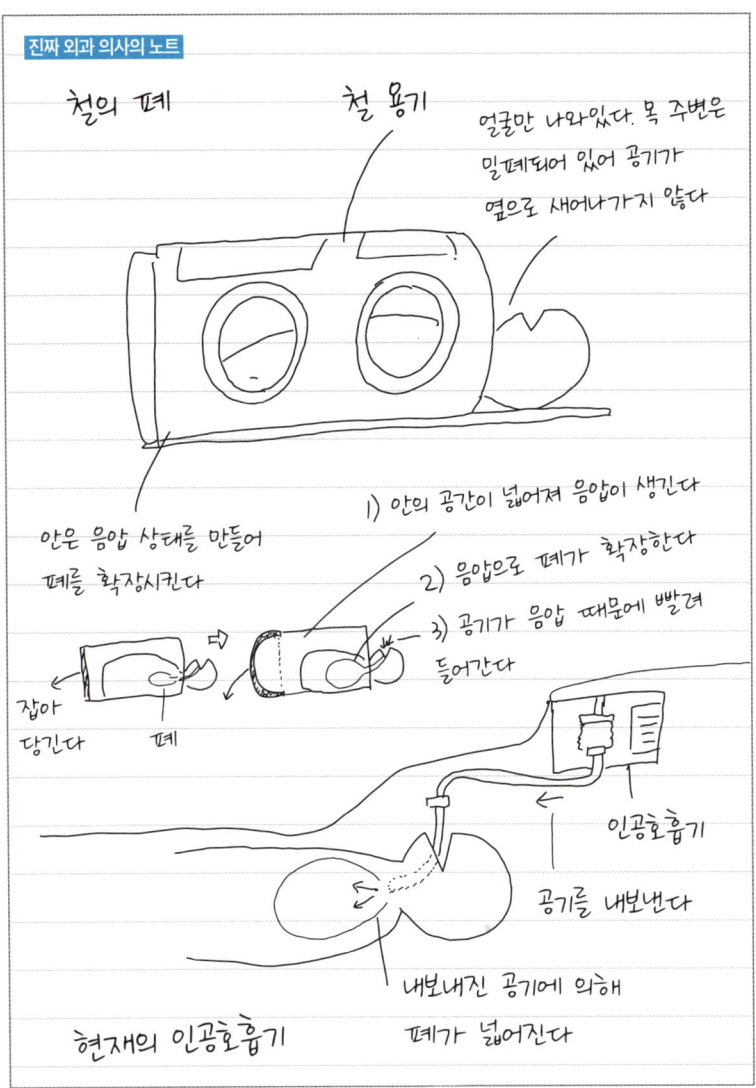

158 만화 『의룡』과 실제 심장외과는 어떻게 다른가요?

현실과 다른 부분도 있다.

만화 『의룡』에서는 심장외과 의사, 간호사, 마취과 의사, 내과 의사 등이 심장 수술 전문 팀을 이루어 활약하는 모습이 그려진다. 하지만 현실에서는 그런 전문 팀이 있는 경우는 매우 드물다. 병원에 따라서는 심장외과에 대해 전혀 모르는 젊은 외과 의사, 신입 간호사가 심장 수술에 참여할 때도 있다. 당황하는 신입에게 화를 내는 의사들도 많이 봤다. 나도 젊었을 때 의사에게 혼나 풀이 죽은 간호사에게 위로의 말을 건넸는데, "선생님 같은 초짜는 위로해 주어도 전혀 기쁘지 않아요."라는 말을 들은 적도 있다. 그냥 고마워하면 될 텐데 어지간히 부끄러웠나 보다.

사실 거의 모든 사람이 자신이 수술 받을 때는 숙련된 외과 의사와 간호사로 구성된 팀에게 받기를 원할 것이다. 나도 그렇다. 하지만 신입 외과 의사와 간호사를 키우는 일은 수술을 안전하게 수행하는 것만큼이나 중요하다. 왜냐하면 우리는 지금 눈앞에 있는 환자의 생명을 구하는 것뿐 아니라 앞으로 우리 아이들 세대를 치료해 줄 다음 세대의 의료인을 키워야 하기 때문이다. 환자가 안전하게 수술을 받을 수 있도록 충분히 준비하면서도 젊은 세대에게 배울 기회를 주고 우리도 함께 배워나가야 한다. 이는 미래 세대를 생각한 SDG(S: 심장외과 의사의 D: 당연한 G: 목표)라고도 할 수 있다.

대단하다고 느껴지는 최첨단 의료 기술에는 무엇이 있나요?

몸속을 들여다보는 기술.

예전에 의사들은 피부색 변화, 청진기로 들리는 소리, 체취의 변화 등 겉으로 드러나는 정보를 바탕으로 몸의 문제를 찾아냈다. 하지만 지금은 기술의 발달 덕분에 겉으로 드러나는 증상뿐만 아니라 직접 몸 안을 들여다보며 문제를 찾아낼 수 있게 되었다.

CT나 MRI 같은 장치는 원통형 기계로 몸 전체를 스캔해 몸속을 속속들이 보여준다. 이러한 기술 덕분에 병의 위치나 모양을 정확하게 파악할 수 있게 되어, 몸속을 치료해야 하는 수술을 더욱 수월하고 안전하게 할 수 있다. 최근에는 CT로 촬영한 데이터를 바탕으로 몸속 장기를 정밀하게 재현해, 3D로 영상화하는 기술도 개발되고 있다. 이 기술을 통해 복잡한 심장의 형태나 뒤엉킨 좁은 혈관 등을 더 정밀하게 표현할 수 있다.

이러한 최첨단 기술이 있다면 복잡한 심장병 환자도 더욱 안전하게 수술을 받을 수 있다. 우리가 어릴 적 꿈꾸던 투시 안경과 비슷하지만 목적이 다르다. 아무래도 이쪽이 더 세상에는 도움이 될 것이다.

존경하는 역사적 인물은 누구인가요?

살바도르 달리.

존경하는 역사 속 의료인은 딱히 떠오르지 않지만 살바도르 달리라는 역사적인 화가를 좋아한다. 달리는 스페인 출신으로 슈르레알리즘을 대표하는 화가 중 한 명이다.

슈르레알리즘은 '초현실주의'라고 번역한다. 현실을 뛰어넘는 표현이라는 의미보다는, 욕망이나 꿈처럼 의식적으로 제어할 수 없는 것을 그대로 형상화해 표현하는 기법이라고 볼 수 있다. 녹아내리듯 흐물흐물해진 시계 그림이 유명한데 나도 예전에 그런 시계를 가지고 있었다. 그런데 시간을 알아보기 힘들어서 수술에 늦을 뻔한 이후로는 사용하지 않고 있다.

이해하기 어려운 개그나 유머를 표현할 때도 초현실적이라고 지칭한다. 이것도 바로 초현실주의에서 온 말이다. 다만 개그에서 초현실적이라고 하면 무슨 말인지 이해가 안 된다는 비판적인 의미로 쓰이는 경우가 많아, 본래의 초현실주의의 의미와는 다소 다르다. 원래 초현실주의란, 예를 들어 머리가 초밥인 사람이 초등학교에 등교하고, 하교할 때까지 아무도 이상하다고 느끼지 않는 그런 상황이라고 할 수 있다.

나 역시 알기 쉬운 직설적인 표현보다는 초현실적인 영상과 글을 창작하는 것을 좋아한다. 어쩌면 일반 사람들은 내 작품을 이해하기 힘들지도 모르겠다.

음, 그렇다면 나도 달리처럼 유명해질 수 있을까?

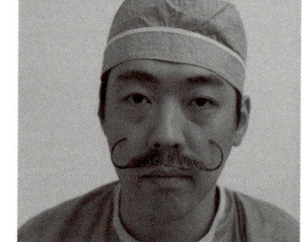

휴대전화가 의료 기기에 영향을 줄 수 있나요?

영향을 줄 수 있다.

휴대전화 전파가 심장 박동을 조절하는 심박 조율기 등의 의료기기에 영향을 줄 수 있다. 드물지만 전파가 심박 조율기의 설정을 바꾸어버릴 가능성도 있다. 그래서 휴대전화는 심박 조율기에서 15cm 이상 떨어뜨려서 사용해야 한다.

다만 심박 조율기는 일반적으로 쇄골 아래 가슴 부위에 부착되어 있으므로 만원 지하철처럼 매우 혼잡한 상황이 아닌 이상 다른 사람의 쇄골에서 15cm 이내 거리에서 휴대전화를 사용하는 일은 거의 없다.

가까이에서 사용하지 않는 한 기본적으로는 전혀 문제가 되지 않기 때문에, 심박 조율기를 부착한 환자를 자주 만나는 심장외과 의사도 병원 안에서 휴대전화를 자주 사용한다. 새로운 의학 논문을 찾아보거나 수술 일정을 확인하거나 환자의 진료기록을 열람할 때도 쓴다. 예전에는 근무 중 휴대전화를 만지작거리면 선배 의사에게 휴대전화 보지 말고 일이나 하라고 혼나던 시절도 있었지만, 지금은 오히려 업무상 휴대전화를 사용하는 일이 많아졌기 때문에 혼나는 일도 줄어들지 않았을까 싶다.

인간 이외의 생물도 수술하나요?

하지 않는다.

나는 인간의 심장외과 의사이기 때문에 사람만 수술한다. 사람 이외의 동물 수술은 수의사가 담당한다. 매년 약 1,000명이 수의학부를 졸업해 수의사가 된다. 현재 일본에는 약 4만 명의 수의사가 있다. 이들 대부분은 개, 고양이 같은 작은 동물을 진료한다.

수의학의 발전으로 반려동물의 평균 수명이 고양이는 3세에서 15세, 개는 2세에서 14세로 크게 늘어났다. 특히 일본의 동물 심장외과는 세계 최고 수준이다. 연간 수술 건수로 보면 영국은 약 20건 정도인데 비해 일본은 약 700건 정도로 약 30배 차이다. 치료 실적도 세계 1위다. 수술을 받기 위해 해외에서 개를 데리고 일본으로 가는 사람도 있다.

동물의 심장병 중 흔한 것은 고양이의 심장 근육 이상, 개의 심장 판막 이상이라고 한다.

참고로 내가 키우는 고양이 이름은 신조(일본어로 심장을 신조라고 한다-옮긴이)'다.

QUESTION 163 / 233
뇌 수술에도 관심이 있나요?

없다.

뇌 수술은 신경외과에서 한다. 나는 심장외과 의사이므로 심장 수술만 한다. 뇌는 No다.

뇌는 영어로 '브레인(brain)'이라고 하는데, 내가 의대생이던 시절에는 머리가 좋은 학생들을 '브레인'이라고 불렀다. 이 브레인들 중 몇 명은 실제로 신경외과 의사가 되었다. 당시에는 아직 미지의 장기라고 불리는 뇌를 수술하는 것은 '브레인'이라 불릴 정도로 굉장히 머리 좋은 사람들만이 할 수 있는 일이라고 생각했다. 반대로 머리가 좋지 않은 사람들은 평범하다는 의미의 영어 단어인 '플레인'이라고 불렸다. 그들이 어느 진료과에 갔는지는 기억나지 않는다.

그 당시 나는 브레인도 플레인도 아니었지만 심장외과 의사로서 수년간 수련을 쌓은 지금은 브레인의 영역에 도달한 것이 아닐까. 지금이라면 뇌 수술 정도는 가볍게 해낼 수 있을지도 모른다.

> 신경외과 선생님, 죄송합니다.
> 농담입니다. 이건 뭐 브레인이 아니라 블레임(blame)의 대상이 되겠네요.

전문 분야 이외의 진료과도 볼 수 있나요?

할 수 있다고 하면 할 수 있고, 할 수 없다고 하면 할 수 없다.

올바른 의료 서비스를 제공하기 위해서는 자신이 전문으로 하는 진료과의 최신 정보를 날마다 업데이트해야 한다. 이것을 하지 않으면 잘못된 치료를 할 가능성이 있기 때문에 전문 분야가 아닌 진료과의 환자를 보는 것은 추천하지 않는다.

하지만 지금부터는 현실적인 이야기를 해보겠다.

대학병원에서 일하는 의사는 평소 근무하는 곳과는 다른 병원에서 주 1회 정도 아르바이트로 일하기도 한다. 대학병원의 급여는 일반 병원보다 낮아서 대학병원에서 일하는 의사들 대부분이 이 아르바이트를 하고 있다.

아르바이트에는 여러 종류가 있지만 주로 건강검진이나 일반 병원 외래 진료를 맡는다. 그때는 자신의 전문 분야가 아닌 진료과에서 일하기도 한다. 나도 일본의 대학병원에서 근무할 때는 주 1회 투석 병원에서 아르바이트를 했는데, 그곳에서는 내과 의사로 일했다. 그리고 주 1회 아르바이트 급여가 대학에서 받는 월급보다 많기도 했다.

아르바이트 급여는 일의 내용이나 병원의 위치에 따라 다르며 바쁜 병원이나 도심에서 떨어진 병원 등에서는 하루에 약 30만 엔 정도 받을 수 있는 곳도 있다. 반대로 전혀 바쁘지 않고 야간에 병원에 머무르기만 하면 되는 당직 아르바이트도 있는데, 이것은 1회 약 3만 엔 정도가 시세다. 나는 이 야간 당직을 정말 좋아했다. 여담이지만 야간 당직실에는 희한하게도 『고르고 13』(초현실적인 살인청부업자가 주인공인 사이토 다카오의 작품으로 2억 8천만 권 이상 팔린 인기 작품-옮긴이)이라는 만화책이 항상 비치되어 있었다.

내과 의사도 수술을 하나요?

한다.

수술은 도구를 사용해 인간의 몸속을 치료하는 행위다. 전통적으로는 메스로 피부를 절개해 몸속 장기를 치료할 수 있는 것은 외과 의사뿐이다. 하지만 지금은 기술의 발전으로 인해 메스로 몸을 절개하지 않고 가느다란 바늘만을 이용해 몸속 장기를 치료할 수 있으므로, 외과 의사가 아닌 내과 의사도 수술을 한다고 말할 수 있다.

순환기 내과 의사는 카테터라는 가느다란 관을 사용해 메스를 쓰지 않고 심장의 혈관을 넓히고 심장에 새로운 판막을 설치하기도 하며 심장 안의 구멍을 막기도 한다. 정말 다양한 치료를 하고 있다. 다만 이 치료는 메스로 신체를 절개하지 않기 때문에 엄밀히 말해서 수술이 아니라고 생각하는 의사도 있을 수 있다. 하지만 수술이라는 말의 정의는 그리 중요하지 않다. 중요한 것은 내과 의사와 외과 의사 모두 이러한 기술의 발전을 받아들이고 최선을 다해 환자를 치료한다는 사실이다.

> 가끔은 의사답게 진지하게 이야기를 끝내도 좋지 않을까.

166  비행기에서 의사를 찾는 안내 방송이 나오면 꼭 가야 하나요?

의사의 재량이다.

나는 인턴 시절, 비행기 안에서 이런 상황을 마주했을 때 세 가지 이유로 손을 들지 말아야 한다고 선배에게 배웠다.

첫 번째는 보수 문제다. 비행기 안에서는 진료를 해도 돈을 받을 수 없다. 의사는 생명을 구하는 것이 직업이지만 모든 사람을 무료로 치료하는 것은 아니며 대가를 받고 일한다.

두 번째는 진단과 치료가 어렵다. 우리 의사들은 평소 다양한 도구를 사용해 환자를 치료한다. 비행기 안에 있는 의료기기는 제한적이라서 질병을 정확히 진단하고 치료하기가 쉽지 않다.

세 번째는 소송의 가능성이 있다. 치료를 시작한 이상 무슨 일이 생기면 소송을 당할 가능성도 있다. 일본 항공사 홈페이지에는 명백한 과실이 없으면 보호받는다고 적혀 있지만 어디까지가 과실인지 판단하기는 쉽지 않다.

일본 의사법에 따르면 의사는 정당한 이유 없이 진료를 거부해서는 안 된다는 조항이 있지만, 그것은 어디까지나 근무 시간 중에 해당하는 이야기다. 비행기를 타고 있는 동안은 의사이기도 하면서 의사가 아니기도 한 셈이다. 따라서 의사임을 밝힐지는 그곳에 있는 의사 마음이다.

현재 일본의 주요 항공사들은 '의사 사전 등록 제도'를 활용하고 있다. 이 제도를 통해 승무원은 의사가 있는지 확인하는 방송을 할 필요 없이 긴급 상황이 발생했을 때 사전에 등록된 의사에게 바로 요청한다. 다만 앞서 언급한 세 가지 이유가 여전히 존재하기 때문에 얼마나 많은 의사가 사전 등록을 했는지는 알 수 없다. 나는 승무원에게 멋진 모습을 보여주고 싶어서 이미 등록을 마쳤다.

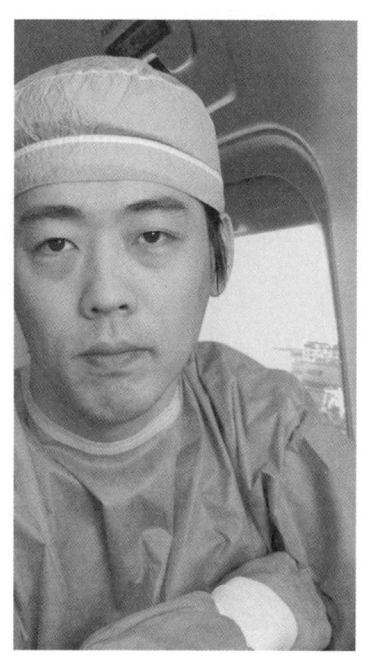

167 QUESTION 233 인공호흡을 첫 키스라고 할 수 있나요?

없다.

'연인이 물에 빠져서 구해낸 후 급히 인공호흡을 했다. 그녀는 다시 숨을 쉬기 시작했다. 생각해 보니 이것이 우리 둘의 첫 키스였다'라는 달콤 씁쓸한 에피소드는 현실에서는 존재하지 않는다. 왜냐하면 일반적인 키스처럼 입술과 입술을 맞대기만 해서는 불어넣은 공기가 입술 사이나 코로 새어 나가 효과적인 인공호흡이 되지 않기 때문이다. 인공호흡의 목적은 강제로 폐에 공기를 밀어 넣어 호흡을 유도하는 것이며 이를 효율적으로 수행하려면 연인의 입술과 자기 입술이 아닌 연인의 폐와 자신의 폐 사이에 어떠한 틈도 생기지 않도록 밀폐한 상태로 공기를 넣어야 한다.

연인을 정말로 구하고 싶은 사람을 위해 인공호흡 방법을 알려주겠다. 우선 공기가 새지 않도록 연인의 코를 손가락으로 막는다. 다음으로 연인의 '입술 주변'에 자신의 입술을 밀착시킨다(노트 참고). 입술과 입술을 맞대어서는 안 된다. 그것이 여러분이 바라는 바라도. 그리고 공기가 새지 않도록 힘차게 상대의 입으로 공기를 불어넣는다. 풍선을 부는 느낌으로.

입을 크게 벌려 연인의 입술 주변 전체를 덮기 때문에 마치 입을 먹고 있는 것처럼 보일지도 모른다. 약간 우스꽝스럽지만 만약 당신이 정말로 연인을 구하고 싶다면 '입술 주변'을 덮듯이 밀착해야 한다. 키스가 아니라는 점을 꼭 기억하기를 바란다.

참고로 혀를 격렬하게 움직이는 찐한 키스는 오히려 공기가 더 많이 새기 때문에 일반적인 키스보다 더 나쁜 방법이다. 사랑은 깊어질지도 모르지만.

> **진짜 외과 의사의 노트**
>
> 이곳에 밀착한다

의사가 열이 나면 어떻게 하나요?

우선은 스스로 발열 원인을 찾아본다.

몸 상태가 별로 좋지 않아 열을 쟀는데 체온이 높다면 의학적으로 발열의 원인을 탐색한다. 왜냐하면 나는 외과 의사이기 때문이다. 열이 나는 원인에는 여러 가지가 있지만 가장 먼저 떠오르는 것은 세균이나 바이러스에 감염된 경우다.

물론 그 외에도 생각할 수 있는 다양한 원인이 있지만 더 이상 생각하지 않는다. 왜냐하면 나는 외과 의사이기 때문이다. 나는 이미 어떤 질병을 앓고 있는지 알고 있는 환자를 주로 수술한다. '열이 난다', '가슴이 아프다'와 같은 증상을 바탕으로 그 사람의 질병을 진단하는 능력은 뛰어나지 않다. 그래서 열이 나는 원인을 잘 모를 때는 똑똑한 내과의 친구에게 물어본다.

발열의 원인을 추리하는 것보다 더 중요한 것은 평소에 건강 관리에 신경 쓰고, 환자를 위해 매일 수술을 잘 해낼 수 있는 건강 상태를 유지하는 것이다. 왜냐하면 나는 외과 의사이기 때문이다.

나는 외과 의사가 된 이후로 열이 나서 일을 쉰 적은 단 한 번도 없다. 물론 관심이 가는 그 사람 때문에 가슴이 뜨거워진 적은 있긴 하지만.

외과 의사의 수면 시간은 어느 정도인가요?

내 수면 시간은 약 8시간 정도다.

외과 의사는 밤에 잠도 못 잘 만큼 바쁘다고 생각할지 모르지만 실제로는 의외로 여유로울 때도 있다.

다만 외과 의사라는 생물은 자신이 한가하다는 사실을 상대에게 들키고 싶지 않아 하는 성향이 있다. 그래서 실제보다 더 바쁜 척 행동하는 경향이 있으므로 조심해야 한다. 한가해도 바쁜 척을 한다는 의미다. 외과 의사끼리 병원 안에서 마주치면 응급 수술 때문에 이틀 내내 수술실에 있었다는 둥, 지난달에 수술을 100건이나 했다는 둥 서로 얼마나 바쁜지 경쟁하듯 늘어놓는다.

또, 같은 외과 의사라고 해도 실제로 수술하는 집도의와 보조만 하는 보조의 사이에는 업무량이나 책임의 정도가 크게 다르다. 하지만 수술실로 향하는 외과 의사들은 모두가 하나같이 내가 이 사람을 살리겠다는 각오를 불태우기 때문에 비전문가의 눈에는 누가 집도의인지 구별하기 어려울 수 있다.

예전에 연인과 저녁 식사를 하고 있는데 응급 수술 호출이 온 적이 있다. 내가 안 가면 수술 시작도 못 한다고 허세를 부리며 멋지게 자리를 뜬 적이 몇 번 있었지만, 사실 그때 수술 중에 내가 한 일이라고는 집도의의 손에 물을 뿌려주는 정도였다.

그래서 사실 바쁘다는 말을 입에 달고 산다고 해도 정말 바쁜지는 아무도 모른다. 그런데 나는 진짜로 엄청 바쁘다.

QUESTION 170 / 233
평소에는 무엇을 하며 지내나요?

내 유튜브 채널 '진짜 외과 의사 YouTuber'를 한다.

평일에는 진짜 외과 의사, 주말에는 유튜버로 활동하고 있다.

'진짜 외과 의사 YouTuber'라고 해서 평소에 뭔가 특별한 일을 한다고 생각할 수 있지만 전혀 그렇지 않다. 쉬는 날에는 영화를 보러 가기도 하고 놀이공원에서 데이트를 하기도 한다. 그냥 다른 직업을 가진 사람들과 별반 다르지 않게 시간을 보낸다.

굳이 차이를 꼽자면 심야나 휴일에도 병원에서 전화가 걸려 온다는 점이다. '온콜(on-call) 당직'이라고 해서 병원 밖에 있어도 병원에서 호출이 오면 바로 대응해야 하는 당직 시스템이 있다. 보통 한 달에 일주일 정도는 이 온콜 당직을 해야 한다. 병원이나 의사에게는 휴일이 있을지 몰라도, 병은 쉬는 날이 없으니 어쩔 수 없는 일이다. 응급 수술이 필요한 환자가 생기면 한밤중이라도 병원에 가서 수술을 하기도 한다. 연인과 식사하다가 응급 수술 호출을 받는 일은 외과 의사들 사이에선 흔한 일이다.

왠지 오늘은 병원에서 호출이 오지 않을 것 같은 기분이 들더라도 "오늘은 평화롭네." 같은 말은 절대 해선 안 된다. 그 말은 마법과도 같아서 그 말을 내뱉는 순간 응급 호출 전화가 오기 때문이다.

수술 후에 고기를 먹으러 간다고 하던데 정말인가요?

먹을 때도 있다.

오늘 정말 힘들게 열심히 했으니까 함께 회포를 풀자며 가끔 수술 후에 동료들과 함께 고기를 먹으러 가기도 한다. 수술 중에 절개하는 환자의 피부와 우리가 즐겨 먹는 소고기나 돼지고기는 전혀 다르기 때문에 식욕이 떨어지는 일은 없다.

젊은 외과 의사 시절에는 처음으로 수술을 집도하면 그 수술을 도와준 선배 의사에게 비싼 밥을 대접한다는 이상한 전통이 있었다. 처음으로 수술을 집도해서 뿌듯한 마음이 있는 반면, 주머니 사정이 슬퍼지는 순간이었다. 게다가 맹장 수술을 하면 초밥, 위 수술을 하면 고기, 대장 수술을 하면 샤부샤부처럼 새로운 종류의 수술을 집도할 때마다 다른 음식을 대접해야 했다. 수술도 하기 전부터 다음에는 프랑스 요리를 기대한다며 밥 얻어먹을 생각에 들떠 있는 선배도 있었다. 참으로 이상한 관습이다.

그 외에도 당직을 서는 의사들이 병원 안에서 모여 초밥이나 중화요리를 왕창 배달시켜 놓고 소소한 파티를 열기도 했다. 하지만 매번 중화요리가 도착하자마자 응급 수술을 해야 했고, 끝나면 면이 불어서 못 먹게 되는 일은 의사들 사이의 클리셰라고 할 수 있다. 불었으면 하고 바라는 것은 면이 아니라 환자의 건강 수명이다.

드라마 〈닥터X〉에 나오는 것처럼 프리랜서 의사도 있나요?

본 적은 없다.

병원이나 대학에 소속되지 않고 그때그때 계약을 맺어 일을 맡는 방식을 프리랜서 계약이라고 한다. 일본에서 프리랜서로 활동하는 외과 의사는 많지 않다. 특히 심장외과의 경우에는 단 한 명도 본 적이 없다.

외과 의사의 실력보다 더 중요한 것

심장 수술을 할 때 물론 외과 의사의 실력도 중요하지만 그와 비슷하게 아니, 그 이상으로 중요한 것이 바로 팀워크다. 수술을 보조하는 보조의, 수술 도구를 건네는 간호사, 마취를 담당하는 마취과 의사, 인공 심폐기를 조작하는 임상 공학 기사 등 모든 사람이 하나의 수술을 안전하게 해내기 위해 움직인다. 그래서 심장외과 의사가 여러 병원을 다니며 수술하는 방식은 그리 좋은 방법이 아니다. 팀 전체가 함께 이동한다면 모를까, 그렇지 않다면 차라리 한 병원에 머무르면서 찾아오는 환자를 치료하는 편이 훨씬 효율적이다.

나는 사실, 심장 수술도 할 수 있는 유명한 프리랜서 외과 의사를 딱 한 명 알고 있다. 그건 바로 블랙 잭 선생님(만화 『블랙 잭』에 나오는 무면허 천재 외과 의사-옮긴이)이다.

QUESTION 173 / 233
블랙 잭 같은 외과 의사도 있나요?

없다.

블랙 잭은 '만화의 신'이라고 불리는 데즈카 오사무의 만화 『블랙 잭』에 등장하는 면허가 없는 천재 외과 의사의 이름이다. 현실에서는 블랙 잭처럼 의사 면허 없이 외과 의사로 일하는 사람은 존재하지 않는다. 전세계를 뒤져보면 어딘가에 있을지도 모르겠지만(물론 불법이다) 적어도 나는 본 적이 없다.

또 블랙 잭처럼 모든 장기를 수술할 수 있는 외과 의사도 거의 없다. 외과 의사는 전문성이 높아질수록 해당 장기만 수술한다. 심장외과는 심장만, 신경 외과는 뇌만, 흉부외과는 폐만 수술하는 식이다. 만약 온갖 장기를 다 수술할 수 있는 외과 의사가 실제로 있다 해도, 내가 환자라면 그렇게 모든 장기의 수술을 두루두루 잘 하는 의사보다는 내가 치료를 받아야 하는 장기만 전문으로 하는 의사에게 수술받고 싶다. 왜냐하면 지식의 깊이에서 압도적인 차이가 나기 때문이다. 모든 장기에 대한 깊은 지식과 완벽한 수술 실력을 동시에 갖춘 존재가 바로 블랙 잭이지만, 현실에서는 그런 사람을 지금까지 한 번도 본 적이 없다.

그런데 미국에서 실제로 있었던 외과 의사 관련 일화 하나를 소개하겠다. 수술 전, 마취로 몽롱해진 환자 옆에서 외과 의사가 말을 걸었다.

"걱정 마. 마이클. 넌 잘할 수 있어. 긴장하지 마."

그러자 환자가 어렴풋한 목소리로 말했다.

"선생님, 제 이름은 '톰'인데요… 이름을 잘못 부르셨어요."

그랬더니 외과 의사가 이렇게 답했다.

"아, 깨어 있었군요. 괜찮습니다. 마이클은 접니다."

이건 블랙 잭이 아니라 블랙 유머였던 걸까.

피를 무서워해도 외과 의사가 될 수 있나요?

될 수 있다.

외과 의사는 항상 피를 본다고 생각할 수 있지만 사실 외과 의사가 제일 싫어하는 것이 바로 피다. 아마 모든 진료과 의사 중에서도 가장 피를 싫어하는 사람들이 아닐까. 왜냐하면 수술할 때는 항상 출혈이 있을 수밖에 없고, 외과 의사의 가장 큰 적이 바로 출혈이기 때문이다.

피를 무서워하는 사람이 외과 의사에 더 잘 맞는다

몸에 메스를 대면 반드시 출혈이 발생한다. 피는 인간에게 꼭 필요한 존재로 몸의 모든 곳에 혈액이 지나고 있기 때문이다. 작은 혈관이라면 별문제가 없지만 큰 혈관을 자르면 출혈이 대량으로 발생하므로 외과 의사는 어디에 어떤 혈관이 있는지 몸의 구조를 잘 알고 있어야 한다. 피를 무서워하는 사람은 출혈이 발생하지 않도록 더 철저하게 공부할 테니 오히려 외과 의사가 되기에 더 적합할지도 모른다. 범죄를 싫어하는 사람이 경찰이 되는 것처럼.

의사라고 해서 항상 피를 보는 것은 아니다. 진료과에 따라서는 피를 전혀 보지 않는 과도 있다. 물론 의대생 때 실습하러 가면 반드시 피를 보기는 해야 한다. 그때만 잠깐 참을 수 있다면 충분히 의사가 될 수 있다.

외과 의사는 모두 손재주가 좋나요?

그렇지 않다.

안타까운 이야기지만 손재주가 없는 외과 의사도 있다. 물론 메스도 제대로 못 쥐는 심각한 수준의 외과 의사는 없지만, 그래도 수술을 잘하는 의사와 못하는 의사는 분명히 존재한다.

수술의 기본은 자르고 꿰매고 손이나 도구를 사용해서 신체 내부의 치료 대상에 접근하는 것이다. 게임이나 스포츠처럼 자신이 머릿속으로 생각한 대로 몸을 움직일 수 있어야 하고, 그렇게 되려면 훈련이 필수다. 야구선수가 맨날 스윙 연습을 하는 것처럼 외과 의사도 평소에 수술 연습을 한다.

하지만 수술 실력을 결정짓는 것은 손재주뿐만이 아니다. 손을 어느 정도만 잘 쓸 수 있다면 그다음부터 중요한 것은 논리적인 사고와 위기 회피 능력, 위기 대처 능력과 같은 두뇌의 능력이다.

진짜 유능한 외과 의사는 단순히 손이 빠른 사람이 아니라, 이러한 수술에 대해 사고하는 능력이 뛰어난 사람이라고 생각한다. 잠깐, 나도 수술 연습을 좀 하고 오겠다.

외과 의사는 바느질을 잘하나요?

가정 과목 성적은 보통이었다.

수술의 기본은 자르거나 꿰매는 것이다. 수술에서 무언가를 꿰맬 때는 실과 바늘을 사용하기 때문에 바느질과 비슷하다고 생각할 수 있지만 조금 다르다. 수술에 사용하는 바늘은 몸속에서 입체적으로 움직이기 쉽도록 곡선 형태로 된 특수한 바늘이다.

게다가 바느질할 때처럼 바늘을 직접 손으로 들고 꿰매는 것이 아니라 니들 홀더(needle holder)라고 하는 바늘을 잡는 기구를 사용한다. 니들 홀더를 사용하면 몸속 깊은 곳에 있는 혈관이나 섬세하게 다루어야 하는 가는 혈관도 수월하게 꿰맬 수 있다. 손재주가 없으면 외과 의사가 될 수 없다고 생각할 수 있지만 꼭 그렇지는 않다. 손을 빠르게 움직이는 것보다는 안전을 생각해서 꼼꼼하고 확실하게 수술을 하는 능력이 외과 의사에게는 더 중요하다.

또 공간을 파악하는 능력도 중요하다. 상황에 따라서는 지름 3cm인 혈관과 6cm인 혈관을 연결해야 할 때도 있다. 이런 경우에는 균형을 고려해 적절하게 맞추어가며 연결해야 하기 때문이다.

> 직업의 특성상 무엇이든 빈틈없이 잘 맞추어야 하는 경우가 많지만 내 사생활은 빈틈투성이다.

외과 의사는 체력이 좋아야 하나요?

필수는 아니다.

지능, 커뮤니케이션 능력, 근력 같은 요소들과 마찬가지로 체력도 있으면 좋지만 의사에게 반드시 필요한 자질은 아니다. 체력보다는 병에 걸리지 않는 건강한 몸이 더 중요할지도 모른다. 환자라면 비실비실하고 당장이라도 쓰러질 것 같은 의사에게 자신의 몸을 맡기고 싶지 않을 것이다. 부자가 많은 돈을 낼 수 있는 것처럼, 행복한 사람이 다른 사람에게 행복을 나눌 수 있는 것처럼, 건강한 의사가 사람을 건강하게 만들 수 있다고 생각한다.

버티는 것이 일이 되어도 괜찮을까?

경력이 길지 않을 때는 집도의와 제1보조의 옆에서 제2보조의 역할을 할 일이 많다. 그러면 수술 부위가 거의 보이지 않을 때도 있다.

그런 상태에서도 환자의 배를 특수한 도구로 당겨서 수술 부위를 넓히는 일을 몇 시간 동안 해야 하거나 이유는 잘 모르겠지만 선배 의사에게 엄청나게 혼나고 연신 사과만 해야 할 때도 있다. 그래서 체력보다는 버티는 힘, 인내력이 더 필요했다. 하지만 지금은 시대가 많이 바뀌었다. 지금 시대에 외과 의사는 인내력이 중요하다고 말한다면 아무도 외과에 지원하지 않을 것이다. 인내력이 있어도 도저히 버틸 수 없는 상황이 올 수도 있다.

외과 의사의 장단점은 무엇인가요?

우선 장점은 다양한 장소를 자유롭게 오갈 수 있다는 점이다.

외과 의사는 수술실뿐 아니라 병실이나 중환자실, 사무실 등 다양한 곳을 오갈 수 있어서 자유롭고 즐겁다. 특히 수술실과 중환자실은 외과 의사가 아니면 들어갈 일이 없는 곳이기 때문에 이 또한 외과 의사만의 특권이라고도 할 수 있다.

단점은 별로 없다. 굳이 꼽자면 사생활의 자유가 다양한 의미에서 제한된다는 점이다. 예를 들어, 휴일이나 야간이라도 긴급 수술을 해야 하는 환자가 생기면 병원으로 돌아가 수술을 해야 한다. 요즘은 SNS 등을 통해 개인이 손쉽게 정보를 퍼뜨릴 수 있는 시대라서 외과 의사가 거리에서 이상한 행동을 하면 누군가가 목격하고 SNS에 올려 금세 논란이 될 수도 있다. 의사는 환자와 소통을 많이 해야 하는 직업이기 때문에 이런 SNS 노출이 부정적인 영향을 미칠 가능성도 충분히 있다.

흰 가운을 입고 누가 봐도 의사 티가 나게 유튜브와 인스타그램을 하는 사람들은 왠지 모르게 사기꾼같이 느껴진다. 브랜딩을 위해 겉모습이나 이름만 그럴싸하게 꾸미는 사람을 나는 믿지 않는다. 내가 환자라면 SNS를 하지 않는 의사에게 진료받고 싶다. 여러분은 어떤가.

외과 의사에게 중요한 것은 무엇인가요?

최선을 다해 눈앞의 환자를 치료하는 것.

뛰어난 외과 의사가 되기 위해서는 많은 수술 경험이 중요하다고 생각해서 나는 미국으로 가기로 결심했다. 미국은 일본보다 심장외과 의사 1명당 수술 경험 건수가 더 많기 때문이다.

중요한 건 '숫자'가 아니다

처음 미국에 왔을 때는 수술 건수가 늘어날수록 내가 성장한다고 느꼈기 때문에 하루하루가 알찼다. 내가 집도한 수술 건수를 세는 것이 일과였다. 그러던 어느 날, 담당 환자에게 이런 질문을 받았다. "제가 받게 될 수술에 대해 어떻게 생각하세요?"

나는 자신 있게 이렇게 대답했다. "같은 수술을 많이 해봤기 때문에 괜찮습니다. 이게 500번째 수술이에요."

그러자 환자는 이렇게 말했다. "선생님에게 몇 번째 수술인지는 솔직히 중요하지 않아요. 저의 수술에 대해 어떻게 생각하시는지를 듣고 싶은 거예요."

그 말을 듣고 나는 수술 횟수라는 숫자에만 집착한 나머지 정작 눈앞에 있는 환자를 제대로 바라보지 못했다는 사실을 처음으로 자각했다. 외과 의사에게 정말 중요한 것은 숫자가 아니라 눈앞에 있는 환자를 제대로 보고 온 힘을 다해 치료하는 것이라는 사실을 지금은 알고 있다.

그런데 내 유튜브 채널 구독자가 20만 명을 돌파했다. 앞으로도 더 열심히 늘려나가야겠다. 그러니 독자 여러분도 내 채널을 구독, 좋아요, 알림 설정까지 잊지 마시고 꼭 해주시길!

심장외과 의사는 순환기 내과 의사보다 더 뛰어난가요?

그렇다.

심장외과 의사는 가슴을 열고 직접 심장의 질병을 치료할 수 있다. 이에 비해 순환기 내과 의사는 가슴을 열 수조차 없다. 대신 가느다란 관을 이용해 심장 혈관의 좁아진 부위를 넓히거나 판막을 작게 접어 심장까지 운반해 가슴을 열지 않고 치료하는 방법을 개발하고 있다. 환자에게 부담이 적은 치료법을 오랫동안 연구한 결과다.

심장외과 의사가 한 사람 몫을 해내기까지는 오랜 수련 기간이 필요하다. 그리고 최고의 수술을 해내기 위해 끊임없이 노력해야 한다. 반면 순환기 내과 의사는 비교적 빠른 시기에 독립해 복잡한 증상도 혼자서 치료할 수 있다. 믿을 수 없는 일이다.

심장 수술은 상황에 따라 12시간 이상 걸리기도 한다. 그래서 심장외과 의사는 수술실에 오랜 시간 머물러도 버틸 수 있는 체력과 정신력을 갖추고 있다. 반면 순환기 내과 의사는 짧은 시간 안에 많은 사람을 치료한다.

게다가 대부분의 심장외과 의사는 자신이 최고라고 생각하는 고고한 존재이지만, 순환기 내과 의사는 다른 직종을 존중하며 팀워크를 강조한다.

진료과를 선택해야 하는 의대생이나 전공의가 있다면 심장외과를 추천한다. 어느 과가 더 뛰어난지는 딱 보면 알 수 있지 않은가. '순환기 내과'가 '내 과'라고 생각하면 안 된다.

심장외과에 온 것을 환영한다.

진짜 외과 의사가 맞나요?

진짜 외과 의사다.

유튜브에 영상을 자주 올리다 보니 "정말 외과 의사 맞아요?"라는 질문을 자주 받는다. 잘 모르는 독자들을 위해 내가 의사라는 것을 증명하겠다.

일본에서 의사가 되려면 의과대학을 졸업한 후 의사 국가고시에 합격해야 한다. 합격하면 의사면허증을 받을 수 있고 정식으로 의사가 된다. 하지만 이 의사면허증은 운전면허증처럼 카드 형태가 아니라 큰 상장 같은 종이로 되어 있어서 가지고 다니는 사람이 거의 없다. 나도 물론 의사면허증을 받았지만 본가에 두고 와서 지금은 보여드릴 수 없다. 아쉽다. 대신 그림으로 그려보겠다.

진짜 의사인지 인터넷으로 확인할 수 있다

인터넷으로 확인하는 방법도 있다. 후생노동성 홈페이지에는 '의사 등 자격 확인 검색'이라는 시스템이 있어 거기에 이름을 입력하면 등록된 의사를 검색할 수 있다(https://licenseif.mhlw.go.jp/search_isei/index.jsp). 여기에 예를 들어 기타하라 히로토(北原大翔)라고 검색해 보면 된다.

그 외에도 외과 의사라는 사실을 증명하기 위해 수술실에서 찍은 사진이 있으면 좋겠지만 수술실 안에서 사진을 찍는 것은 쉽지 않다.

결국 의사에게 가장 중요한 것은 의사면허증, 소속 기관, 근무 방식 같은 것이 아니라, 눈앞에 환자를 진심으로 치료하고자 하는 마음이다. 나는 그런 의사가 있는 의사가 가장 이상적인 의사라고 생각한다.

진짜 외과 의사의 노트

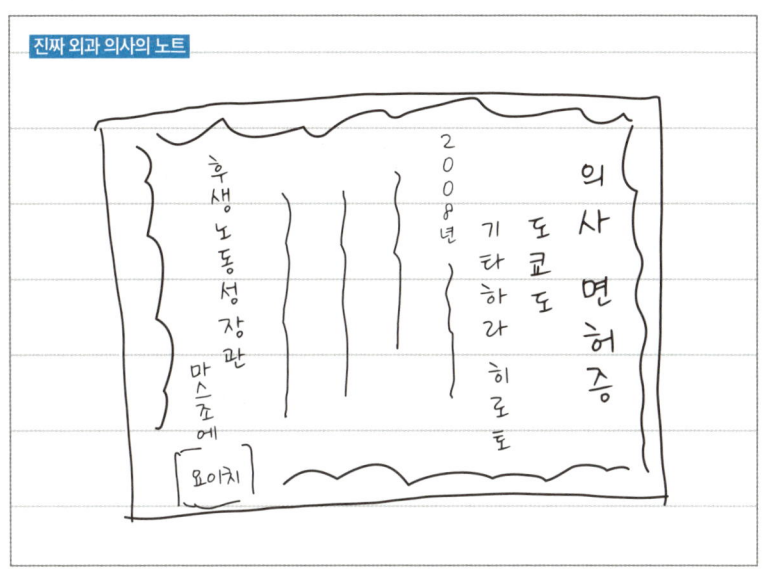

수술 성공

외과 의사가 된 이유는 무엇인가요?

단순해서.

어릴 적 아버지에게 무슨 일을 하는지 여쭈어본 적이 있다. 하지만 설명이 복잡하고 어려워서 이해하기 힘들었다. 이를테면 회사원이라고 해도 다양한 직책과 역할이 있기 때문에 아버지가 구체적으로 무슨 일을 하는지 어린 나는 온전히 파악하기 어려웠다. 그때부터 단순하고 설명하기 쉬운 직업을 가져야겠다고 생각했다.

의사는 '병을 치료하는 사람'이라는 점에서 매우 단순하고 명확한 직업이다. 물론 실제 업무는 결코 단순하지 않지만.

심장외과도 매우 단순하다. 심장은 팽창과 수축을 반복하며 혈액을 전신에 순환시키는 인체에서 가장 단순하고 명확한 역할을 하는 장기다. 심장외과 수술도 좁은 부위는 넓히고 구멍은 막고 떨어진 부위는 연결하면 되는 매우 단순한 개념이다. 심장이 움직이는 모습도 단순하다. 심장외과 의사가 되기로 결심한 이유는 이러한 단순한 일에 진심을 다하면 눈앞에 있는 환자의 생명을 살릴 수 있다는 점에 강한 매력을 느꼈기 때문이다.

그리고 심장외과가 소개팅에서 가장 인기가 많은 진료과였다는 점도 영향을 미쳤다.

제 3 장

생명과 인체의 신비

183 QUESTION 233 — 몸 안은 무슨 색인가요?

흰색, 붉은색, 분홍색, 노란색이다.

인체 내부는 혈액을 온몸으로 보내주기 위한 수많은 혈관으로 이루어져 있어, 전체적으로 붉은 색을 띠고 있다. 또 자세히 살펴보면 장기마다 고유한 색감이 있다. 뼈는 흰색, 폐는 분홍색이다. 흡연자의 폐는 회색을 띤다. 간은 팥색, 장은 분홍색, 근육으로 이루어진 심장은 붉은색, 피부 아래에 있는 지방은 노란색이다.

지방은 심장이나 장 주변에도 존재하지만 간이나 폐 주변에는 비교적 적은 편이다. 특히 심장이나 장 주변에 지방이 과도하게 축적되어 있으면 수술을 진행하는 데 어려움이 따르기도 한다. 그래서 그런 심장을 수술하고 나면 매번 나도 내일부터 운동을 시작해야겠다고 다짐한다. 실제로 지방의 양이 많을수록 수술 예후가 좋지 않다는 보고도 있는 만큼, 평소 적절한 운동을 통해 체지방을 관리하는 것이 매우 중요하다.

> 태우자 살
> 지키자 삶

늙지도 죽지도 않는 삶은 가능할까요?

불가능하다.

현재 일본인의 평균 수명은 약 84세. 100세 가까이 사는 사람도 있지만 200세나 300세까지 생존한 사람은 확인된 바 없다. 사람이 사망하는 주된 이유는 심장, 폐, 간 등의 장기 기능이 저하되면서 뇌에 산소를 포함한 혈액을 제대로 공급하지 못해 뇌세포가 파괴되기 때문이다. 결국 뇌세포가 가장 중요하다.

손상된 장기를 새로운 것으로 교체하는 수술을 하거나 기계로 만든 인공 장기를 이식하면 오래 살 수 있다고 생각할 수 있지만 그것도 쉬운 일이 아니다. 왜냐하면 뇌세포 자체의 수명에 한계가 있기 때문이다. 뇌 이외의 다른 장기를 교체해도 뇌세포의 노화는 막을 수 없으며 언젠가는 반드시 한계에 도달하게 된다.

그렇다고 해서 늙지도 죽지도 않는 불로불사의 삶이 전혀 불가능한 것은 아니다. 만약 뇌에 저장된 모든 정보를 데이터화한 뒤 이를 새로운 세포에 이식하는 기술이 개발된다면, 그 사람의 인격을 그대로 새로운 뇌(클론 기술로 만든 뇌세포 등)로 옮길 수 있을지도 모른다. 이 과정을 반복하면 영원히 죽지 않고 살아갈 수 있지 않을까.

지금은 마치 꿈 같은 이야기처럼 들리지만 언젠가는 현실이 될 수도 있다. 다만, 같은 데이터를 두 개의 뇌에 동시에 이식하면, 완전히 똑같은 사람이 두 명 생겨버릴 수 있으므로 그 점은 주의해야 한다.

185 QUESTION 233 심장병은 유전되나요?

유전된다.

심장 질환은 여러 가지 원인으로 발생하지만 유전도 그중 하나다. 유전될 확률은 명확하게 밝혀지지 않았지만, 질환에 따라서는 부모가 가지고 있으면 아이에게도 발병할 가능성이 다소 높다.

유전 확률이 명확히 알려진 질환으로는 마르판 증후군(Marfan syndrome)이 있다. 이 질환은 신체 조직이 약하고 비정상적으로 발달하는 것이 특징이다. 대표적인 증상 중 하나는 키가 매우 크다는 점이다. 이 때문에 농구나 배구처럼 키가 큰 사람이 많은 직업군에서 마르판 증후군 환자가 많이 발견된다. 미국의 제16대 대통령 에이브러햄 링컨도 마르판 증후군이었을 가능성이 있다고 한다. 마르판 증후군은 단순히 키뿐만이 아니라 신체 전반의 조직이 과도하게 발달할 수 있다. 정상일 때 약 3cm인 혈관이 10cm까지 크게 확장되기도 한다. 이러면 혈관이 파열될 위험이 있어서 30대나 40대의 비교적 젊은 환자라도 예방 차원에서 수술을 해야 한다. 마르판 증후군이 유전될 확률은 약 50%다. 마르판 증후군 환자의 자녀는 약 50%의 확률로 해당 질환을 앓게 되는 것이다.

참고로 미국 대통령은 세습이 아닌 선거를 통해 선출되기 때문에 현재 대통령에게는 유전되지 않는다.

심장에 털이 난 사람이 정말로 있나요?

없다.

털은 피부에 있는 모낭 세포에서 자란다. 심장에는 피부가 없기 때문에 심장에서 털이 날 일은 없다. 만약 심장 표면에 피부를 이식한다면 그곳에서 털이 자랄 가능성도 있지만, 필요가 없기 때문에 그런 이식 수술은 하지 않는다.

심장은 대부분이 근육으로 이루어져 있으며 전체적으로 붉은빛을 띤 분홍색이다. 일부 지방이 덮여 있는 부분은 노란색을 띠기도 한다. 심장을 덮고 있는 지방의 양은 사람마다 크게 다르며 완전히 지방으로 뒤덮인 노란색 통통한 심장이 있는가 하면, 지방이 거의 없이 근육만 보이는 빨간색 근육질 심장도 있다.

심장 표면에는 심장에 영양을 공급하는 혈관(관상동맥)이 존재한다. 그런데 지방이 많은 사람은 이 혈관이 지방에 파묻혀 잘 보이지 않을 수 있다. 심장외과 의사는 이 혈관에 다른 혈관을 연결하는 수술을 해야 하기 때문에 지방이 많아 관상동맥이 보이지 않는 심장은 좋아하지 않는다.

가끔 팔에 핏줄이 도드라지는 느낌이 너무 좋다는 혈관 덕후 같은 사람이 있는데 우리도 그 기분을 이해할 수 있다. 우리는 심장 덕후니까.

QUESTION 187 / 233 심장이 터지기도 하나요?

한다.

심장이 풍선처럼 부풀어 터지는 일은 없지만 심장의 약해진 부위가 내부 압력을 견디지 못하고 찢어져 구멍이 생길 수는 있다. 마치 타이어의 손상된 부분이 터져 펑크가 나는 것과 비슷하다. 이것이 바로 심장 파열이다.

심장 파열이 발생하는 원인은 다양하다. 심장에 혈액을 공급하는 혈관이 막혀서 혈액이 흐르지 않는 상태가 지속되면 심장의 일부분이 괴사한다. 그렇게 되면 그 부위는 다른 부위에 비해 강도가 약해져서 무언가가 계기가 되어 찢어진다. 심장 파열은 매우 드물게 발생하는 질병이지만 파열된 부위에서 혈액이 흘러나와 심장 주위가 피범벅이 되기 때문에 응급 수술을 해야 한다.

이러한 일이 발생하지 않게 하려면 혈관을 막는 지방과 염분이 많은 음식을 과도하게 섭취하지 않도록 주의하고 적절한 운동을 하는 것이 중요하다. 터지는 것은 심장의 붉은 피가 아니라 마음속의 붉은 열매만으로 충분하다. 팡! (참고 서적: 나기타 게이코의 『붉은 열매가 터졌다』)(이 소설에서 주인공이 처음으로 사랑의 감정을 자각하는 순간에 마음속의 열매가 터진다는 표현을 사용했다. 국내 미발간-옮긴이)

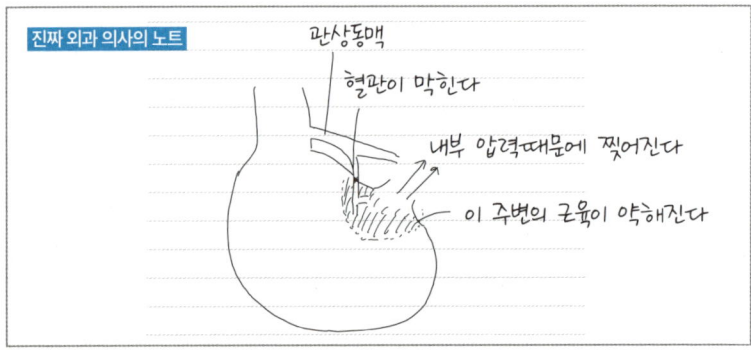

188 심장에도 암이 생기나요?

생길 수 있다.

흔히 암이라는 말을 자주 사용하지만 심장은 '종양'이라고 표현하는 것이 더 정확할지도 모른다. 종양이란 세포가 비정상적으로 증식해 몸속에 덩어리를 이루는 상태를 말한다. 다른 장기에 비해 발생 빈도는 낮지만 심장에도 종양이 생길 수 있다.

심장에 생긴 종양은 심장이나 판막의 움직임을 방해하고 떨어진 종양의 일부가 뇌로 흘러가 뇌경색을 일으키기도 하기 때문에 대부분 수술로 제거해 치료한다. 하지만 종양 중에는 절제해도 금세 재발하는 악성 종양도 있다. 그런 경우에는 수술만으로는 큰 효과가 없기 때문에 약물이나 방사선 치료를 병행한다.

그런데 예전에 "암은 영어로 cancer라고 하잖아요. 그런데 별자리 중에 게자리도 cancer인데 이 둘은 관계가 있나요?"라는 질문을 받은 적이 있다. 암 치료법이 지금처럼 많지 않았던 옛날에는 유방암이 진행되어 피부 표면까지 퍼지는 경우도 있었다. 그 모습이 마치 게 껍데기처럼 보였기 때문에 'cancer'라고 불리게 되었다는 이야기를 들은 적이 있다(여러 설 중 하나다).

요즘은 효과적인 치료법이 많이 개발되어 피부 표면으로 드러날 만큼 유방암이 진행되는 일은 많지 않다. 심장의 악성 종양도 언젠가는 새로운 치료법이 개발되어 확실히 치료할 수 있게 되기를 바란다.

QUESTION 189 / 233
심장에도 근육통이 생기나요?

모른다.

명확하게 밝혀진 것은 없다. 근육통과는 조금 다르지만 심장 근육은 충분한 혈액이 흐르지 않으면 통증을 느낄 수 있다. 심장 자체에 많은 양의 혈액이 흐르기 때문에, 심장 근육에 혈액이 부족해지는 일은 드물다.

하지만 심장으로 가는 혈관이 좁아지면 혈액이 제대로 흐르지 못해 심장 근육에 통증이 생기기도 한다. 특히 운동을 할 때는 심장이 활발히 움직이면서 더 많은 혈액이 필요하기 때문에 상대적으로 혈액이 부족해질 수 있다. 그 결과, 가슴에 통증이 생기는 것이다. 운동할 때 가슴에 통증을 느끼는 사람은 특히 주의가 필요하고 운동을 하지 않았는데도 통증이 있다면 심장 검사를 받아보는 것이 좋다.

> 나는 요즘 운동을 하지 않는데도
> 가슴이 아플 때가 있다.
> 그 사람만 생각하면

심장을 만졌을 때 어떤 감촉이 드나요?

'꾹' 하는 느낌.

심장의 크기는 사람마다 다르지만 대체로 주먹 1.5~2개 정도 크기다. 대부분이 근육으로 이루어져 있어서 단단한 살코기 같은 느낌이다. 만졌을 때의 촉감은 야구 글러브보다 약간 부드러운 정도다.

심장을 치료하는 의사에는 순환기 내과 의사와 심장외과 의사가 있다. 간단히 말하면 심장외과 의사는 심장을 수술하고 순환기 내과 의사는 수술을 제외한 심장과 관련된 모든 것을 한다. 순환기 내과 의사는 심장에 관한 폭넓은 지식을 가지고 있으며, 약 처방부터 진단, 치료까지 모두 다 담당한다. 예전에는 심장외과 의사가 수술해야만 치료할 수 있었던 질병도 최근에는 '카테터'라는 가는 관을 사용함으로써 순환기 내과 의사가 치료할 수 있게 되었다.

하지만 실제로 심장에 손을 댈 수 있는 사람은 심장외과 의사뿐이다. 이것이 순환기 내과 의사와 심장외과 의사의 가장 큰 차이점이다. 비유하자면 순환기 내과 의사는 사랑하는 여자 친구에 대해 모든 것을 알고 있고 매일 전화로 이야기하지만 실제로는 만난 적이 없는 상태. 반면 심장외과 의사는 그녀에 대해 그렇게 자세히 알지는 못하지만(물론 의사마다 다르다) 매일 직접 만나고 접촉할 수 있는 상태라고 할 수 있다.

나는 그녀(심장)를 직접 만나서 교감하고 싶었기 때문에 심장외과 의사가 되기로 결정했다.

191. 심장 주변에 주머니가 있다던데요?

있다.

가슴 한가운데에는 주머니 같은 공간이 있고 그 안에 심장과 소량의 액체가 있다. 심장은 온몸에 혈액을 보내기 위해 1분에 약 60번 정도 격렬하게 움직인다. 그 주머니의 안쪽은 매끄럽고 안에 있는 액체가 윤활유와 같은 역할을 하기 때문에 심장은 주변과의 마찰이 적은 상태에서 최소한의 에너지로 움직일 수 있다.

그리고 이 주머니는 심장을 물리적으로 보호하는 역할도 한다. 심장에 상처가 나서 피가 나면 이 주머니 안에 피가 고이고 그 고인 피가 상처를 막아 지혈이 되는 경우도 있다. 물론 피가 너무 많이 나면 심장이 그 피 때문에 압박을 받아 제대로 움직이지 못한다.

예전에 가슴에 총을 맞은 환자가 병원에 실려 온 적이 있었다. 응급 수술로 가슴을 열어보니 총알이 이 주머니에 걸려 있었고 심장에는 상처가 없었다(그때 꺼낸 총알의 사진). 이 주머니가 심장을 지켜준 것이다.

나는 심장외과 의사라서 이 주머니를 피해 정확히 심장만 노릴 수 있다. "네 심장, 참 예쁘네." 이런 말을 들으면 심장을 제대로 저격당한 기분이 들지 않는가.

롤러코스터를 타면 왜 심장이 붕 뜨는 느낌이 나나요?

관성의 법칙 때문이다. 그리고 심장은 항상 약간 떠 있다.

심장은 주머니 같은 것에 싸여 있고 일부가 그 주머니에 붙어 있지만 대부분은 그 안에서 둥둥 떠 있는 상태. 심장이 칼에 찔리면 출혈이 대량으로 일어나지만 그 피 대부분은 몸 밖으로 나오지 않고 이 주머니 안에 고인다. 겉으로는 피가 별로 보이지 않아도 실제 몸 안에서는 출혈이 대량으로 일어나고 있을 수 있다. 최악의 경우 그 주머니 안에 고인 피에 눌려 심장이 움직이지 못할 수도 있다.

그런데 칼에 심장이 찔린 환자를 심장외과 의사들이 실제로 수술하는 일은 거의 없다. 왜냐하면 정말로 그런 일이 벌어진다면 병원에 도착하기 전에 사망하는 경우가 대부분이기 때문이다.

딱 한 번 총알이 심장을 관통했음에도 불구하고 병원까지 무사히 도착해 수술까지 받은 환자를 본 적이 있다. 이 환자는 원래 심장과 주변 주머니가 과하게 붙는 병을 앓고 있었다. 그 덕분에 심장에서 나온 피가 심장과 주머니 사이에 고이지 않아, 피가 심장을 압박하는 문제가 발생하지 않았다. 덕분에 수술을 받을 때까지 살아 있을 수 있었다.

> **심장도 마음도 틈을 메우는 것이 중요하다.**

심장 박동은 왜 왼쪽에서 더 강하게 느껴지나요?

왼쪽 심장이 더 강하기 때문이다.

사랑에 빠졌거나 병에 걸려 심장이 두근거릴 때, 실제로 심장은 몸의 정중앙에 있음에도 불구하고 두근거림은 왼쪽 가슴에서 더 강하게 느껴진다. 왜 그렇게 느껴질까?

심장은 크게 오른쪽 심장과 왼쪽 심장, 두 부분으로 나뉜다. 이 둘은 붙어 있지만 각각 하는 일이 다르다. 오른쪽 심장은 몸에서 되돌아온 혈액을 폐로 보내고, 왼쪽 심장은 폐에서 돌아온 혈액을 폐를 제외한 전신으로 내보낸다. 혈액은 몸 → 오른쪽 심장 → 폐 → 왼쪽 심장 → 몸으로 흘러간다.

몸은 폐보다 훨씬 크기 때문에 왼쪽 심장은 오른쪽 심장보다 훨씬 강한 압력으로 혈액을 내보내야 한다. 그래서 왼쪽 심장은 오른쪽보다 더 근육질이고 더 강하게 움직이며 밖에서도 두근거림이 훨씬 강하게 느껴진다.

다음에 두근거리는 일이 생기면 이 책에서 읽은 내용을 떠올려 주었으면 한다. 요즘 두근거릴 일이 없다고? 그렇다면……이건 어떨까?

> 내 심장이 왼쪽 가슴에서 두근거리는 거 느껴져? 왜 그런지 알아? 네가 왼쪽에 있기 때문이야.

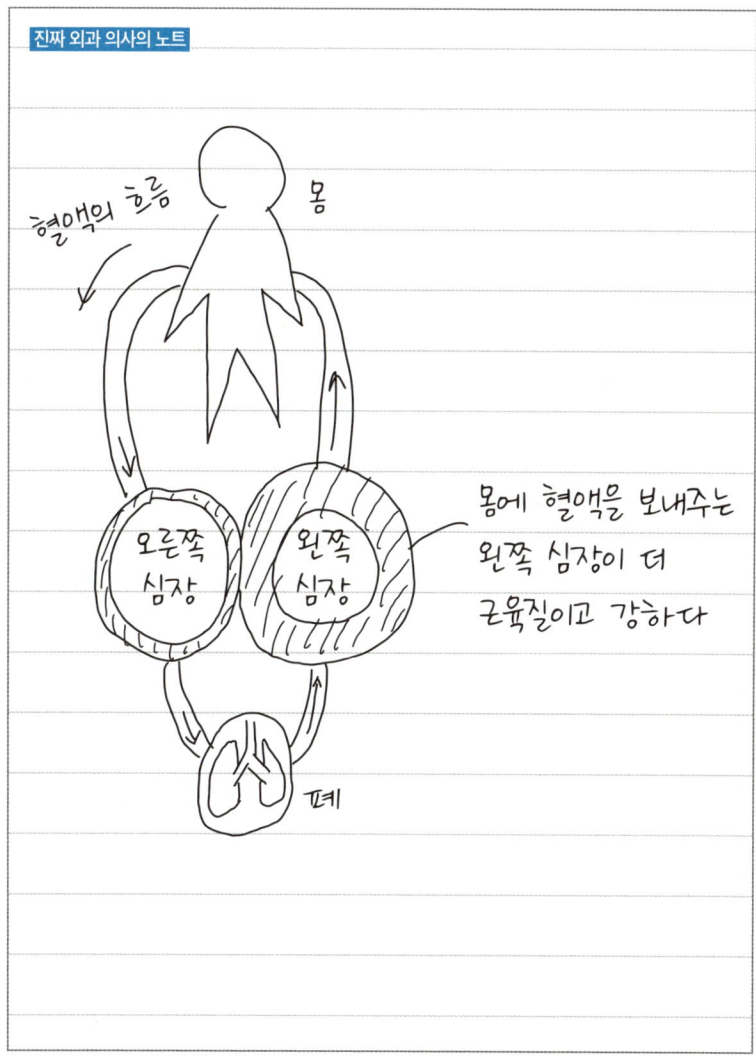

심장은 평생 동안 몇 번 정도 뛰나요?

정해진 건 없다.

심장이 온몸으로 혈액을 내보내기 위해 수축하고 팽창하는 것을 박동이라고 한다. 심장은 1분에 약 60번 박동한다. 이를 시간 단위로 환산하면 1시간에 3600번, 하루에 8만 6400번, 1년이면 3153만 6000번이 된다. 만약 100세까지 산다고 가정하면 최소 31억 5360만 번은 움직이는 셈이다. 이 박동 횟수에는 특별한 상한선이 정해져 있는 것은 아니다.

따라서 정해진 횟수를 채웠다고 해서 갑자기 멈추거나 하는 일은 없다. 물론 심장도 근육 세포로 되어 있어서 계속 움직이다 보면 점점 기능이 떨어진다. 그 때문에 심박수가 지나치게 빠른 사람은 보통인 사람보다 심장 기능이 더 빨리 저하될 가능성이 있다.

성인은 심장이 한 번 박동할 때 평균 약 60mL의 혈액을 내보낸다. 때문에 1분에 60번 박동하면 약 3.6L가 되고, 100년이면 총 1억 8922만L에 달한다. 이것은 25m 수영장 약 473개 분량이고 도쿄돔으로 치면 약 1/7 규모에 해당한다. 이렇게 예를 들어 설명해도 어느 정도 수준인지 가늠하기 힘들 것 같긴 하다.

긴장하면 왜 심장이 두근거릴까요?

신경과 호르몬의 영향 때문이다.

몸에 평소보다 더 많은 혈액이 필요할 때 심장은 더 격렬하게 뛰며 많은 혈액을 온몸으로 보낸다. 100m 달리기를 할 때가 그렇다. 아직 움직이지 않았어도 빨리 뛰어야겠다는 생각만으로도 두근거리기 시작한다. 이것이 긴장했을 때 심장이 빨리 뛰는 이유다.

이런 심장의 움직임은 두 가지 요소에 따라 조절된다.

첫 번째는 신경이다. 신경은 심장과 직접 연결되어 있어 심장의 움직임을 빠르게 만들기도 하고 느리게 만들기도 한다.

두 번째는 호르몬이다. 호르몬은 몸의 여러 기능을 조절하는 물질이다. 가장 잘 알려진 호르몬은 아드레날린이다. 흥분하면 혈액 내에 다량의 아드레날린이 분비되어 심장 박동을 빠르게 만든다. 호르몬은 혈액을 통해 심장까지 전달되기 때문에 신경보다 반응이 나타나기까지 시간이 걸린다. 심장 이식 수술 시에는 심장과 연결된 신경은 잘라내기 때문에 새로운 심장은 전적으로 호르몬의 영향을 받아 움직인다. 그래서 운동할 때처럼 심장이 두근거려야 하는 순간과 실제로 두근거리기 시작하기까지 시간 차가 생긴다. 그래서 이 시간 차에 몸을 익숙하게 만드는 심장 재활(Cardiac rehabilitation)이 매우 중요하다.

그런데 난 왜 같이 있을 땐 아무렇지 않았는데 헤어지고 나서 그 사람을 떠올리면 이렇게 가슴이 두근거리는 걸까? 이 사랑도 재활이 필요한 걸까.

196 맥박은 어떻게 확인할 수 있나요?

목, 손, 다리.

맥박은 심장의 움직임을 나타내는 것이다. 심장의 움직임을 직접 눈으로 확인할 수는 없지만 심장에서 보내지는 혈액의 압력과 박동을 피부 가까이에 있는 혈관에서 느낄 수 있다. 이렇게 혈관을 통해 맥박을 확인하는 것을 맥을 짚는다고 말한다.

가장 쉽게 맥박을 느낄 수 있는 곳은 목에 있는 동맥인 경동맥이다. 바로 이곳이다.

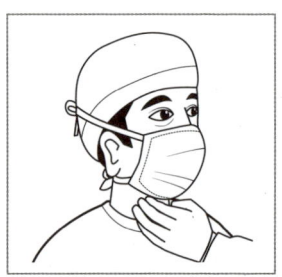

이곳은 심장과 가깝고 머리로 연결되는 중요한 혈관이기 때문에 혈관 자체가 굵고 맥박도 강하게 느껴진다. 그래서 비교적 쉽게 맥을 짚을 수 있다. 다음으로는 손목의 동맥. 손목 안쪽에 세 손가락을 얹으면 혈관의 움직임을 느낄 수 있다.

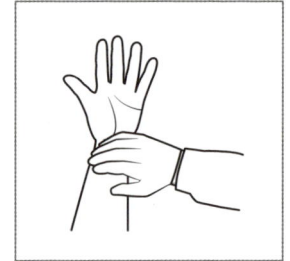

일반적으로 잘 알려지진 않았지만 사타구니 부분에도 맥박을 쉽게 확인할 수 있는 대퇴 동맥이라는 혈관이 있다. 사람들 앞에서는 확인하기 민망한 곳이니 목욕할 때 한 번 확인해 보는 것도 좋다.

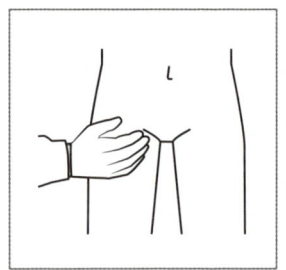

집에서 혈압을 잴 때 동시에 맥을 짚어보면서 '혈압이 120일 때 맥박은 이 정도로 뛰는구나.' 하고 느껴보는 것도 재미있을 것이다. 맥을 짚는 것만으로도 혈압이 어느 정도인지 맞히는 맥박 소믈리에(?) 같은 능력이 있는 심장외과 의사도 있다.

QUESTION 197 / 233 하품은 왜 날까요?

모른다.

나도 몰라서 찾아보았지만 아직 정확하게 밝혀지지 않았다고 한다.

수술은 보통 메인 집도의와 보조의 두 명이 함께한다. 그래서 제2보조의로 수술에 들어가면 아무 일도 하지 않는 시간이 꽤 길다. 그러면 어쩔 수 없이 졸음이 쏟아질 때가 있다. 그 당시에는 무슨 수를 써도 졸음이 가시질 않는다. 자동차 운전처럼 졸면 자신이나 타인이 위험해진다는 사실을 알면서도 졸게 된다. 인간이란 참 신기한 존재다. 물론 만에 하나 수술 중에 제2보조의가 잠든다 해도 수술에는 전혀 지장은 없으니 안심해도 된다.

그런데 아무리 힘들어도 다른 사람 앞에서 졸거나 하품을 하면 그다지 좋은 인상을 주지 않으니 주의하는 게 좋다. 젊은 외과 의사가 수술 중에 졸다가 선배 의사에게 걸리면 그대로 영원히 잠들게 될지도 모른다.

인간은 참 신기한 존재다. 말하면 자신이나 타인에게 위험이 가거나 안 좋은 인상을 준다는 것을 알면서도 말해야 직성이 풀릴 때가 있다.

198 가장 필요 없는 장기는 무엇인가요?

충수.

충수는 소장과 대장이 연결되는 지점에서 삐죽 튀어나와 있는 장기다(노트 참고). 엄밀히 따지면 다르지만 흔히들 맹장이라고 한다. 복통으로 맹장 수술을 받은 경험이 있는 독자 여러분도 분명 있을 것이다. 우리가 맹장이라고 부르는 이 질병은 충수에 세균이 쌓이면서 염증이 생긴 상태로, 정식 명칭은 충수염이다. 심하면 장의 일부를 잘라내는 수술을 해야 할 때도 있다. 하지만 증상이 가벼우면 장을 자를 필요가 없고 수술도 간단해서 젊은 외과 의사가 맡는 경우가 많다.

충수염은 젊은 사람들이 많이 걸리기 때문에 이 질병을 치료하다가 의사와 환자 사이에 사랑이 싹텄다는 이야기를 들은 적이 있다. 나도 예전에 증상이 가벼운 젊은 여성의 수술을 맡았을 때 그 환자가 입원 중에 전화번호가 적힌 쪽지를 준 적이 있다. 그 환자가 퇴원한 뒤에 그 번호로 전화를 걸어봤지만 아무도 받지 않았다. 장이 잘려나갈 정도의 고통은 아니었지만 마음이 찢어질 것 같았다.

충수의 필요성이 주목받고 있다

지금까지는 병만 일으키는 쓸모없는 장기로 여겨졌던 충수이지만 최근에는 장내 세균의 균형을 조절해 건강을 지키는 역할을 한다는 추측도 있어, 그 필요성에 대한 관심이 높아지고 있다. 앞으로의 연구 동향을 충분히 지켜볼 필요가 있다.

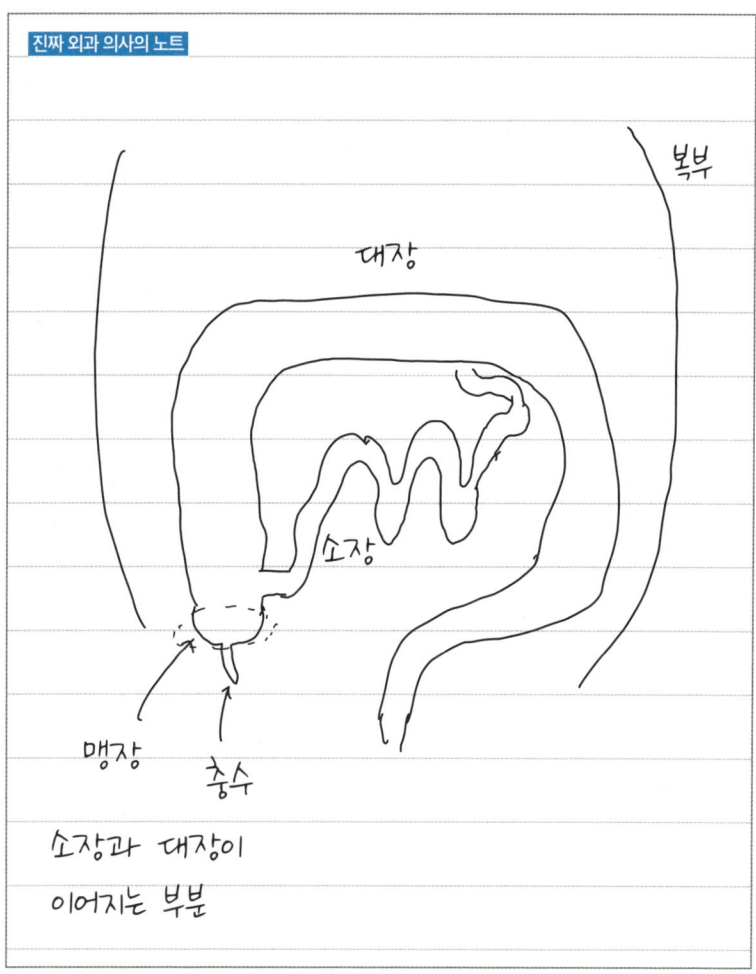

사랑에 빠졌을 때 왜 심장이 쿵쾅거릴까요?

심장이 더 세게 더 빠르게 뛰기 때문이다.

사랑에 빠진다는 것은 특정 대상에 대한 관심이 생겨 생물학적으로 흥분한 상태를 말한다. 흥분하면 뇌는 몸속으로 화학물질을 분비하도록 지시한다. 이 화학물질이 혈류를 타고 심장에 도달하면 심장은 더 세게 더 빠르게 뛴다. 이때 우리는 심장이 유난히 쿵쾅거리고 두근거린다고 느낀다.

한국의 아이돌이 손가락으로 하트를 표현하는 동작(사진 ❶)은 미국에서는 돈을 의미하는 것으로 일본에서 돈을 의미하는 동작과 다르다(사진 ❷). 미국에서 좋아하는 사람에게 손가락 하트를 보여주면 돈을 요구하는 것으로 오해받을 수 있으므로 조심하자.

사실 실제 심장은 하트 모양처럼 생기지 않았다. 양손을 펼쳐 이렇게 모으면 진짜 심장이랑 비슷한 모양이 된다(사진 ❸). 좋아하는 사람과 기념사진을 찍을 때 진짜 하트 모양을 꼭 한 번 만들어보기 바란다.

추울 때 이가 덜덜 떨리는 이유는 무엇인가요?

몸이 미세하게 떨리기 때문이다.

추운 곳에 있으면 열을 만들어내기 위해 몸의 근육이 자동으로 미세하게 움직이기 시작한다. 얼굴이나 입 주변의 근육도 함께 움직이기 때문에 이로 인해 이가 부딪히는 것이다.

감기나 독감에 걸렸을 때 오한과 함께 이가 덜덜 떨리기도 하는데, 이것 역시 몸이 열을 내어 바이러스와 싸우고 있기 때문이다. 바이러스가 몸 안에서 열을 내는 것이 아니라, 내 몸이 바이러스에 반응해 스스로 열을 내는 것이다.

진짜 외과 의사의 건강 관리법

나는 감기에 걸려 열이 나면 내 몸이 바이러스를 물리쳐주고 있다고 생각해서 해열제 같은 약은 먹지 않고 지내는 경우가 많다. 그 덕분인지 마흔을 앞둔 지금도 매우 건강하다. 진짜 외과 의사가 실천하는 건강법이지만 결코 권장하는 방법은 아니다. 일반 사람이 따라 했다가는 몸이 망가질 수도 있다.

201 배꼽을 청소하면 배가 아픈 이유는 무엇인가요?

피부가 얇고 복부 내부와 가깝기 때문이다.

먼저 심장 이야기부터 시작하자. 심장은 오른쪽과 왼쪽 방으로 나뉘어 있으며, 그 사이에는 두 방을 나누는 벽이 있다. 온몸에 흐르는 혈액은 심장의 오른쪽으로 돌아온 뒤 폐로 흘러가 산소를 머금고 다시 심장의 왼쪽으로 돌아온다. 그 혈액은 온몸으로 보내진 뒤 다시 오른쪽으로 돌아오는 과정을 반복한다(그림 ❶).

뱃속에 있는 아기는 양수라고 하는 물 같은 액체 안에 둥둥 떠 있고, 공기가 없기 때문에 숨을 쉴 수 없다. 그래서 아기의 배는 탯줄이라는 혈관으로 엄마의 몸과 직접 연결되어 있다. 이를 통해 엄마의 혈액에서 산소를 받는다. 산소를 공급받은 혈액은 아기의 심장 오른쪽으로 돌아오지만 아기는 호흡을 하지 않기 때문에 혈액은 폐로 가지 않고 심장을 좌우를 나누는 벽의 구멍을 통해 오른쪽에서 왼쪽으로 흘러 그대로 온몸으로 퍼진다.

아기가 태어나 숨을 쉬게 되면 혈액이 폐로 흐르고 심장 내부 벽의 구멍을 통해 흐르던 혈액은 없어진다. 조금씩 구멍도 막힌다(그림 ❷). 드물게 이 구멍이 어른이 되어서도 막히지 않는 경우가 있는데 너무 크면 수술로 막아야 할 때도 있다.

더 이상 필요가 없어진 탯줄은 쪼그라들고 마지막에는 떨어져 나가면서 그 부위가 막힌다. 하지만 배 안의 혈관과 바로 연결되어 있었기 때문에 주변 피부보다 움푹 들어간 형태가 되며 이곳이 바로 배꼽이 된다. 이 부위는 피부도 얇고 복부 안쪽과 가까워서 과하게 만지면 배가 아픈 것이다.

수술을 하기 위해 절개한 피부의 상처를 창(創)이라고 부르는데, 이 창이 수술 후에 너무 티 나지 않도록 배꼽의 움푹 들어간 부분의 피부를 절개하는 경우가 있다. 그리고 절개한 후에는 깨끗하게 봉합한다. 다들 배꼽잡겠네.

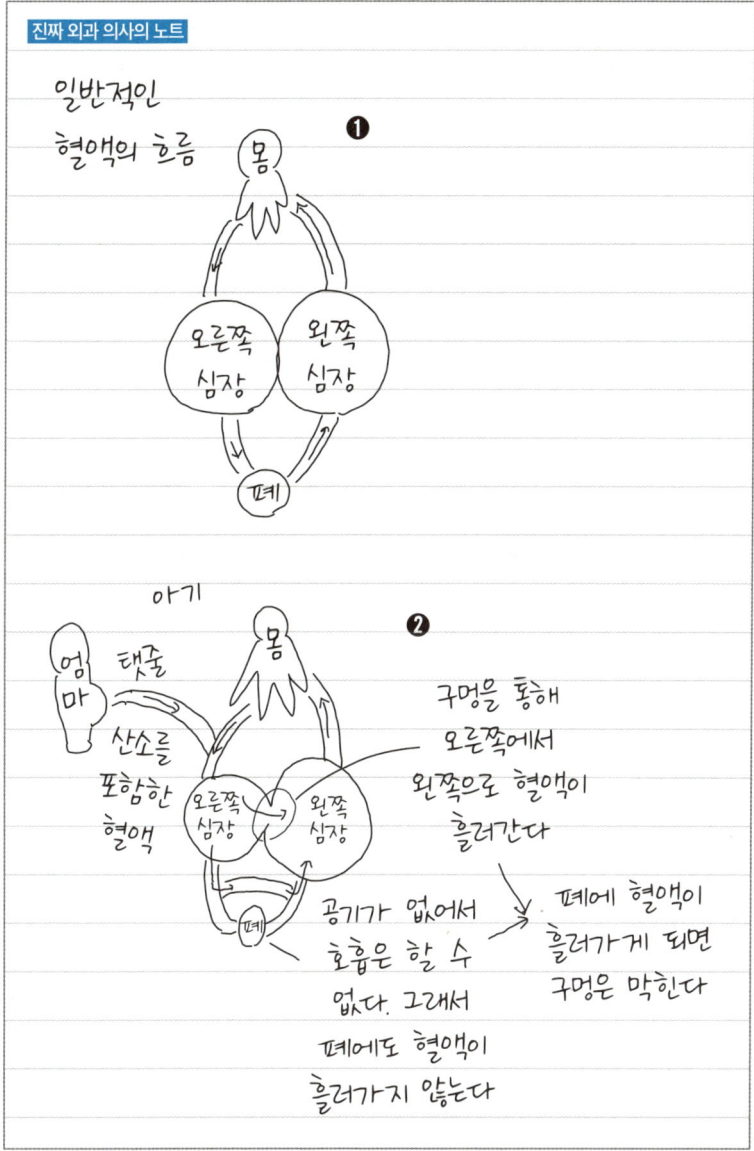

왜 배에서 소리가 나나요?

공기가 장 속에서 움직이기 때문이다.

장은 우리가 먹은 음식을 입에서 항문까지 옮기기 위해 항상 꾸물꾸물 움직이고 있다. 앞쪽의 장이 수축하고 뒤쪽의 장이 확장하는 동작을 반복함으로써 안에 있는 음식물을 뒤로 밀어내며 운반한다. 이때 장 속에 있는 공기도 음식물과 함께 밀려나가면서 "꾸르륵" 하는 소리가 나는 것이다.

장의 표면에는 주름이 많다. 이것은 음식물이 장과 닿는 면적을 넓혀 영양 흡수의 효율을 높이기 위한 것이다. 만약 인간의 장에 있는 주름을 전부 펴버린다면 소장만으로도 테니스 코트 한 면 크기 정도가 된다고 한다.

장은 영어로 거트(gut)라고 하는데 테니스 라켓의 줄도 원래는 동물의 장으로 만들었기 때문에 거트라고 부르게 되었다는 설이 있다. 일본에서는 배짱이 있다는 의미로 '가쓰가 있다'라고 하는데 이 말 역시 gut에서 유래한 표현이다.

그리고 기쁠 때 한 손이나 양손의 주먹을 들어 올리는 포즈를 가쓰 포즈라고 하는데, 이는 복서인 가쓰 이시마쓰가 경기에서 승리한 뒤 취한 포즈로 유명해졌지만 사실 그것이 어원은 아니다. 진짜 어원은 옛날 미군 기지 안 볼링장에서 스트라이크를 친 사람에게 미국인들이 "나이스 거츠!(Nice guts!)"라고 말하며 주먹을 들던 포즈에서 유래했으며 그 장면을 본 일본인들이 가쓰 포즈라고 부르게 된 것이라고 한다(출처: Wikipedia).

진짜 외과 의사의 노트

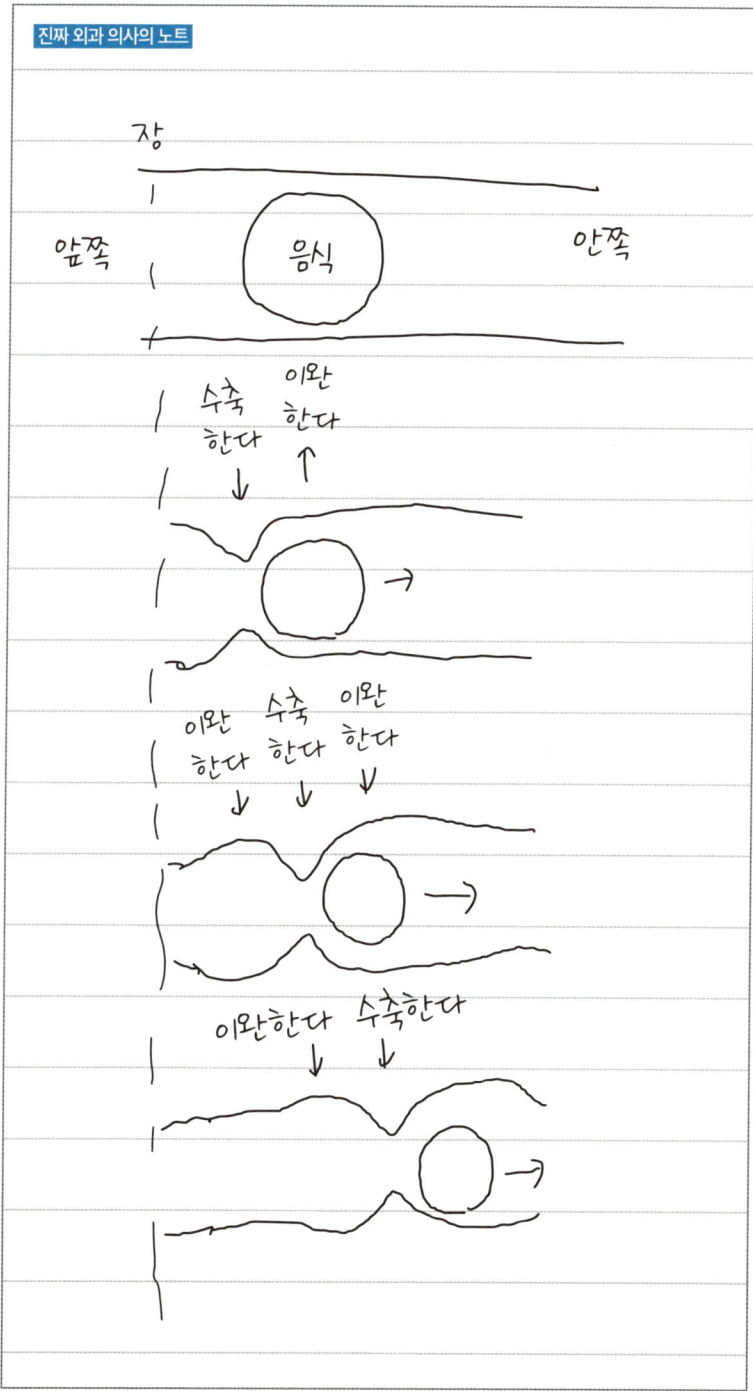

닭살은 왜 돋나요?

온몸의 털이 곤두서기 때문이다.

춥거나 공포를 느낄 때 피부에 오돌토돌한 돌기가 생기고 솜털이 곤두서는 상태를 닭살이 돋는다고 한다. 이는 외부의 위협으로부터 몸을 보호하기 위해 자동으로 작동하는 교감 신경이 활성화되어 발생하는 현상이다.

추울 때 교감 신경은 몸을 따뜻하게 유지하기 위해 활동한다. 주위 온도가 낮아지면 교감 신경이 자연스럽게 모근에 있는 근육에 자극을 보내 온몸의 털을 세우고 모공의 틈을 막는다. 이렇게 열이 빠져나가는 것을 막고 찬 공기가 몸에 직접 닿지 않게 해 몸을 따뜻하게 만드는 것이다. 이러한 작용의 결과로 나타나는 것이 바로 닭살이다. 하지만 이러한 반응은 과거에 인간이 지금보다 털이 더 많았던 시절의 반응이 남아 있는 것으로, 현대인처럼 털이 짧은 상태에서는 그다지 효과가 없다.

나는 지금까지 다른 사람의 닭살을 실제로 본 적이 한 번도 없다.

> 사람들은 내 주변에 있으면 추위나 공포를 느끼지 않을지도 모른다

야한 생각을 하면 코피가 나나요?

어떤 야한 생각인지에 따라 다르다.

콧구멍 바로 안쪽에는 가느다란 혈관이 많이 모여 있는데 이 혈관들이 손상되거나 터지면 코피가 난다.

야한 생각으로 흥분 상태가 되면 심장이 빠르게 뛰고 평소보다 더 많은 혈액을 강하게 내보낸다. 이로 인해 몸속을 도는 혈액의 양이 많아지고 혈압이 상승하면서, 결과적으로 코 안쪽의 혈관이 밀집된 부위가 코피가 나기 쉬운 상태가 될 수 있다. 다만 이 사실을 과학적으로 확실히 입증하기는 어렵다.

또 심장에 질환이 있는 사람은 원래 혈압이 높거나 혈액 응고를 방해하는 약을 복용하고 있는 경우가 많아 쉽게 코피가 나기도 한다. 그러니까 야한 생각을 많이 하는 사람보다는 오히려 심장에 대해 자주 생각하는 사람이 코피가 더 잘 날 수도 있다는 말이다. 나는 매일 핫(hot)한 생각 말고 하트(heart) 생각만 한다.

혈관의 굵기는 어느 정도인가요?

보이지 않을 정도로 가는 것부터 지름이 3cm나 되는 굵은 것까지 다양하다.

가장 굵은 혈관은 심장에서 온몸으로 혈액을 보내는 대동맥으로 그 굵기는 약 3cm 정도다. 혈관은 몸의 말단으로 갈수록 점점 가늘어지며 끝부분에 이르면 모세혈관이라 불리는 아주 가느다란 혈관이 있다. 말 그대로 털처럼 가는 혈관이라 육안으로는 거의 보이지 않는다. 우리 심장외과 의사들이 수술할 수 있는 혈관의 굵기는 약 1mm 정도가 한계이며, 모세혈관을 직접 치료하는 수술은 할 수 없다. 1mm짜리 가는 혈관을 연결할 때는 그보다 더 가느다란 바늘과 실을 사용하고 확대경이 달린 특수 안경을 착용해서 봉합한다.

혈액 스카우터

산소를 많이 포함한 동맥의 혈액은 빨간색, 산소가 적은 정맥의 혈액은 파란색으로 표현되는 경우가 많지만, 실제 몸속에서는 동맥의 피는 선명한 빨간색이고 정맥의 피는 약간 검붉은색에 가깝다. 비전문가가 구분하기는 힘들다. 산소의 함량에 따라 혈액의 색이 달라지는 것이다. 산소가 많을수록 밝은 빨간색, 적을수록 어두운 빨간색을 띤다. 심장외과 의사는 혈액을 자주 보기 때문에 그 피가 동맥의 피인지 정맥의 피인지는 물론이고 혈액 안에 산소가 얼마나 포함되어 있는지까지도 파악할 수 있다. 우리는 이를 농담 삼아 "혈액 스카우터"라고 부르기도 한다.

혈관이 비정상적으로 커지는 질병이 있다. 대동맥이 10cm까지 커지기도 하는데 이러면 파열 위험이 커서 반드시 수술이 필요하다. 모든 게 크다고 좋은 건 아니라는 걸 알려주는 사례다.

뼈에도 피가 흐르나요?

흐르고 있을 뿐만 아니라 만들기도 한다.

심장, 신장, 간 등 모든 장기에는 혈액이 흐르고 뼈에도 흐른다. 뼈의 표면에 있는 가느다란 혈관을 통해 뼈에 혈액이 공급된다. 또한 뼈에는 작은 구멍들이 많이 나 있어서 그 구멍을 통해 뼛속 깊은 곳까지 혈액이 흐른다.

뼈는 혈액 자체를 만들어내는 기관이기도 하다. 뼈의 중심에는 '골수'라고 불리는 부드러운 부분이 있고 그 안의 세포들이 혈액 세포로 변하면서 혈액을 만들어낸다. 뼈는 몸을 보호하는 기능 외에도 뼈를 깎는 노력으로 혈액을 만들어내고 있는 셈이다.

우리 몸에는 약 5L의 혈액이 흐르고 있다

가끔 채혈이나 헌혈을 해도 피가 부족해지지 않냐는 질문을 하는 사람이 있다. 사실 인간의 몸 안에는 약 5L 정도의 혈액이 흐르고 있어서 피가 다소 줄어도 시간이 지나면 골수가 새로운 피를 만들어주기 때문에 문제없다. 우리가 모르는 사이에도 뼈는 매일매일 묵묵히 일하고 있다. 뼈를 깎을 노력을 하며.

뛰면 왜 옆구리가 아플까요?

간이 몸속의 막을 당기기 때문이다.

마라톤 대회 같은 곳에 나가서 달리다 보면 옆구리 통증이 느껴질 때가 있다. 이 현상에 대해서는 여러 가지 설이 있지만 명확한 원인은 밝혀지지 않았다. 여러 설 중 하나는 배 근처에 있고 호흡에 필요한 근육인 횡격막이 아래로 당겨지기 때문에 통증이 발생한다는 주장이다. 횡격막 아래에는 간이라는 크고 무거운 장기가 붙어 있는데 달릴 때마다 간이 상하로 흔들리며 횡격막을 아래로 끌어당기기 때문에 통증이 발생한다는 것이다.

우리 몸속에는 이 횡격막을 비롯해 막(膜)이라는 이름이 붙은 장기들이 많다. 너무 많아서 외과 수술은 늘 '막과의 전쟁'이라고 해도 될 정도다. 예를 들어, 복부 안에는 위, 장, 간 등 다양한 장기가 있는데 모두 막으로 연결되어 있다. 심장도 주머니처럼 생긴 막에 싸여 있다. 수술할 때는 이러한 막이 어디에, 어떻게 존재하는지를 아는 것이 매우 중요하다. 막에 관해 중점적으로 설명하는 수술 교과서가 있을 정도다. 외과 의사는 막을 자르고 벗기고 다시 붙이면서 수술을 한다. 우리는 늘 막을 상대로 싸우고 있는 셈이다.

나는 외과 의사이기 때문에 막에 대한 이야기라면 끝도 없이 할 수 있지만, 이쯤 되면 독자가 지루해할 것이다. 슬슬 막을 내려야겠다.

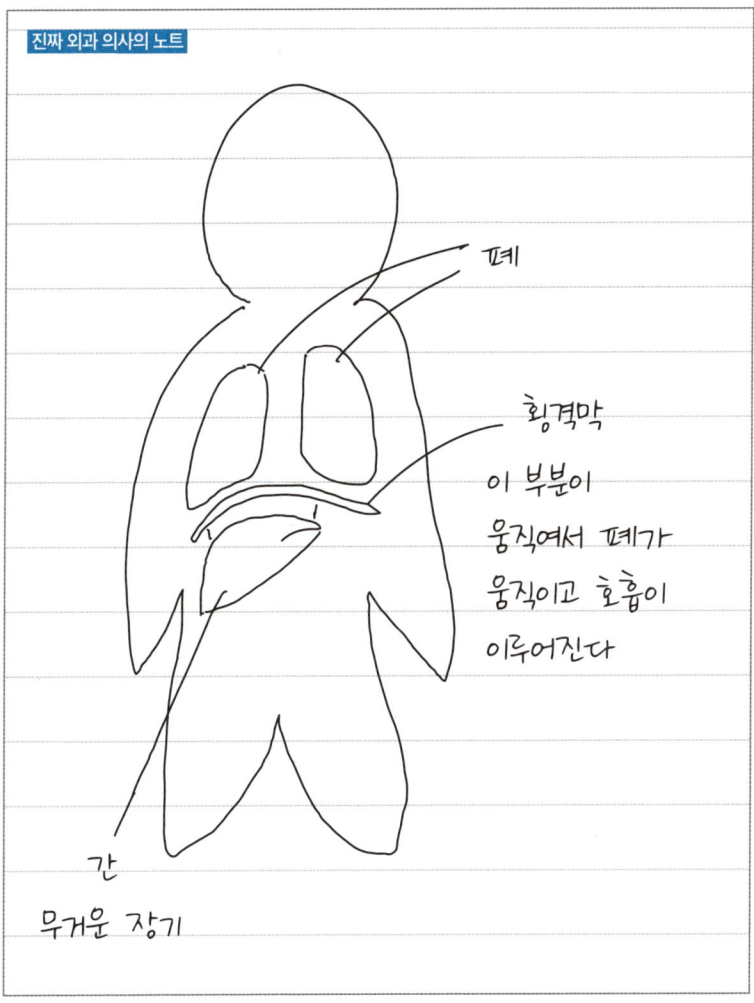

인간의 침은 더럽나요?

세균이 많다.

회전 초밥집에서 돌아가는 생선 위에 침을 바르고, 사람들이 이용하도록 놓여 있는 찻잔을 혀로 핥는 등의 문제 행동을 한 사람이 일본에서 크게 화제가 된 적이 있다. 침이라고 하면 더럽다고 생각하는데 의학에서는 무엇을 '더럽다'고 정의할 것인가가 중요하다. 외과 의사들은 세균이나 바이러스가 많은 상태를 더러운 상태, 적은 상태를 깨끗한 상태라고 정의한다.

그러니까 세균이 잔뜩 묻은 다이아몬드와 세균이 전혀 없는 똥이 있다고 가정하면, 의학적으로는 똥이 더 깨끗한 것이다. 침 속에는 수억 마리의 세균이 있다고 하니 침은 더럽다고 볼 수 있다. 반대로 몸 안의 혈액이나 소변에는 세균이 거의 없으므로 침보다 더 깨끗하다.

인턴 시절 환자의 팔에서 채혈을 하다가 너무 집중한 나머지 입이 벌어져 있는 줄도 모르고 환자의 팔에 침을 흘린 적이 있었다. 당황해서 바로 사과했고 다행히 용서받긴 했지만 요즘 시대였으면 SNS에 퍼져서 큰 문제가 되었을지도 모르겠다.

이번 이야기는 재미있었을까? 침을 흘릴 정도로 맛있는 초밥을 먹어보고 싶어졌다. 미안하다. 요즘 재미있는 말장난이 잘 생각나지 않는다.

딸꾹질이 나는 이유는 무엇인가요?

횡격막의 경련으로 인해 발생한다.

횡격막은 배와 가슴의 경계 부근에 있는 큰 근육으로 호흡할 때 사용한다. 호흡이란 폐가 부풀었다 줄어들었다 하면서 몸 안으로 공기를 들이마시는 행위를 말한다. 그런데 폐는 스스로 움직일 수 없기 때문에 횡경막을 이용해서 폐를 움직여야 한다. 횡격막이 아래로 움직이면 가슴 속 공간이 넓어지고 폐가 부풀어 공기가 폐 안으로 들어간다. 공기를 들이마시는 것은 입이 아니라 횡격막인 것이다. 입은 단지 공기가 지나가는 통로일 뿐이다.

딸꾹질은 이 횡격막이 경련하듯 움직이면서 약간의 공기가 흡입되어 일어나는 현상이다. 딸꾹질을 멈추는 방법을 찾아보면 숨 참기, 컵 위에 젓가락을 십자로 올려놓고 그 틈으로 물을 마시기 등 다양한 방법이 나오지만 과학적으로 증명된 것은 없고 효과가 의심스러운 것들뿐이다.

딸꾹질을 멈추는 빨대

최근 미국의 한 대학이 딸꾹질을 멈추는 데 효과적인 빨대를 개발했다고 들었다. 이 빨대를 사용해 힘껏 물을 빨아들이면 횡격막이 자극을 받아 딸꾹질을 멈추는 효과가 있다고 한다.

우리 의사들은 이렇게 과학적 근거가 있는 것만 믿으려 한다. 딸꾹질을 100번 하면 죽는다는 말이 있는데 이 또한 거짓이다.

배를 찔렸는데 입에서 피가 나오기도 하나요?

나오지 않는다.

배를 찔렸는데 입에서 피가 줄줄 흐르는 일은 거의 없다. 입에서 피가 나오는 것은 대부분 입안을 다쳤을 때다. 드물지만 위 안에 다량의 피가 고여서 역류했을 때도 그런 일이 생기기도 한다. 위궤양이 심해서 그곳에서 대량 출혈이 발생했을 경우를 생각할 수 있다.

또는 배에 꽂힌 칼이 우연히 위 안의 혈관을 찔러 출혈이 발생하고 그 피가 위 안에 고여서 역류하면 배를 찔린 후에 입에서 피가 나올 수도 있다. 하지만 이런 모든 조건이 맞아떨어질 확률은 상당히 낮다.

강한 스트레스도 위 안에서 출혈을 일으키는 위궤양의 원인이 된다. 평소에 일로 스트레스를 받는 사람은 시간이 있을 때 충분한 휴식을 취하며 심신을 쉬게 해야 한다.

나는 항상 유튜브 시청자가 따뜻한 댓글을 남겨주기 때문에 조회수가 낮거나 악플로 상처받거나 의사 맞느냐고 의심을 사도 우울하거나 스트레스 받는 일 없이 즐겁게 '진짜 외과 의사 YouTuber'로 활동하고 있다.

인조인간은 존재하나요?

인조인간은 없지만, 인조 장기를 몸에 넣고 있는 인간은 있다.

일본 전통적인 히어로 특수촬영물인 〈가면라이더〉나 일본을 대표하는 만화 『드래곤볼』에는 인조인간이 나오지만 의료 분야에서는 다양한 기계가 인간의 장기를 대신하고 있다.

대표적인 예가 투석이다. 투석이란 소변을 만들어내는 신장의 역할을 대신해 체내의 수분과 노폐물을 제거해 주는 기계다. 일본에서는 현재 약 35만 명에 달하는 사람이 투석 치료를 받고 있다. 당뇨병 환자를 대상으로 한 인슐린 치료도 유명하다. 이것은 기계를 통한 치료는 아니지만 혈중 당 농도를 조절하는 인슐린이 췌장에서 원활히 분비되지 않기 때문에 췌장에서 나오는 인슐린 대신 인공 인슐린을 사용하는 치료법이다. 그 외에도 심장의 움직임을 도와주는 인공 심장이나 폐의 역할을 대신하는 인공 폐 등 다양한 기계의 도움을 받고 있다.

이러한 기계를 소형화해 인간의 몸 안에 이식할 수 있게 된다면 여러 인공 장기를 이식한 인간이 등장할지도 모르겠다. 실제로 인공 심장은 이미 많은 사람들의 몸 안에 이식되어 있다.

그런데 간은 매우 다양한 역할을 하고 있어 기계로 대체하려 하면 엄청나게 복잡하다. 그래서 아직은 대체할 수 있는 기계가 없다. 간을 소중히 간수해야 한다.

뇌도 이식할 수 있나요?

없다.

뇌 이식은 현재의 기술로는 불가능하다. 만약 기술적으로 가능해진다면 어떻게 진행되는지 정리해 보자.

이식 수술은 장기를 받는 사람인 수혜자와 장기를 기증하는 사람인 공여자가 존재한다. 일반적으로 이식을 받는다고 하면 수혜자가 장기를 받는 것을 의미한다. 뇌를 이식할 경우 수혜자는 뇌를 받는 사람이고 공여자는 뇌를 기증하는 사람이다. 수혜자의 뇌는 병에 걸려 정상적으로 작동하지 않는 상태이고 공여자의 뇌는 건강한 상태라고 가정하자. 이 상태에서 공여자의 뇌를 꺼내 수혜자의 몸에 이식하면 뇌 이식 수술은 끝난다.

하지만 문제는 뇌는 인간의 의식을 관장하기 때문에 뇌를 이식받은 수혜자의 몸은 결국 공여자의 뇌, 즉 공여자의 의식에 지배당한다. 의학적으로 보면 수혜자가 뇌를 이식받은 것이 아니라 공여자가 몸을 이식받은 것이라고 말하는 편이 더 정확하다. 그래서 설령 기술적으로 뇌 이식이 가능해진다고 하더라도 뇌 이식이 아니라 몸 이식이라고 표현하게 될 것이다.

뇌 이식(=몸 이식)을 위해서는 뇌의 모든 신경을 새 몸과 연결해야 하며 이는 고도의 기술이 필요하다. 이것이 기술적으로 가능해질 수 있을지조차 현재로서는 알 수 없다. 현실적인 방법은 뇌의 정보를 전부 데이터화해, 클론 기술로 만들어낸 새로운 뇌세포에 그 정보를 이식하는 방식이다. 이러한 방식이 오히려 더 빨리 실현되지 않을까.

213 알고 나서 가장 놀란 인체의 신비는 무엇이었나요?

마비되어 움직이지 않던 몸이 회복되었을 때.

심장 수술의 합병증으로 매우 드물게 뇌경색이라는 질병이 발생할 수 있다. 뇌경색이란 머릿속 혈관이 막혀 그 혈관과 이어진 뇌 부분에 혈액이 충분히 공급되지 않아 뇌의 일부가 괴사하는(이 현상을 '경색'이라 한다) 병이다. 심장 수술 중에 생긴 혈전이나 찌꺼기가 뇌로 흘러가 뇌경색을 일으키기도 한다.

뇌경색은 어떤 혈관이 막히고 뇌의 어느 부분이 손상되는지에 따라 나타나는 증상이 달라진다. 몸이 마비되거나 목소리가 잘 안 나오는 경우도 있고, 전혀 증상이 나타나지 않는 경우도 있다. 지금까지 건강하게 아무 증상 없이 살아온 90세 노인의 머리를 CT로 촬영했더니 과거에 뇌경색을 일으켰던 부위가 우연히 발견된 적도 있다.

예전에 심장 수술 후 뇌경색이 발병해 몸의 절반이 마비된 사람을 본 적이 있다. 그 사람은 퇴원 후에도 재활을 계속했고, 반년 후 외래 진료 때는 평범하게 걸어 들어왔다. 그때 인간의 회복력은 정말 대단하다고 실감했다. 물론 이러한 합병증을 조금이라도 줄일 수 있도록 우리 심장외과 의사들은 매일 노력하고 있다.

사람이 쓰러져 있으면 어떻게 해야 하나요?

심폐소생술을 한다.

눈앞에 사람이 쓰러져 있으면 일단 말을 건다. 말을 걸었는데도 반응이 없으면 맥박이 뛰지 않는 상태, 즉 심장이 멈춘 상태일 수 있으므로 주변 사람들에게 도움을 요청한다. 메신저 메시지와 마찬가지로 답이 없으면 긍정적인 상황은 아니라고 봐야 한다.

여기서 중요한 것은 구급차를 부르고 AED를 가지고 오는 것, 이 두 가지다. 다음으로 숨을 쉬는지 확인해야 한다. 만약 숨을 쉬지 않는다면 가슴을 누르는 심폐소생술(흉부 압박)을 해야 한다. 숨을 쉬는지 확인하려면 가슴이 팽창하는지를 봐야 하는데 이것은 사실 전문가가 아닌 사람이 봐서는 알기 힘들다. 잘 모르겠을 때는 숨을 쉬지 않는다고 생각하고 흉부 압박을 시작해야 한다. 가능한 한 강하고 빨리 가슴 한가운데의 뼈를 안쪽으로 누르듯이 실시한다. 뼈가 부러지기도 하지만 신경 쓰지 말고 이어가야 한다. 흉부 압박은 뼈 아래에 있는 심장을 눌러서 심장 안에 있는 혈액을 온몸으로 보내는 것이 목적이라는 점을 염두에 두고 세게 눌러야 한다.

AED가 도착하면 바로 가슴에 달고 기계의 지시에 따른다. AED는 비정상적인 심장 움직임을 감지해 치료해 주는 기계다. 여기서 오해해서는 안 되는 점은 흉부 압박은 혈액을 온몸에 보내기 위해 하는 행위이고, AED는 심장을 치료하는 기계이기 때문에 각각의 목적이 다르다. 이 때문에 AED를 장착한 후에도 흉부 압박은 계속해야 한다.

여러 가지로 할 일이 많아서 뼈가 부러질 정도로 힘들 수 있지만, 흉부 압박을 하다가 뼈를 부러뜨리기도 하니까 기브 앤 테이크다. 걱정할 필요 없다.

215. 심폐소생술은 왜 해야 하나요?

뇌를 위해서.

심폐소생술은 심장이 멈춘 사람에게 바로 시행하는 처치다. 가슴 한가운데 있는 뼈(가슴뼈)를 강하게 압박해 안쪽에 있는 심장을 강제로 움직이게 하는 것이다. 멈춘 심장을 치료하는 방법이라고 생각하지만 사실과는 약간 다르다.

심폐소생술의 진짜 목적은 움직이지 않게 된 심장 대신 심장 안에 있는 혈액을 전신의 장기, 특히 뇌로 보내는 것이다. 뇌에 혈액이 가지 않으면 뇌 세포가 조금씩 손상되고 5분이 지나면 세포는 완전히 죽어버린다. 이러한 사태를 막기 위해 심폐소생술로 온몸으로 혈액을 보내 시간을 벌고 그동안 다른 방법으로 심장을 치료하는 것이다. 심폐소생술은 치료가 아니라 치료할 시간을 벌기 위한 응급 처치다.

드라마에서 하는 심폐소생술은 진짜 심폐소생술이라고 할 수 없다. 왜냐하면 의식이 있는 사람에게 본격적인 심폐소생술을 하면 너무 아파서 가만히 누워 있을 수 없기 때문이다. 심폐소생술을 심장 마사지라고 부르기도 하는데, 마사지라고 해서 부드럽게 만져준다고 생각하면 안 된다. 실제로는 상당히 강한 힘으로 가슴을 누르지 않으면 안쪽에 있는 심장은 움직이지 않는다.

이렇게 심폐소생술은 '가슴뼈를 강하게 누르거나 압박해 그 안에 있는 심장을 강제로 움직이게 해서 혈액을 장기, 특히 뇌로 보내는 행위'라고 설명할 수 있는데 너무 기니까 그냥 흉부 압박이라고 부른다.

216 QUESTION /233 흉부 압박을 할 때 갈비뼈가 부러지기도 하나요?

부러지기도 한다. 그래도 괜찮다.

심장이 멈춘 사람이 있다면 바로 흉부 압박을 해야 한다.

흉부 압박의 목적은 가슴 가운데 있는 뼈를 '강하게' 눌러서 뼈 안에 있는 심장을 수축 또는 이완시켜 심장 안에 있는 혈액을 전신으로 보내는 것이다. 왜냐하면 혈액이 흐르지 않으면 몸, 특히 뇌세포는 바로 죽어버리기 때문이다. 제대로 가슴이 눌리도록 강한 힘을 주는 것이 중요하다. 그렇게 강하게 누르면 뼈가 부러지거나 부러진 뼈가 심장을 찌르지는 않을까 불안해 하는 사람도 있다. 하지만 괜찮다. 사실 어떤 돌발상황이 발생하더라도 죽는 것보다는 낫다. 뼈가 부러질까 봐 겁나서 흉부 압박을 약하게 하면 혈액이 온몸으로 가지 못해 결과적으로 사망에 이르기 때문이다.

어느 정도 힘으로 눌러야 할까

가슴을 세게 누르라고 하지만 어느 정도 힘으로 눌러야 할지 감이 잘 오지 않을 수도 있다. 슈퍼마켓의 바구니를 떠올려 보자. 바구니를 뒤집어서 그 안에 풍선을 넣고 풍선이 눌릴 때까지 압박을 해야 하는 상황이라고 생각하면 된다. 꽤 강한 힘을 가해야 바구니가 눌리고 그 힘으로 풍선도 눌릴 것이다. 사람의 몸은 장바구니보다 훨씬 단단하기 때문에 더 강한 힘으로 가슴을 눌러야 안에 있는 심장을 제대로 압박할 수 있다.

흉부 압박을 할 때는 가슴을 누른다, 그 안에 있는 심장을 압박한다, 뼈는 부러져도 괜찮다. 이 세 가지를 꼭 기억해두자. 이것을 잊어버린다면 속상해서 내 마음이 부러질지도 모른다.

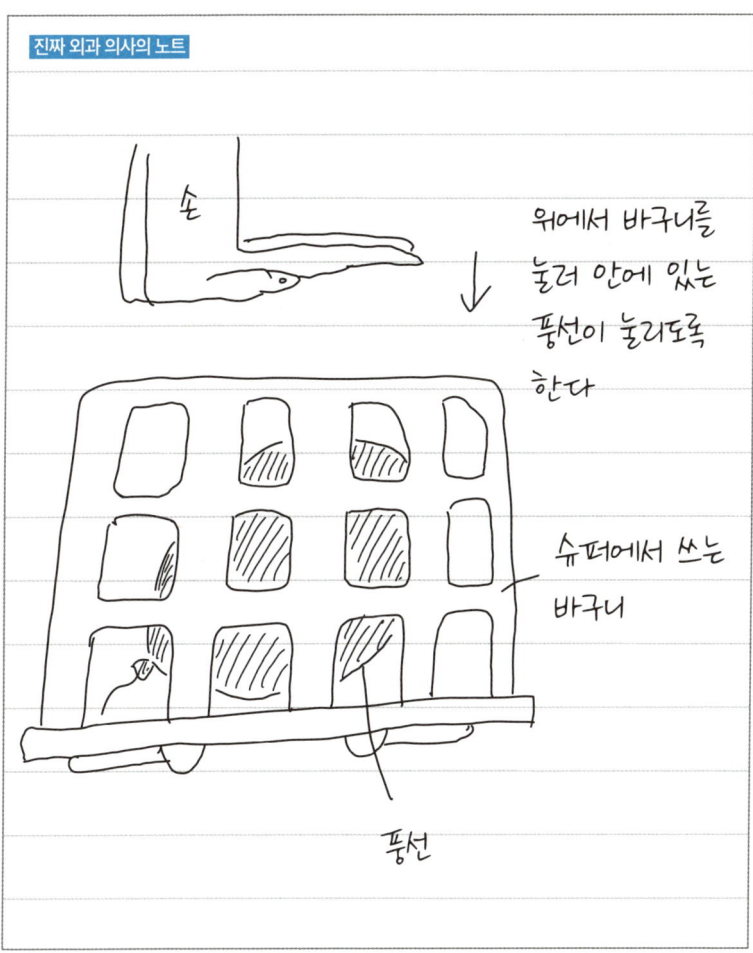

AED는 무엇인가요?

심장의 비정상적인 움직임을 자동으로 감지하고 치료까지 해주는 기계.

쓰러진 사람이 불러도 아무런 반응이 없고 숨도 쉬지 않는다면, 즉시 흉부 압박을 시작해야 한다. 몸에 문제가 발생해 심장이 멈추면 뇌로 혈액이 공급되지 않아서 의식을 잃고 쓰러진다. 흉부 압박은 멈추어버린 심장을 억지로 움직여 뇌로 혈액을 보내주는 응급처치일 뿐 치료는 아니다. 따라서 흉부 압박을 하며 시간을 버는 동안 심장의 근본적인 문제를 치료해야 한다.

심장 이상에는 주로 두 가지가 있다. 첫 번째는 심장이 완전히 멈추어버린 상태다. 또 한 가지는 심장이 불규칙한 리듬으로 움직이고 있는 상태다. 심장이 제멋대로 움직일 때는 전기 충격으로 치료할 수 있다. 그런데 그 자리에서 어떤 문제인지 판단하는 것은 사실상 불가능하다. 이럴 때 필요한 것이 바로 AED다. AED는 가슴에 패드를 붙이기만 하면 심장의 상태를 자동으로 분석하고 만약 심장이 불규칙하게 뛰고 있다면 전기 충격을 가해 치료해 준다.

예전에 어떤 외과 의사가 수술 중에 불규칙적으로 움직이는 심장에 딱밤을 한 대 때려서 정상으로 되돌리는 모습을 본 적이 있는데, 보통 사람은 그런 식으로 심장에 딱밤을 날릴 수는 없으니, 사람이 쓰러진 것을 보면 망설이지 말고 AED를 찾아야 한다.

주저하지 말고 옷을 벗기고 AED를 붙이자

쓰러진 여성의 옷을 벗기고 AED를 부착했다가 나중에 고소당했다는 말이 있었는데, 이것은 진실이 아니다. 남성이든 여성이든 상관없이 생명을 구하기 위해 필요한 상황이라면 주저하지 말고 옷을 벗기고 AED를 부착하자.

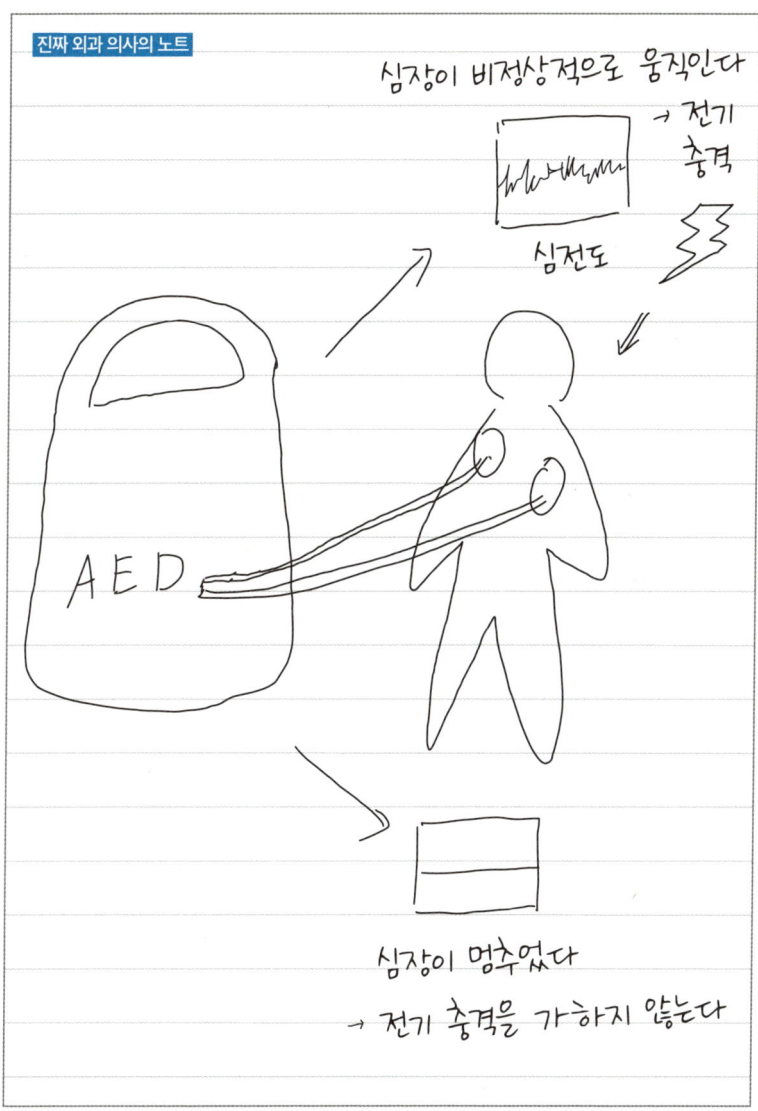

너무 놀라면 심장이 멈추기도 하나요?

그런 일이 일어나지 않는다고 단언할 수는 없다.

우리는 놀랐을 때 종종 심장이 멎는 줄 알았다는 표현을 사용한다. 실제로도 너무 놀라서 심장이 멎는 일은 전혀 불가능한 일이 아니다. 소스라치게 놀라서 급격히 흥분하면, 뇌에서는 심장을 강하게 뛰게 하라는 신호를 보낸다. 이로 인해 가슴이 두근거리는 증상이 나타난다. 그러나 이 신호가 과도하게 작용하면 심장이 부정맥을 일으키거나 심장 혈관이 급격히 수축해 혈류가 제대로 공급되지 않아 결과적으로 심정지에 이를 가능성도 아주 드물지만 존재한다. 과도한 스트레스로 인해 심장 기능이 떨어지는 경우도 있다. 하지만 이렇게 될 가능성은 매우 낮다. 나도 지금까지 너무 놀라서 심장이 멈춘 사람은 한 번도 본 적 없으니 안심해도 된다.

우리 심장외과 의사는 심장을 멈추게 한 후 수술을 하지만, 물론 환자를 놀라게 해 심장을 멈추는 것은 아니다. 심장은 다량의 칼륨에 노출되면 움직임을 멈추는 특성이 있다. 그래서 칼륨이 많이 포함된 약, 일명 심정지 용액(cardioplegic solution)을 사용해 심장이 눈치채지 못하는 사이에 조용히 멈추게 한다.

간혹 드라마에서 돌아오라고 소리치면서 의사가 환자의 가슴을 한 번 세게 내리치니 심장이 다시 뛰기 시작하는 장면이 나오는데, 이것은 사실과는 다르며 절대 따라 해서는 안 된다. 심장이 멈추었다면 흉부 압박을 하면서 구급차를 부르고 AED를 찾아와야 한다.

QUESTION 219 / 233: 심장을 직접 마사지하기도 하나요?

한다.

길거리에서 사람이 쓰러졌을 때 시행하는 응급 처치를 심폐소생술이라고 부른다. 심장 마사지, 흉부 압박이라고 하기도 한다. 가슴 가운데 위치한 가슴뼈를 눌러서 심장 안의 혈액을 전신으로 보내는 응급 처치다. 한편, 우리 심장외과 의사는 이것과는 별개로 심장을 직접 주무르는 진짜 '심장 마사지'를 하기도 한다. 수술을 할 때는 가슴뼈를 벌리고 이미 심장을 노출시켜 놓은 상태라서 우리 앞에는 가슴뼈가 없기 때문이다.

심장을 마사지하는 방법에는 여러 가지가 있다. 손바닥 전체를 사용해 심장을 누르듯이 주무르기도 하고 소의 젖을 짜듯이 쥐었다 폈다 하는 방식으로 하기도 한다. 이때 반드시 유의해야 할 점이 두 가지 있다.

첫 번째는 심장을 손상시키지 않아야 한다. 심장은 평소에는 뼈와 근육으로 보호받고 있지만, 사실 매우 섬세하고 약한 장기이기 때문에 너무 강하게 주무르면 심장이 찢어지거나 손상될 수 있다. 흉부 압박을 할 때처럼 강한 힘은 필요 없다. 부드럽고 조심스럽게 다루어야 한다.

두 번째는 혈액을 전신으로 보낸다고 생각하고 해야 한다. 심장을 어떻게 마사지하느냐가 중요한 것이 아니다. 마사지해서 혈액이 전신으로 잘 흐르게 하는 것이 목적이다. 머릿속으로 피가 온몸으로 퍼져나가는 장면을 상상하면서 심장을 마사지해 주어야 한다. 이 점은 흉부 압박을 할 때도 마찬가지다.

흉부 압박을 하다가 뼈가 부러질까 걱정하는 사람도 있다. 하지만 심장을 직접 손으로 마사지하는 방법을 알고 있다면 그런 걱정은 하지 않아도 된다. 불필요한 걱정으로 마음 아파하지 말고 그 시간에 심장을 마사지하는 법을 공부하자.

악성 댓글은 건강에 좋지 않나요?

당연히 좋지 않지만 때로는 진실이 담겨 있다.

나는 진짜 외과 의사로 일하면서 동시에 유튜브 활동도 하고 있다. 그래서 일반적인 의사라면 경험할 일이 없는 악성 댓글과 욕설을 접하기도 한다. 수술복 입고 밖에 나오다니 정신 나갔다는 둥 춤도 진짜 못 추고 너무 역겹다는 둥, 말을 너무 국어책 읽듯이 해서 귀에 안 들어온다는 둥 너무 다양하다. 일일이 다 셀 수도 없다. 그런 댓글들을 읽을 때마다 솔직히 마음이 많이 아프다.

하지만 한편으로 그런 악플 속에도 가끔은 새겨들을 만한 진실이 담겨 있을 때가 있다. 사람은 나이를 먹을수록 남에게 혼나거나 지적받는 일이 줄어든다. 자신의 전문 분야라면 더욱 그렇다. 의대 교수의 강의가 아무리 재미없어도 수업이 재미가 없다고 대놓고 말하는 학생들은 없다. 다들 재밌다고 거짓말을 한다. 그러면 교수는 자신의 강의가 진짜 재미있는지 없는지도 판단하기 힘들다.

누군가를 기분 좋게 하려고 거짓말을 하는 사람은 있어도 거짓말로 남을 험담하는 사람은 많지 않다. 그래서 때로는 악플이 도움이 될 만한 진실을 담고 있기도 한다. 물론 그 균형을 맞추는 것이 중요하다.

최근에 마음에 꽂혔던 악플은 "이런 바보 같은 짓을 하다니… 선생님 가족이 인질로 잡혀 있나요?"였다. 걱정하지 마라. 가족은 모두 무사하다. 여러분들도 따뜻한 말들을 많이 남겨주면 좋겠다.

221. 죽을 때 아프고 힘든가요?

괴로울 것이다.

정신과 의사인 엘리자베스 퀴블러 로스는 사람이 죽음을 받아들이기까지 5단계의 과정을 거친다고 말했다.

첫 번째는 부정이다. 죽음을 부정하고 그것과 관련된 정보를 차단하려 한다.

두 번째는 분노다. 왜 자신이 죽어야 하는지 분노를 느낀다.

세 번째는 협상이다. 무슨 수를 써서 죽음을 피할 수는 없을까 하고 방법을 생각한다.

네 번째는 우울이다. 죽음을 앞두고 아무것도 할 수 없는 자신에게 무력감을 느낀다.

마지막으로 다섯 번째는 바로 수용이다. 누구도 피할 수 없는 일이라고 죽음을 받아들이게 된다.

상상만 해도 괴로울 것 같다. 인간은 모두 언젠가는 죽기 때문에 이 5단계를 받아들여야 할 날이 결국은 온다. 나는 그날이 올 때까지는 열심히 즐겁게 살고 싶다.

사망의 정의는 무엇인가요?

뇌의 기능이 완전히 정지한 상태.

뇌에 혈액이 공급되지 않은 채 일정 시간이 지나면 뇌세포가 손상되고 결국 완전히 기능을 멈추게 된다. 그 상태를 '죽음'이라고 정의한다. 사람들은 흔히 심장이 멈추면 죽는다고 생각하지만 심장이 멈추었다고 해도 뇌에 혈액이 계속 공급된다면 죽지는 않는다. 다시 말해서 특수한 기계를 사용해 뇌에 혈액을 계속 보낼 수 있다면 심장이 없는 상태에서도 밥을 먹거나 걷는 것이 가능하다.

SF 영화 등에서 뇌가 수조에 떠 있는 장면을 본 적이 있을 텐데, 뇌에 혈액만 공급된다면 기술적으로는 그것이 가능하다. 실제로 심장외과에서는 심장 기능이 나쁘거나 심장이 전혀 움직이지 않는 사람에게 심장의 기능을 돕는 보조 인공 심장이라는 기계를 이식하는 수술이 시행되고 있다.

하지만 완벽하게 심장을 대체할 수 있고, 장기간 안전하게 사용할 수 있는 인공 심장은 아직 존재하지 않는다. 평생 문제없이 사용할 수 있는 인공 심장이 개발된다면 언젠가 심장이 필요 없는 날이 올지도 모르겠다.

QUESTION 223 / 233 사망 여부를 확인할 때 눈에 빛을 비추어서 무엇을 보나요?

동공 반사를 확인한다.

매우 안타까운 일이지만 인간은 언젠가 반드시 죽는다. 사망 여부를 확인하는 일은 의사의 중요한 업무 중 하나다. 사망 선고를 하려면 세 가지를 확인해야 한다. 호흡, 심장박동, 동공 반사다.

우선 호흡을 확인한다. 청진기를 환자에게 대고 숨을 쉬고 있는지 들어본다.

다음은 심장박동이다. 청진기로 심장이 뛰고 있는지를 확인한다. 목이나 팔에서 맥박을 만져보거나 심전도를 사용하기도 한다.

그리고 동공 반사를 살펴본다. 사람의 눈은 밝은 곳에서는 동공이 작아지고 어두운 곳에서는 동공이 커지면서 자동으로 눈에 들어오는 빛의 양을 조절한다. 밝을 때와 어두울 때 고양이 눈의 느낌이 다른 것도 빛의 양에 따라 동공 크기가 바뀌기 때문이다. 이 조절 기능을 담당하는 것이 바로 뇌이며, 뇌가 제대로 작동하지 않으면 동공 반사도 사라진다. 그래서 빛을 눈에 비추어 동공이 작아지는지를 확인하는 것으로, 뇌가 정상적으로 작동하고 있는지를 알 수 있다.

이 세 가지가 사망을 확인하는 방법이지만 호흡이나 심장이 멈추었다고 하더라도 우리 심장외과 의사는 특수한 기계를 사용해 환자의 생명을 유지하는 방법을 알고 있다. 그런 경우에는 이 '사망 확인'의 정의도 달라질 수 있다.

인생 회의란 무엇인가요?

소중한 사람과 언젠가 반드시 찾아올 이별에 대해 이야기 나누는 일이다.

병이나 사고, 노환 등으로 이 세상을 떠나는 순간은 반드시 찾아온다. 인생 회의란 언제 찾아올지 모르는 그 순간에 대비해 가족이나 소중한 사람과 미리 이야기를 나누는 것을 말한다. 인생 회의는 어떻게 하면 될까? 먼저 세 가지 질문을 한다.

하나, 어떨 때 삶의 보람을 느끼는가?
둘, 무엇을 할 때 즐거운가?
셋, 무엇을 할 수 없게 되었을 때 살아갈 이유가 없다고 느끼는가?

이 대화는 평소 밥을 먹을 때, 오랜만에 가족과 통화할 때, 문자로 이야기할 때든 언제든 괜찮으니 꼭 해보길 바란다. 이별에는 반드시 고통이 따른다. 그 고통을 조금이라도 덜기 위해 의사는 할 수 없고 당신만이 할 수 있는 일, 그것이 바로 인생 회의다.

'그때 더 많은 이야기를 나누었더라면 좋았을 텐데.' '그 사람은 마지막에 고통 없이 편안하게 갔을까?' 하는 후회나 괴로움을 조금이라도 줄이고 싶다면 인생 회의를 해보길 권한다. 우선은 위의 간단한 세 가지 질문을 통해 가족과 대화를 시작해 보자.

QUESTION 225 / 233 — 인간의 생명은 무엇을 의미하나요?

살아 있다는 것.

생명은 물건이 아니라 생물의 세포 하나하나가 제 역할을 하고 있는 현상 자체를 의미하는 말이다. 조금 어려운 개념이기 때문에 요즘 화제가 되고 있는 인공지능(AI) ChatGPT에게도 한번 물어보자.

"생명이란 무엇입니까?"

ChatGPT

생명이란 생물이 살아 있는 상태나 생명의 존재 자체를 가리키는 말입니다. 생물이 호흡하고 성장하며 활동하기 위해 필요한 모든 에너지와 과정이라고 할 수 있습니다.

AI는 의학과 관련된 이러한 어려운 질문에 답해줄 뿐만 아니라, 병에 대한 효과적인 치료법을 제안해주고 의학 연구를 기획하는 등, 다양한 도움을 주기 때문에 병원 내에서도 활용하고 있다. 최근에는 ChatGPT가 미국의 의사 국가고시 합격 기준에 도달했다는 뉴스도 있었다. 앞으로 AI가 더 발전하면 언젠가는 로봇이 의사를 대신해 환자를 진찰하고 치료하는 날이 올지도 모른다. 하지만 아직은 AI가 할 수 없는 인간인 우리 외과 의사만이 대답할 수 있는 질문이 있다.

"생명이란 무엇입니까?" 라는 질문이다.

제4장

미국의 진짜 외과 의사

226 미국에서 수술할 때는 영어로 하나요?

영어로 한다.

수술실에서 나누는 대화는 어느 정도 정해져 있어서 일상 대화보다 훨씬 간단하다. 하지만 수년간 함께 일해온 수술실 스태프조차 내 영어를 제대로 이해하지 못하는 일이 아직도 있다. 수술 중 간호사에게 메스라고 말했는데 메스가 아니라 가위를 건네준 적도 있다. 외과 의사는 자기중심적인 존재라서 그럴 때는 아무리 가위라고 들려도 상황상 메스가 맞다면 "메스 드리면 되죠?"라고 한 번쯤 물어봐 주었으면 하고 아쉬운 마음이 든다. 하지만 이럴 때도 일본인과 미국인의 차이가 존재한다.

보통 일본인은 말로 정확히 설명되지 않거나 잘 안 들렸다고 하더라도 그 순간의 상황이나 맥락을 파악해 적절히 판단하고 이해하는 능력이 뛰어나다. 나 역시 상황 파악 능력이 뛰어난 편이라 시끄러운 가게에서 상사와 단둘이 식사할 때 상사의 말이 하나도 안 들렸다고 해도 아무 일 없었던 것처럼 식사를 마칠 자신이 있다.

반면 미국에서 일하는 사람들은 전하고 싶은 말을 언어로 표현하는 이른바 '프레젠테이션 능력'이 뛰어나고 근거 없는 자신감으로 가득 차 있다. 어느 날 중환자실(ICU)에 수염 덥수룩한 의사가 거만한 태도로 앉아서 "오늘은 내가 당직이니까 내가 할게. 내 방식대로 치료하면 되지?"라고 말해서 새로 부임한 노련한 의사인 줄 알았는데 알고 보니 대학을 막 졸업한 아무것도 모르는 풋내기였다. 왜 저렇게 여유와 자존감이 넘치고 덥수룩한 수염도 아랑곳하지 않을 수 있는지 정말 신기하다. 공용어인 영어를 사용하는 문화라서 자존감이 높은 것인지도 모르겠다.

미국과 일본의 수술실은 무슨 차이가 있나요?

수술 중에 춤추는 사람이 있는지 없는지의 차이다.

보통 수술은 집도의 한 명과 보조의 몇 명이 함께 진행한다. 일본에서는 외과 의사가 집도도 하고 보조의 역할도 맡는 경우가 많지만, 미국에서는 보조의 역할을 전문적으로 하는 전문 간호사(PA, Physician Assistant)가 있다. PA는 일본에는 없는 직업군으로 수술 보조는 물론 의사를 대신해 환자를 진료하는 등 거의 의사처럼 일하는 중요한 직종이다.

내가 미국에서 일하기 시작하고 처음 맞이한 크리스마스 날, 긴급 수술이 들어왔다. 1초도 긴장을 늦출 수 없을 만큼 긴박하게 수술이 진행되고 있었는데, 수술실 스피커에서 머라이어 캐리의 〈All I Want for Christmas Is You〉가 흘러나오기 시작했다. 수술실에서 음악이 나오는 일은 일본에서도 미국에서도 드문 일은 아니다. 하지만 심각한 상황에 흥겨운 음악이 흘러나와 당황했는데, 옆에서 수술 보조를 하던 PA가 노래 후렴구에 맞추어 갑자기 춤을 추기 시작했다. 그 모습을 본 간호사들은 웃으며 수술 기구를 든 손으로 리듬을 타고 있었다. 일본의 수술실에서는 절대 있을 수 없는 광경이라 순간 어안이 벙벙했다.

일본에서는 누군가가 심각한 표정을 짓고 있으면 주변 사람들 모두가 분위기를 맞추어 같이 진지해지는 경향이 있다. 특히 수술 중이라면 더욱 그렇다. 그런데 미국은 전혀 그렇지 않다는 것을 그날 새삼 느꼈다. 그 수술이 끝난 뒤 중환자실(ICU)로 환자를 옮겨갔을 때 거기 있던 간호사들은 모두 산타 복장을 하고 있었다. 메리 크리스마스.

228 미국 의사들의 급여는 어느 정도인가요?

내가 있는 미국 시카고의 심장외과 의사의 평균 연봉은 약 5,000만 엔 정도다.

일본의 심장외과 의사의 평균 연봉은 약 1,500만 엔이라고 하니 일본보다는 조금 높은 편이다.

일본에서는 기본적으로 의과대학을 졸업하고 연수를 마치면 진료과는 직접 결정할 수 있다. 피부과를 선택하든 정신건강의학과를 선택하든 그것은 개인의 자유다. 나는 심장외과 의사로 일하고 있지만 일본에 돌아가서 정신건강의학과 의사를 하려면 할 수 있다. 물론, 그런 나에게 오는 환자는 한 명도 없겠지만. 그리고 병원에 고용되어 일한다면 어느 진료과를 선택하든 급여에 큰 차이는 없다.

한편 미국은 진료과에 따라 급여가 전혀 다르다. 가장 급여가 높은 정형외과나 이비인후과는 평균 연봉이 약 6천만 엔이고, 급여가 가장 낮은 진료과는 약 2천만 엔으로 무려 3배나 차이가 난다.

또한 진료과마다 인원 제한이 있어서 모두가 원하는 진료과를 선택할 수는 없다. 아무래도 연봉이 높고 일이 힘들지 않은 진료과가 인기가 높다. 그 과에 들어가기 위해서는 치열한 생존 경쟁에서 살아남아야 한다.

일본과 미국, 어느 쪽이 더 좋을까? 뭐가 좋다고 딱 잘라 말할 수는 없지만, 단 하나 말할 수 있는 것은 우리 의사들은 단지 돈을 위해서 일하는 것이 아니라는 점이다. 우리는 의학이라는 분야를 배우고 탐구함으로써 한 사람이라도 더 많은 생명을 구하고자 하는 마음으로 움직인다. 돈보다 더 소중한 것이 있다.

이런 훌륭한 뜻을 가진 의사, 기타하라에게 기부하고 싶은 분은 이 사이트를 통해 해주기 바란다. → https://teamwada.square.site

문신을 해도 병원에서 일할 수 있나요?

할 수 있다.

미국에서는 문신을 한 사람을 비교적 자주 볼 수 있다. 병원에서 일하는 의사와 직원들 중에도 문신을 한 사람이 꽤 있다. 그런데 병원에 따라서는 근무 중에는 긴 소매 옷이나 스카프로 팔이나 목에 있는 문신을 가리도록 지시하기도 한다.

미국인 동료에게 문신에 대해 물어보니 미국에서는 젊었을 때 패션처럼, 또는 분위기에 휩쓸려 문신을 했다가 나중에 후회하는 사람이 많다고 한다. 그리고 문신이 있어도 이상하게 생각하지 않는다고 말했다. 일본에 비하면 문신에 대한 거부감이 덜한 것일지도 모른다.

디지털 문신에 대한 문제의식

한편, 과거에 올린 부끄러운 영상이나 글 등 인터넷에 남아 나중에 자신에게 불이익이 될 수 있는 정보를 '디지털 문신'이라고 한다. 당시에는 재미있다고 생각한 말장난을 포함한 글이나 흥에 겨워 친구들과 춤추는 모습을 찍은 영상을 인터넷에 올리고 후회한 적은 없는가?

그러한 데이터는 인터넷상에 영원히 남는다. 그래서 앞으로 무언가를 인터넷에 올리려는 사람이 있다면 한 번 숨을 고르고 고민한 후 올려야 한다.

문신을 남기는 건 괜찮지만, 흑역사는 인터넷에 남기지 말자.

230 수술 중에 잘 전달되지 않는 영어는 무엇인가요?

초음파 진단기(초음파 이미지 진단 장치)다.

혈관이나 심장처럼 몸 밖에서는 볼 수 없는 부분을 초음파를 이용해 보는 장비를 초음파 영상 진단기(영어로는 ultrasound)라고 한다. 일반적으로 초음파라고 부르는 검사 기기다. 병원에서 의사가 흑백 화면을 보면서 환자 피부에 젤을 바르고 편의점 직원이 바코드 찍는 기계처럼 생긴 기계를 갖다 대는 검사가 바로 초음파 검사다.

초음파는 기계에서 나오는 초음파를 통해 몸속을 들여다보는 기기다. 그런데 중간에 공기가 있으면 초음파가 전달되지 않고 화면이 잘 보이지 않는다. 젤을 바르는 이유는 초음파와 피부 사이에 공기가 들어가지 않도록 하기 위해서다. 젤이 미끈거려서 불쾌하게 느껴질 수 있지만 몸속을 제대로 들여다보기 위한 것이니 이해해 주기 바란다.

미국에서는 이 초음파 검사를 울트라사운드라고 부른다. 그런데 수술실에서 "헤이, 울트라사운드!"라고 또박또박 말하면 전혀 못 알아듣는다. 울트라가 아니라 얼트라사운드에 가깝게 발음해야 한다고 해서 그대로 발음해 봤지만 지금까지 내 말을 제대로 알아들은 사람은 거의 없었다. 지금은 ultrasound를 정확히 발음하기를 포기하고 그냥 줄여서 US라고 말한다. 그리고 다른 의료진들에게 "나는 이것을 US라고 불러, 그렇게 알아들어 줘."라고 미리 알려두고 있다.

잘 못하는 일을 억지로 극복하려고 하기보다 새로운 길을 만들어 문제를 해결하는 태도는 인생을 잘 살아가기 위해 매우 중요하다. 이 표현을 쓰기 시작한 지 벌써 5년이 되었지만 US라고 했을 때 한 번에 알아듣는 사람은 아직 한 명도 없었다.

진짜 외과 의사의 노트

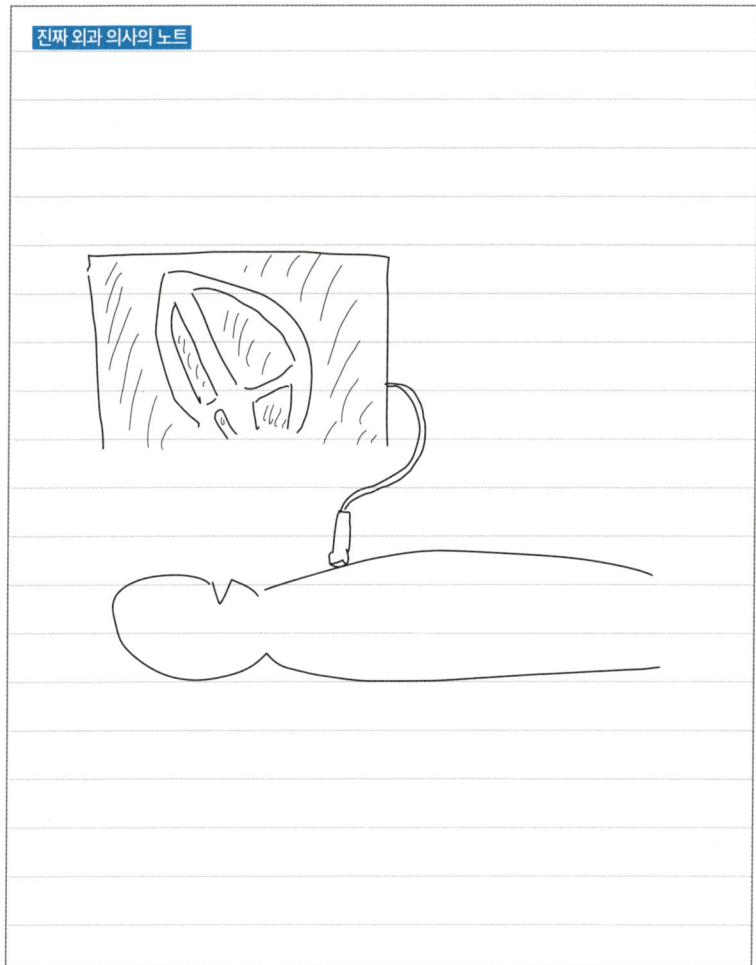

231 QUESTION 233 미국에서 일하려면 무엇이 필요할까요?

영어 공부다.

영어가 그 무엇보다 중요하다. 의사 업무 중에는 수술, 치료 등 전문적인 의학 분야에 관심이 집중되지만, 실제로는 커뮤니케이션 능력이 업무의 중요한 부분을 차지한다. 의사는 환자나 간호사, 다른 의사나 의료진들과 소통하며 일한다. 그래서 커뮤니케이션 도구인 언어가 잘 통하지 않으면 일을 하기 힘들다. 일본에서도 만약 자신이 큰 병에 걸렸을 때 담당 의사가 더듬거리며 "당신, 나, 고친다, 걱정하지 마요."라고 말한다면 오히려 더 불안해질 것이다.

미국에서 일하는 일본인 의사들의 어학 수준

실제로 미국에서 일하는 일본인 의사 50명을 대상으로 설문 조사를 한 결과, TOEFL(영어가 모국어가 아닌 사람을 대상으로 하는 영어 시험) 120점 만점 중 100점 이상인 사람이 대부분이었다. 이는 상당히 높은 점수다. 더욱 놀라운 것은 그들 중 약 80%의 의사들이 학창 시절에 영어 공부를 더 열심히 할 걸 그랬다며 후회하고 있다는 점이다. 영어를 잘하는 사람들조차도 영어 공부는 여전히 필요하다고 느끼고 있다니 놀라울 따름이다.

그렇지만 영어를 잘 못한다고 미국에서 일할 수 없는 것은 아니다. 보다시피 나 역시 미국에서 심장외과 의사로 일하고 있지만 TOEFL 점수는 고작 48점이었다. GOOD LUCK.

미국 병원에서 총을 들고 위협하는 사람이 있다면 어떻게 해야 하나요?

도망친다. 숨는다. 싸운다.

미국 병원에서 일하기 시작했을 때 처음 오리엔테이션에서 병원 내에 총기를 들고 난동을 부리는 사람이 나타났을 경우에 대처하는 방법에 대해 배웠다. 미국은 도대체 어떤 나라인가 싶어서 공포감을 느꼈던 기억이 있다. 그런 상황에 대한 대응책으로 미국 국토안전보장성은 Run(도망쳐라), Hide(숨어라), Fight(싸워라), 이 세 가지 행동을 권장한다.

우선, 도망쳐야 한다(Run). 경보가 들리면 총을 든 사람에게서 가능한 한 멀리 도망가야 한다.

다음은 숨어야 한다(Hide). 이때 밖에서 문을 열어달라는 소리가 들리더라도 절대 문을 열어서는 안 된다. 왜냐하면 범인이 도망자 행세를 하고 소리쳤을 가능성이 있기 때문이다. 또 그 소리가 지인의 목소리일지라도 범인에게 협박당하고 있는 상태일 수 있으므로 열어서는 안 된다.

마지막은 싸워야 한다(Fight). 도망칠 수도, 숨을 수도 없는 상황이 되었을 때 싸우라는 것이다.

어느 날, 수술을 마치고 중환자실(ICU)에 갔는데 직원이 한 명도 없었다. 직원 대기실을 노크해도 아무도 나오지 않았고 문은 잠겨 있었다. 환자를 내버려두고 사라지다니 미친 거 아니냐고 흥분하며 한참을 왔다 갔다 하는데, 직원 대기실에서 간호사가 조심스레 나왔다. 왜 거기 숨어 있었느냐고 따지자 오히려 "당신 미친 거 아니에요?(Are you crazy?)"라고 역으로 말을 들었다. 알고 보니 수술 중에 병원 내에 총기를 든 사람이 있다는 경보가 울렸던 것이다. 이렇게 메뉴얼을 철저하게 잘 지키다니 참 대단하다고 느꼈다.

일본과 미국의 차이점은 무엇인가요?

다양성, 문, 된장국.

미국에서 7년간 생활하면서 느낀 일본과 미국의 큰 차이는 세 가지다.

첫 번째는 다양성이다. 미국에는 정말 다양한 인종이 있다. 영어가 서툰 내가 미국에서 의사로 일할 수 있는 것은, 이 나라가 다양성을 수용하는 나라이기 때문이다. 일본에서는 일본어가 서툰 의사를 본 적이 없지만 미국에서는 영어를 잘하지 못하는 의사도 많다.

두 번째는 문이다. 미국 사람들은 문을 열고 지나간 후 뒤따라오는 사람을 위해 친절히 열어 놓고 기다린다. 10m 앞을 걷고 있던 사람이 문을 열어놓고 기다려주는 경우도 있다. 가끔은 지나갈 생각이 없는 곳의 문을 열어놓고 기다리는 사람도 있어서 그럴 때는 조금 곤란하다.

세 번째는 된장국이다. 미국에서도 일본 음식점에 가면 된장국이 나오지만 밥과 함께 나오는 게 아니라 대부분 코스요리의 수프처럼 국만 덩그러니 나온다. 그리고 보통 중국식 숟가락과 함께 나온다. 밥과 함께 먹으려고 남겨 두면 아직 다 먹지 않았는데도 치워버리기도 하니까 조심해야 한다.

> 된장국, 아직 먹고 있는 중입니다만

에필로그

수술은 긴장의 연속이다.

이렇게 생각하는 사람들이 많지만 사실은 그렇지 않습니다. 모든 것에는 앞과 뒤가 있듯이 수술도 긴장과 이완이라는 두 가지 상반된 상태가 존재합니다. 조용히 손을 움직이는 데만 집중하다가 갑자기 어제 본 유튜브나 최근 데이트앱에서 알게 된 사람을 만났다는 등 일상적인 대화가 시작되기도 합니다. 이러한 긴장과 이완이 반복되고 거기서 발생하는 완급 조절, 그리고 그 가속도에 따라 높아진 집중력이 수술을 성공으로 이끄는 열쇠가 된다고, 예전에 어느 한 유명한 외과 의사가 한 말이 떠오릅니다.

이 책은 불행히도 수술과 병원이라고 하는 특수하고 폐쇄된 세계에 발을 내딛게 되어 알 수 없는 공포와 불안감을 안고 있는 사람들에게, 의료 행위가 긴장감만 존재하는 것은 아니라는 사실을 전달하기 위해 쓴 책입니다. 심각하고 진지한 의료 현장이지만 마음이 편안해지는 순간, 웃음이 넘치는 순간이 존재한다는 사실을 전하고 싶었습니다. 수술도 인생도 긴장과 이완, 밀고 당기기가 중요합니다.

마지막까지 읽어주셔서 진심으로 감사드립니다. 이 책으로 배운 지식이 앞으로 여러분들의 인생에 도움이 되는 일이 없기를, 여러분이 평생 진짜 외과 의사를 만날 일이 없기를 진심으로 바랍니다. 독자 여러분들의 건강을 진심으로 기원합니다.

전세계의 질병이 사라지고 외과 의사의 일이 사라지기를 바랍니다(그렇게 되면 시간이 생겨 유튜브 동영상을 더 많이 찍을 수 있으니까).

2024년 8월 기타하라 히로토(진짜 외과 의사)

내 인생에 항상 미소와 즐거움을 주는 사랑하는 아내와 신조에게 감사 인사를 전합니다.

진짜 외과 의사의 스승이며 팀 WADA 동지이기도 한 오오타 다케요시 선생에게도 진심으로 감사드립니다.